冶金专业教材和工具书经典传承国际传播工程

Project of the Inheritance and International Dissemination
of Classical Metallurgical Textbooks & Reference Books

高职高专"十四五"规划教材

冶金工业出版社

金属材料与热处理技术

主　　编　　王晓丽　　周宜阳

副主编　　雷玉办　　焦　晨　　朱燕玉

参　　编　　张世忠　　张　燕　　郭林秀

　　　　　　魏建华　　黄伟青　　范肖萌

主　　审　　吴永钢

U0341693

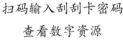

扫码输入刮刮卡密码
查看数字资源

北　京

冶 金 工 业 出 版 社

2025

内 容 提 要

本书是职业教育稀土材料技术专业教学资源库"金属材料与热处理技术"课程配套教材，主要内容包括金属材料的性能，金属的结构分析，金属的结晶过程与控制，金属的塑性变形，钢的热处理原理，钢的热处理工艺，工业用钢，非铁金属材料，缺陷、夹杂物对钢性能的影响，典型钢材轧制过程热处理工艺。

本书针对教学重点和难点制作了视频、微课等多媒体资源，学生使用移动终端扫描二维码即可在线观看相关内容。

本书可作为高职高专院校稀土类、冶金类、机械类和近机械类专业教材，也可作为成人大专、职工培训和继续教育教材，并可供从事金属材料及相关专业的工程技术人员参考。

图书在版编目（CIP）数据

金属材料与热处理技术／王晓丽，周宜阳主编.

北京 ：冶金工业出版社，2025. 1. --（高职高专"十四五"规划教材）. -- ISBN 978-7-5240-0138-6

Ⅰ. TG14；TG15

中国国家版本馆 CIP 数据核字第 2025DM4952 号

金属材料与热处理技术

出版发行	冶金工业出版社	电　　话	（010）64027926
地　　址	北京市东城区嵩祝院北巷 39 号	邮　　编	100009
网　　址	www. mip1953. com	电子信箱	service@ mip1953. com

策划编辑　杜婷婷　责任编辑　杜婷婷　美术编辑　吕欣童
版式设计　郑小利　责任校对　葛新霞　责任印制　范天娇
三河市双峰印刷装订有限公司印刷
2025 年 1 月第 1 版，2025 年 1 月第 1 次印刷
787mm×1092mm　1/16；16.25 印张；361 千字；243 页
定价 49.00 元

投稿电话　（010）64027932　投稿信箱　tougao@cnmip. com. cn
营销中心电话　（010）64044283
冶金工业出版社天猫旗舰店　yjgycbs. tmall. com
（本书如有印装质量问题，本社营销中心负责退换）

冶金专业教材和工具书
经典传承国际传播工程
总　序

钢铁工业是国民经济的重要基础产业，为我国经济的持续快速增长和国防现代化建设提供了重要支撑，做出了卓越贡献。当前，新一轮科技革命和产业变革深入发展，中国经济已进入高质量发展新时代，中国钢铁工业也进入了高质量发展的新时代。

高质量发展关键在科技创新，科技创新离不开高素质人才。党的二十大报告指出："教育、科技、人才是全面建设社会主义现代化国家的基础性、战略性支撑。必须坚持科技是第一生产力、人才是第一资源、创新是第一动力，深入实施科教兴国战略、人才强国战略、创新驱动发展战略，开辟发展新领域新赛道，不断塑造发展新动能新优势。"加强人才队伍建设，培养和造就一大批高素质、高水平人才是钢铁行业未来发展的一项重要任务。

随着社会的发展和时代的进步，钢铁技术创新和产业变革的步伐也一直在加速，不断推出的新产品、新技术、新流程、新业态已经彻底改变了钢铁业的面貌。钢铁行业必须加强对科技进步、教育发展及人才成长的趋势研判、规律认识和需求把握，深化人才培养体制机制改革，进一步完善相应的条件支撑，持续增强"第一资源"的保障能力。中国钢铁工业协会《"十四五"钢铁行业人力资源规划指导意见》提出，要重视创新型、复合型人才培养，重视企业家培养，重视钢铁上下游复合型人才培养。同时要科学管理，丰富绩效体系，进一步优化人才成长环境，造就一支能够支撑未来钢铁行业高质量发展的人才队伍。

高素质人才来源于高水平的教育和培训，并在丰富多彩的创新实践中历练成长。以科技创新为第一动力的发展模式，需要科技人才保持知识的更新频率，站在钢铁发展新前沿去思考未来，系统性地将基础理论学习和应用实践学习体系相结合。要深入推进职普融通、产教融合、科教融汇，建立高等教育+职业教育+继续教育和培训一体化行业人才培养体制机制，及时把钢铁科技创新成果转化为钢铁从业人员的知识和技能。

一流的专业教材是高水平教育培训的基础，做好专业知识的传承传播是当代中国钢铁人的使命。20世纪80年代，冶金工业出版社在原冶金工业部的领导支持下，组织出版了一批优秀的专业教材和工具书，代表了当时冶金科技的水平，形成了比较完备的知识体系，成为一个时代的经典。但是由于多方面的原因，这些专业教材和工具书没能及时修订，导致内容陈旧，跟不上新时代的要求。反映钢铁科技最新进展和教育教学最新要求的新经典教材的缺失，已经成为当前钢铁专业人才培养最明显的短板和痛点。

为总结、提炼、传播最新冶金科技成果，完成行业知识传承传播的历史任务，推动钢铁强国、教育强国、人才强国建设，中国钢铁工业协会、中国金属学会、冶金工业出版社于2022年7月发起了"冶金专业教材和工具书经典传承国际传播工程"（简称"经典工程"），组织相关高校、钢铁企业、科研单位参加，计划用5年左右时间，分批次完成约300种教材和工具书的修订再版和新编，以及部分教材和工具书的对外翻译出版工作。2022年11月15日在东北大学召开了工程启动会，率先启动了高等教育和职业教育教材部分工作。

"经典工程"得到了东北大学、北京科技大学、河北工业职业技术大学、山东工业职业学院等高校，中国宝武钢铁集团有限公司、鞍钢集团有限公司、首钢集团有限公司、河钢集团有限公司、江苏沙钢集团有限公司、中信泰富特钢集团股份有限公司、湖南钢铁集团有限公司、包头钢铁（集团）有限责任公司、安阳钢铁集团有限责任公司、中国五矿集团公司、北京建龙重工集团有限公司、福建省三钢（集团）有限责任公司、陕西钢铁集团有限公司、酒泉钢铁（集团）有限责任公司、中冶赛迪集团有限公司、连平县昕隆实业有限公司等单位的大力支持和资助。在各冶金院校和相关钢铁企业积极参与支持下，工程相关工作正在稳步推进。

征程万里，重任千钧。做好专业科技图书的传承传播，正是钢铁行业落实习近平总书记给北京科技大学老教授回信的重要指示精神，培养更多钢筋铁骨高素质人才，铸就科技强国、制造强国钢铁脊梁的一项重要举措，既是我国钢铁产业国际化发展的内在要求，也有助于我国国际传播能力建设、打造文化软实力。

让我们以党的二十大精神为指引，以党的二十大精神为强大动力，善始善终，慎终如始，做好工程相关工作，完成行业知识传承传播的使命任务，支撑中国钢铁工业高质量发展，为世界钢铁工业发展做出应有的贡献。

中国钢铁工业协会党委书记、执行会长

2023 年 11 月

前　言

　　为贯彻党的二十大精神，深入实施人才强国战略，本书以学生的全面发展为培养目标，融"知识学习、技能提升、素质培育"于一体，系统梳理了不同知识模块的内容，采用项目教学法、任务驱动式、思政引导式等多种形式相结合的方式重新进行组织。在内容安排上与时俱进，增加了钢铁热处理工艺，与传统的偏于机械热处理的教材相比，更适应现代冶金企业对技术技能人才的要求。

　　本书为职业教育稀土材料技术专业教学资源库"金属材料与热处理技术"课程配套教材，适用于高职高专院校的稀土类、冶金类、机械类和近机械类专业，也可作为成人大专、职工培训和继续教育教材。

　　本书入选中国钢铁工业协会、中国金属学会和冶金工业出版社组织的"冶金专业教材和工具书经典传承国际传播工程"第一批立项教材。

　　本书编写特点如下。

　　（1）本书对应稀土材料技术专业教学资源库建设项目。每个知识点下面都配合有相关动画、视频、微课、思考题、作业及答案，方便教师使用云课堂按需求组课，支持教师进行随堂测验和阶段性考核，方便学生进行课前预习和课后复习，加深学生理解和学用结合。

　　（2）本书邀请行业、企业一线专家参加编写并担任主审，在内容安排上也尽量选择与生产实践密切相关的题材，体现了工学结合的鲜明特色。本书汲取了各高职高专院校近年来"金属材料及热处理"课程改革的经验及其他同类教材的优点，配合"1+X"证书考核相关内容，改变了传统理论与实训单独编写、集中教学的做法，把"实践与训练"分散于各个章节的教学过程之中，方便教师依据自己的授课内容进行教学。

（3）本书根据相关专业领域的最新发展，为拓展学生知识面，增加了知识拓展内容，充实新知识、新技术、新材料等内容，体现教材先进性；书中名词、术语、牌号均采用了现行国家标准，贯彻了法定计量单位，使教材更加科学规范。

（4）本书应用了二维码技术。针对书中的教学重点和难点制作了视频、微课等多媒体资源，学生使用移动终端扫描二维码即可在线观看相关内容。

本书由包头职业技术学院王晓丽、包头钢铁职业技术学院周宜阳担任主编；广西现代职业技术学院雷玉办、内蒙古化工职业学院焦晨、包头钢铁职业技术学院朱燕玉担任副主编；包头职业技术学院张世忠、中国北方稀土（集团）高科技股份有限公司张燕、山西工程职业学院郭林秀、甘肃有色冶金职业技术学院魏建华、河北工业职业技术学院黄伟青、包头钢铁职业技术学院范肖萌参加了编写。全书由王晓丽统稿。

本书经由各校任课教师与企业专家共同研讨，根据具体岗位技能要求，确定内容中任务和知识点。特邀请中国北方稀土（集团）高科技股份有限公司吴永钢任主审。在编写过程中，参考了包头钢铁集团有限公司等企业的技术操作规程，以及热处理方面的一些文献资料，得到了企业专家的大力支持，在此一并致谢！

由于编者水平有限，书中疏漏、不足之处在所难免，敬请广大读者批评指正。

编　者

2024 年 10 月

目　　录

项目 1　金属材料的性能

 思政案例

新型材料——轻质高强金属力学超材料

金属力学超材料，这种由特定结构单元在三维空间中规律排列而成的多孔金属材料，被誉为金属点阵材料，其作为新一代先进轻质高强材料的代表，近年来在材料科学领域引起了广泛的关注。其独特的结构设计和优异的力学性能，使得金属力学超材料在航空航天、生物医学、化学工程等多个领域展现出巨大的应用潜力。

最近，我国研究团队取得了一项令人瞩目的成果。他们成功打印出了密度为 $1.63\ \mathrm{g/cm^3}$ 的钛合金（Ti-6Al-4V）力学超材料，这一材料的力学性能表现令人惊艳。实验结果显示，其屈服强度和最大压缩强度分别达到了 308 MPa 和 417 MPa，这一数据远高于同等孔隙率和密度下的其他金属多孔材料或超材料的性能。

金属力学超材料的成功制备，不仅展示了我国在轻质高强材料研究领域的实力，更为未来的材料科学研究和应用提供了新的方向。与传统的商用镁合金 WE54 和 AZ91 相比，这种钛合金力学超材料具有更轻、更强、更耐蚀的优点。这些特性使得它在航空航天领域的应用前景尤为广阔，如飞机和卫星的轻量化设计，以及发动机部件的强化等方面。

综上所述，金属力学超材料作为一种新型轻质高强材料，其优异的力学性能和广泛的应用前景使得它成为材料科学领域的研究热点。随着科学技术的不断发展，我们有理由相信，金属力学超材料将在更多领域发挥重要作用，为人类的科技进步和生活质量提升做出重要贡献。

任务 1.1　认识金属材料的力学性能

1.1.1　金属材料的性能

金属材料在加工和使用过程中都要承受不同形式外力的作用，当外力达到或超过某一限度时，材料就会发生变形，甚至断裂。材料的力学性能是指材料在各种载荷（外力）作用下表现出来的抵抗变形和破坏的能力以及接受变形的能力。由于载荷的形式不同，材料可表现出不同的力学性能，如强度、刚度、硬度、塑性和韧性等。材料的力学性能是零件设计、材料选择及工艺评定的主要依据。

1.1.2 强度的测定

强度是指金属材料在外力作用下抵抗塑性变形或断裂的能力。由于所受载荷的形式不同，金属材料的强度可分为抗拉强度、抗压强度、抗弯强度和抗剪强度等。其中，以拉伸实验所得到的强度指标应用最为广泛。

微课　金属
材料强度
指标的测定

按 GB/T 228.1—2021 的规定，把一定尺寸和形状的金属试样（见图1-1）装夹在试验机上，然后对试样逐渐施加拉伸载荷，直至把试样拉断为止，根据试样在拉伸过程中承受的载荷和产生的变形量之间的关系，可测出该金属的应力-应变曲线，如图1-2所示。

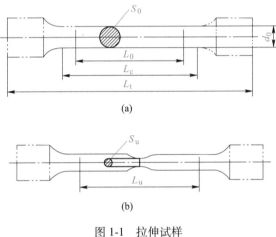

图 1-1　拉伸试样

（a）拉伸前；（b）拉伸后

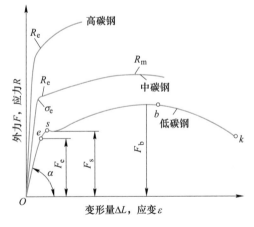

图 1-2　低碳钢的应力-应变曲线图

无论哪种固体材料，它的内部原子之间都存在相互平衡的原子结合力的相互作用。当工件材料受外力作用时，原来的平衡就会受到破坏，材料中任意一个小单元与其邻近的各小单元之间就产生了新的力，称为内力。在单位截面上的内力，称为应力，用 σ 表示；工

程上用符号 R 表示材料的工程应力。在外力作用下引起的形状和尺寸的改变，称为变形，包括弹性变形（卸载后可恢复原来的形状和尺寸）和塑性变形（卸载后不能恢复原来的形状和尺寸）。

强度指标是设计中决定需用应力的重要依据。拉伸实验所得到的强度指标应用最为广泛，常用的强度指标如下。

（1）弹性极限（σ_e）。从图 1-2 可以看出，不同性质材料的应力-应变曲线形状是不相同的。应力-应变曲线 σ_e 段是直线，这一部分试样变形量与外力 F 成正比。当去除外力后，试样恢复到原来尺寸，称这一阶段的变形为弹性变形。外力 F_e 是使试样只产生弹性变形的最大载荷。

弹性极限是指材料产生弹性变形所承受的最大应力值。弹性极限用符号 σ_e 表示，单位为 $MPa(N/mm^2)$，即

$$\sigma_e = \frac{F_e}{S_0}$$

式中　S_0——试样的原始截面积，mm^2；

　　　F_e——试样完全弹性变形时所能承受的最大载荷，N。

弹性极限 σ_e 是由试验得到的，它的值受测量精度影响很大。为方便实际测量和应用，一般规定以残余应变量（即微量塑性变形量）为 0.01% 时的应力值（$\sigma_{0.01}$）为"规定弹性极限"。

（2）屈服强度（R_e）。从应力-应变曲线上可以看到，当载荷增加至超过 F_e 后，试样保留部分不能恢复的残余变形，即塑性变形。在外力达 F_s 时，曲线出现一个小平台。此平台表明不增加载荷试样仍然继续变形，这时材料失去抵抗外力的能力而屈服。称试样屈服时的应力为材料的屈服强度，按 GB/T 10623—2008 的规定，用 R_e 表示，单位为 MPa，即

$$R_e = \frac{F_s}{S_0}$$

式中　F_s——试样发生屈服时承受的载荷，N；

　　　S_0——试样的原始截面积，mm^2。

很多金属材料，如多数合金钢、铜合金以及铝合金，它的应力-应变曲线不会出现平台。而一些脆性材料，如普通铸铁、镁合金等，甚至断裂之前也不发生塑性变形，因此工程上规定试样发生某一微量塑性变形（规定残余伸长率为 0.2%）时的应力作为该材料的屈服强度，即"规定残余延伸强度"，记作 $R_{r0.2}$。

（3）抗拉强度（R_m）。试样在屈服时，由于塑性变形而产生加工硬化，所以只有载荷继续增大时变形才能继续增大，直到增至最大载荷 F_m。应力-应变曲线的这一阶段，试样沿整个长度均匀伸长，当载荷达到 F_m 后，试样就在某个薄弱部位形成"缩颈"，如图 1-1（b）所示。这时不增加载荷试样也会发生断裂。F_m 是试样承受的最大外力，相应的应力即为材料的抗拉强度，按 GB/T 10623—2008 的规定，用 R_m 表示，单位为 MPa，它代表金属材料抵

抗大量塑性变形的能力，即

$$R_m = \frac{F_m}{S_0}$$

式中　F_m——试样在屈服阶段之后所能抵抗的最大载荷，对于无明显屈服（连续屈服）的金属材料，为试验期间的最大载荷，N；

　　　S_0——试样的原始截面积，mm^2。

抗拉强度是工程上最重要的力学性能指标之一。对于塑性较好的材料，R_m 表示对最大均匀变形的抗力。对于塑性较差的材料，一旦达到最大载荷，材料便迅速发生断裂，因此 R_m 也是材料的断裂抗力（断裂强度）指标。一般机器构件都是在弹性状态下工作的，不允许微小的塑性变形，所以在机械设计时应采用 R_e 或 $R_{r0.2}$ 强度指标，并加上适当的安全系数。但由于抗拉强度 R_m 测定较方便，而且数据也较准确，所以设计零件时有时也可以直接采用抗拉强度 R_m，但需使用较大的安全系数。

R_e/R_m 的比值称为屈强比，是一个有意义的指标。屈强比越大，越能发挥材料的潜力，减小结构的自重。但为了使用安全也不宜过大，适合的屈强比为 0.65~0.75。

（4）疲劳强度（S）。许多机械零件是在交变应力下工作的，如机床主轴、连杆、齿轮、弹簧、各种滚动轴承等。交变应力，是指零件所受应力的大小和方向随时间做周期性变化。例如，受力发生弯曲的轴，在转动时材料要反复受到拉应力和压应力，这属于对称交变应力循环。零件在交变应力作用下，当交变应力值远低于材料的屈服强度时，经长时间运行后也会发生破坏，材料在这种应力作用下发生的断裂现象称为疲劳断裂。

疲劳断裂往往突然发生，无论是塑性材料还是脆性材料，断裂时都不产生明显的塑性变形，具有很大的危险性，常常会造成事故。

金属材料的疲劳破坏过程，首先是在其薄弱部位，如在有应力集中或缺陷（划伤、夹渣、显微裂纹等）处产生微细裂纹。这种裂纹是疲劳源，并且一般会出现在零件表面上，形成裂纹扩展区。当裂纹扩展区达到某一临界尺寸时，零件甚至会在低于弹性极限的应力下突然脆断。最后的脆性区称为最终破断区。图 1-3（a）所示为典型疲劳断口（汽车后轴）的宏观照片，而图 1-3（b）所示为典型断口三个区域的示意图。

材料抵抗疲劳破坏的能力由疲劳试验获得。被测材料承受交变应力与材料断裂前的应力循环次数之间的关系曲线可以用如图 1-4 所示的材料的疲劳曲线描述。按 GB/T 10623—2008 的规定，材料疲劳强度是在指定寿命下使试样失效的应力水平，用 S 表示，N 表示交变应力循环次数。由于无数次应力循环难以实现，国标规定 N 次循环（一般试验时规定钢铁材料经受 10^7 次循环，非铁金属经受 10^8 次循环）后的疲劳强度用 σ_N 表示。当施加的交变应力是对称循环应力时，所得的疲劳强度用 σ_{-1} 表示。

一般认为，产生疲劳破坏的原因是材料的某些缺陷，如夹杂物、气孔等所致。在交变应力下，缺陷处首先形成微小裂纹，裂纹逐步扩展，导致零件的受力截面减小，以致突然产生破坏。零件表面的机械加工刀痕和构件截面突然变化部位，都会产生应力集中。交变应力下，应力集中容易发生于产生显微裂纹处，这也是产生疲劳破坏的主要原因。

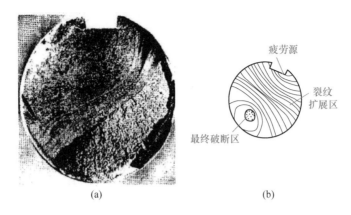

图 1-3 疲劳断口的特征

（a）汽车后轴的断口；（b）断口的示意图

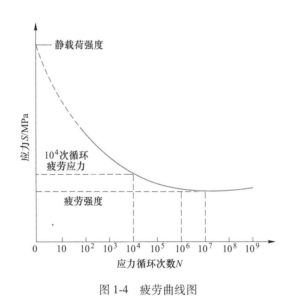

图 1-4 疲劳曲线图

在机械零件的断裂中，80%以上都属于疲劳断裂。为了防止或减少零件的疲劳破坏，除应合理设计结构、防止应力集中外，还要尽量减小零件表面粗糙度值，采取表面硬化处理等措施来提高材料的抗疲劳能力。

1.1.3 硬度的测定

硬度是衡量材料软硬程度的指标，是材料抵抗比它更硬的物体压入的能力，因为硬度的测定总是在试样的表面上进行的，所以硬度也可以看作是材料表面抵抗变形的能力。实际上，硬度是金属材料力学性能的一个综合物理量，也就是说，在一定程度上，硬度高低也同时反映了金属材料的强度、塑性的大小。硬度是各种零件和工具必备的性能指标，硬度试验设备简单，操作方便，且不破坏被测试工件，因此广泛用于产品质量的检验。

微课 金属
材料硬度
指标的测定

常用的硬度表示法有布氏硬度（HBW）、洛氏硬度（HRA、HRB、HRC）和维氏硬度（HV）三种。

1.1.3.1　布氏硬度（HBW）

布氏硬度试验方法是把规定直径的硬质合金球以一定的试验力压入所测材料表面（见图 1-5），保持规定时间后，测量表面压痕直径（见图 1-6），然后按下式计算硬度：

$$HBW = 0.102\frac{F}{A} = 0.102\frac{2F}{\pi D(D - \sqrt{D^2 - d^2})}$$

式中　HBW——硬质合金球试验时的布氏硬度值；

　　　　F——试验力，N；

　　　　A——压痕表面积，mm^2；

　　　　D——球体直径，mm；

　　　　d——压痕平均直径，mm。

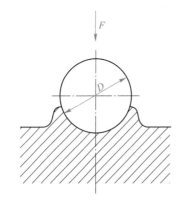
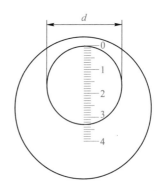

图 1-5　布氏硬度测量示意图　　　　图 1-6　用读数显微镜测量压痕直径

由于金属材料有软有硬，被测工件有薄有厚，尺寸有大有小，如果只采用一种标准的试验力 F 和压头直径 D，就会出现对某些材料和工件不适应的现象。因此，在进行布氏硬度试验时要求使用不同的试验力和压头直径，建立 F 和 D 的某种选配关系，以保证布氏硬度不变。

根据金属材料的种类、试样的硬度范围和厚度的不同，按照表 1-1 的规范选择试验压头直径 D、试验力 F 及保持时间。

符号 HBW 之前用数字标注硬度值，符号后面依次为：用数字注明压头直径（mm）、试验力（0.102 N）及试验力保持时间（s）（10~15 s 不标注）。例如，500HBW5/7355 表示用直径 5 mm 硬质合金球在 7355 N 试验力作用下保持 10~15 s，测得的布氏硬度值为 500。

布氏硬度试验的压痕面积较大，测试结果的重复性较好，能反映材料的平均硬度，测量数据比较精确，但操作较烦琐。布氏硬度试验适用于测量铸铁、非铁合金、各种退火及调质处理的钢材，特别对软金属，如铝、铅、锡等更为适宜。由于其压痕较大，故不适宜测量成品或薄片金属的硬度。

表 1-1 布氏硬度试验规范

材料种类	布氏硬度 HBW	$0.102F/D^2/\text{N} \cdot \text{mm}^{-2}$
钢、镍基合金、钛合金		30
铸铁	<140	10
	≥140	30
铜和铜合金	<35	5
	35~200	10
	>200	30
轻金属及其合金	<35	2.5
	35~80	5
		10
		15
	>80	10
		15
铅、锡		1

注：对于铸铁，压头的名义直径应为 2.5mm、5mm 或 10mm。

1.1.3.2 洛氏硬度（HR）

洛氏硬度试验是实际生产中应用最为广泛的硬度测定方法之一。洛氏硬度也是一种压入硬度试验，但它不是测量压痕面积，而是测量压痕的深度，以深度大小表示材料的硬度值。

洛氏硬度试验原理如图 1-7 所示。它是用顶角为 120°的金刚石圆锥体或直径为 1.588 mm 或 3.175 mm 的淬火钢球或硬质合金球作为压头，先施加初始试验力 F_0(98.07 N)，再加上主试验力 F_1，总试验为 $F=F_0+F_1$。共有三种总试验力，分别为 588.4 N、980.7 N、1471 N。图 1-7 中 1 为压头受到初始试验力 F_0 后压入试样的位置；2 为压头受到总试验力 F 后压入试样的位置且经过规定的保持时间；卸除主试验力 F_1，仍保留初试验力 F_0，试样弹性变形的恢复使压头上升到 3 的位置。此时压头受主试验力作用压入的深度为 h，即 1 位置至 3 位置。

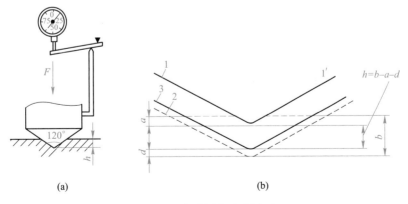

(a)　　　　　　　　　　(b)

图 1-7 洛氏硬度试验原理

金属越硬，h 值越小。为适应人们习惯上数值越大硬度越高的观念，规定将一常数 K 减去压痕深度 h 的值作为洛氏硬度指标，并规定每 0.002 mm 为一个洛氏硬度单位，用符号 HR 表示，则洛氏硬度值为：

$$HR = \frac{K - h}{0.002}$$

式中　HR——试验时的洛氏硬度值；

　　　　K——常数；

　　　　h——残余压痕深度，mm。

因此，洛氏硬度值是一个无量纲的材料性能指标。使用金刚石压头时，常数 K 为 0.2；使用钢球或硬质合金压头时，常数 K 为 0.26。

为了适应不同材料的硬度测试，采用不同的压头与载荷组合成几种不同的洛氏硬度标尺，每一种标尺用一个字母在洛氏硬度符号后注明，国家标准规定了 A、B、C、D、E、F、G、H、K 共 9 种标尺，我国常用的是 HRA、HRB、HRC 三种，试验条件（参考 GB/T 230.1—2004）及应用范围见表1-2。

表1-2　常用的三种洛氏硬度的试验条件及应用范围

洛氏硬度符号	压头类型	总试验力 F/N	硬度值有效范围	应用举例
HRA	120°金刚石圆锥体	588.4	20~88HRA	硬质合金，表面淬硬层，渗碳层
HRB	ϕ1.5875 mm 淬火钢球	980.7	20~100HRB	非铁金属，退火、正火钢等
HRC	120°金刚石圆锥体	1471	20~70HRC	淬火钢，调质钢等

注：总试验力=初始试验力+主试验力；初始试验力全为 98.07 N。

洛氏硬度的表示方法规定为：HR 前面的数字表示硬度值，HR 后面的字母表示所使用的标尺。例如：52HRC 表示用 C 标尺测定的洛氏硬度值为 52。

利用洛氏硬度试验测试方便，操作简便迅速；试验压痕较小，可测量成品件；测试硬度值范围广，采用不同标尺可测定各种软硬不同和厚薄不同的材料，但应注意，不同级别的硬度值间无可比性。由于压痕较小，当材料的内部组织不均匀时，硬度数据波动大，测量不够精确，必须进行多点测试，取算术平均值作为材料的硬度。

1.1.3.3　维氏硬度（HV）

维氏硬度试验法采用了与布氏硬度试验法相同的原理，所不同的是维氏硬度采用相对面夹角为 136° 的正四棱锥体金刚石作为压头，为了更准确地测量金属零件的表面硬度或测量硬度很高的零件，常采用维氏硬度，其符号用 HV 表示。其测量原理如图1-8所示。F 的大小可根据试样厚度和其他条件选用，一般试验力可用 10~1000 N。试验时试验力 F 在试件表面压出正方形压痕，测量压痕两对角线平均长度 d(mm)，用下式求出硬度值（式中 A_v 为压痕面积）。

$$HV = \frac{0.102F}{A_v} \approx 0.1891 \frac{F}{d^2}$$

10 N 试验力非常适用于测量热处理表面层（如渗碳、渗氮层）的硬度。而试验力小于 1.961 N 时，压痕非常小，可用于测量金相组织中不同相的硬度，测得的结果称为显微硬度。维氏硬度试验方法及技术条件可参阅国家标准 GB/T 4340.1—1999。

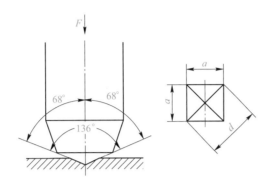

图 1-8　维氏硬度试验原理及压痕示意图

1.1.4　塑性的测定

塑性是指金属材料在载荷作用下，断裂前发生不可恢复的永久变形的能力。评定材料塑性的指标通常是断后伸长率和断面收缩率。

微课　金属
材料塑性
指标的测定

1.1.4.1　断后伸长率（A）

按 GB/T 10623—2008 的规定，断后伸长率可用下式表示。

$$A = \frac{l_u - l_0}{l_0} \times 100\%$$

式中　l_0——试样原标距长度，mm；

　　　l_u——拉断后试样的标距长度，mm。

材料断后伸长率的大小与试样原始标距 l_0 和原始截面积 S_0 密切相关。在 S_0 相同的情况下，l_0 越长则 A 越小，反之亦然。这里必须指出，同一金属材料的试样长度不同，测得的断后伸长率是不同的。一般把 $A > 5\%$ 的材料称为塑性材料，$A < 5\%$ 的材料称为脆性材料。铸铁是典型的脆性材料，而低碳钢是钢铁材料中塑性最好的材料。

1.1.4.2　断面收缩率（Z）

按 GB/T 10623—2008 的规定，断面收缩率用下式求得。

$$Z = \frac{S_0 - S_u}{S_0} \times 100\%$$

式中　S_0——试样的原始截面积，mm^2；

　　　S_u——试样拉断后缩颈处的截面积，mm^2。

断面收缩率不受试样标距长度的影响，能更可靠地反映材料的塑性。对必须承受强烈变形的材料，塑性指标具有重要的意义。塑性优良的材料冷压成型性好。另外，重要的受力零件也要求具有一定的塑性，以防止超载时发生断裂。

1.1.5 冲击韧性的测定

韧性是指金属材料破断时单位体积所消耗的变形功和断裂功,用以表征材料对断裂的抗力。评定韧性的指标主要有冲击吸收能量(冲击韧性)和断裂韧度。

金属材料韧性指标的测定

1.1.5.1 冲击吸收能量(K)

以很大速度作用于机件上的载荷称为冲击载荷。许多零件和工具在工作过程中,经常会受到冲击载荷的作用。例如,蒸汽锤的锤杆、冲床上的某些部件、柴油机曲轴、飞机的起落架等。由于冲击载荷加载速度高、作用时间短,金属在受冲击时,应力分布与变形很不均匀,所以对承受冲击载荷的零件,仅具有足够的静载荷强度指标是不够的,还必须具有足够的抵抗冲击载荷的能力。

按 GB/T 10623—2008 的规定,工程上常用夏比冲击试验来测定金属材料的冲击吸收能量。其试验原理如图 1-9 所示。

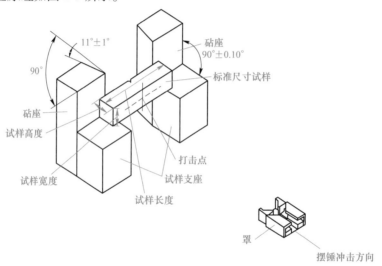

图 1-9　试样与摆锤冲击试验机支座及砧座相对位置示意图

先把要测定的材料加工成标准试样,然后把标准试样放在试验机两支座之间,试样缺口背向打击面放置(见图 1-9),用摆锤一次打击试样,测定试样的冲击吸收能量,用 K(单位 J)表示(注:用字母 V 和 U 表示缺口几何形状,用下标数字 2 或 8 表示摆锤刀刃半径,例如 KV_2)。冲击吸收能量表示方法见表 1-3。

表 1-3　冲击吸收能量表示方法

符号	单位	名　称
KU_2	J	U 形缺口试样在 2 mm 摆锤刀刃半径下的冲击吸收能量
KU_8	J	U 形缺口试样在 8 mm 摆锤刀刃半径下的冲击吸收能量
KV_2	J	V 形缺口试样在 2 mm 摆锤刀刃半径下的冲击吸收能量
KV_8	J	V 形缺口试样在 8 mm 摆锤刀刃半径下的冲击吸收能量

对一般常用钢材来说，所测冲击吸收能量 K 越大，材料的韧性越好。但由于测出的冲击吸收能量 K 的组成比较复杂，所以有时测得的 K 值不能真正反映材料的韧脆性质。

冲击吸收能量 K 的值越大，表示材料的冲击性能越好。在实际应用中许多受冲击件，往往是受到较小冲击能量的多次冲击而被破坏的，如凿岩机风镐上的活塞、冲模的冲头等，对于这类零件，应采用小能量多次冲击的抗力指标作为评定材料质量及选材的依据。

1.1.5.2　断裂韧度（K_{IC}）

前面讨论的力学性能，均假定材料是均匀、连续、各向同性的。用这些假设为依据的设计方法称为常规设计方法。依据常规设计方法分析认为是安全的设计，有时也会发生意外断裂事故。在研究这些于高强度金属材料中发生的低应力脆性断裂的过程中，发现前述假设是不成立的。实际上，材料的组织并非均匀、各向同性的，组织中有各种宏观缺陷，这些缺陷可看成是材料中的裂纹。当材料受外力作用时，这些裂纹的尖端附近就会出现应力集中，形成裂纹尖端应力场。裂纹尖端附近应力场的强弱主要取决于一个力学参数，即应力强度因子 K_I，单位为 $MN \cdot m^{3/2}$。即

$$K_I = Y\sigma\sqrt{a}$$

式中　Y——与裂纹形状、加载方式及试样尺寸有关的量，是个无量纲的系数；

σ——外加拉应力，MPa；

a——裂纹长度的一半，m。

对某一个有裂纹的试样（或机件），在拉伸外力作用下，Y 值是一定的。当外加拉应力逐渐增大，或裂纹逐渐扩展时，裂纹尖端的应力强度因子 K_I 也随之增大；当 K_I 增大到某一临界值时，试样（或机件）中的裂纹会产生突然失稳扩展，导致断裂。这个应力强度因子的临界值称为材料的断裂韧度，用 K_{IC} 表示。

断裂韧度是用来反映材料抵抗裂纹失稳扩展，即抵抗脆性断裂能力的性能指标。当 $K_I < K_{IC}$ 时，裂纹扩展很慢或不扩展；当 $K_I > K_{IC}$ 时，则材料发生失稳脆断。这是一项重要的判断依据，可用来分析和计算一些实际问题。断裂韧度是材料固有的力学性能指标，是强度和韧性的综合体现。它与裂纹的大小、形状、外加应力等无关，主要取决于材料的成分、内部组织和结构。

任务 1.2　认识金属材料的物理和化学性能

1.2.1　金属材料的物理性能

金属材料的物理性能包括密度、熔点、导电性、导热性、热膨胀性和磁性等，不同机械零件由于用途不同，对材料的物理性能要求也有所不同。

1.2.1.1　密度

材料的密度表示单位体积中材料的质量，单位为 kg/m^3。工程上常用密度来计算零件毛坯的质量。材料的密度关系到所制成的零件或构件的质量和

微课　金属材料的物理化学性能

紧凑程度，选择密度适当的材料对于要求减轻自重的航空和宇航工业零件有特别重要的意义。制作同样的零件，用密度小的铝合金制作的比钢材制造的质量可减轻 1/4～1/3。按密度大小，金属材料可以分为轻金属（密度小于 5.0×10^3 kg/m³）和重金属（密度大于 5.0×10^3 kg/m³）。抗拉强度 R_m 与相对密度 ρ 之比称为比强度；弹性模量 E 与相对密度 ρ 之比称为比弹性模量。这两者也是考虑某些零件材料性能的重要指标。如密度大的材料将增加零件的质量，降低零件单位质量的强度，即降低比强度。常用材料的密度见表 1-4。

表 1-4 常用材料的密度

材料	铅	钢	铁	钛	铝	锡	钨	塑料	玻璃钢	碳纤维复合材料
密度/g·cm⁻³	11.3	8.9	7.8	4.5	2.7	7.28	19.3	0.9～2.2	2.0	1.1～1.6

1.2.1.2 熔点

熔点是指材料由固态转变为液态时的熔化温度，一般用摄氏温度（℃）表示。纯金属都有固定的熔点，即熔化过程在恒温下进行，而合金的熔点取决于成分。例如：钢是铁和碳组成的合金，其含碳量不同，熔点也不同。陶瓷的熔点一般都显著高于金属及合金的熔点，而高分子材料一般不是完全晶体，没有固定的熔点。

根据熔点的不同，金属材料又分为低熔点金属和高熔点金属。熔点高的金属称为难熔金属（如 W、Mo、V 等），可用来制造耐高温零件。例如：喷气发动机的燃烧室需用高熔点合金来制造。熔点低的金属（如 Sn、Pb 等），可用来制造印刷铅字和电路上的熔丝等。

对于热加工材料，熔点是制定热加工工艺的重要依据之一。例如：因为铸铁和铸铝熔点不同，所以它们的熔炼工艺也有较大区别。常用材料的熔点见表 1-5。

表 1-5 常用材料的熔点

材料	钨	钛	铁	碳钢	铸铁	铜	铝	铝合金	铋	锡
熔点/℃	3380	1677	1538	1450～1500	1279～1148	1083	660.1	447～575	271.3	231.9

1.2.1.3 导热性

导热性是材料传导热量的能力。材料的导热性用热导率（也称导热系数）λ 来表示。材料的热导率越大，导热性越好。一般来说，金属越纯，其导热能力越强。导热性能是工程上选择保温或热交换材料的重要依据之一，也是确定机件热处理保温时间的一个参数。一般来说，金属材料的导热性远高于非金属材料，而合金的导热性比纯金属差。对合金进行锻造或热处理时，加热速度应慢一些，否则会因形成较大的内应力而产生裂纹。

1.2.1.4 导电性

导电性是材料传导电流的能力。材料的导电性一般用电阻率表示。通常金属的电阻率随温度升高而增加，而非金属材料则与此相反。在金属中，以银的导电性为最好，其次是铜和铝，合金的导电性比纯金属差。导电性好的金属适于制作导电材料（纯铝、纯铜等），导电性差的材料适于制作电热元件。高分子材料都是绝缘体，但有的高分子复合材料也有良好的导电性。陶瓷材料虽然是良好的绝缘体，但某些特殊成分的陶瓷却是具有一定导电性的半导体。

1.2.1.5　热膨胀性

热膨胀性是材料随温度变化体积发生膨胀或收缩的特性。材料的热膨胀性通常用线膨胀系数表示，陶瓷的热膨胀系数最低，金属次之，高分子材料最高。一般材料都具有热胀冷缩的特点。在工程实际操作中，许多场合要考虑热膨胀性。例如，相互配合的柴油机活塞和缸套之间间隙很小，要求活塞与缸套材料的热膨胀性要相近，才能避免活塞在缸套内卡住或漏气；铺设铁轨时，两根钢轨衔接处必须留有一定空隙，让钢轨在长度方向有伸缩的余地；制定热加工工艺时，需要考虑材料的热膨胀影响，尽量减小零件的变形和开裂等。

1.2.1.6　磁性

磁性是指材料能导磁的性能。根据材料在磁场作用下表现出的不同特性可将材料分为三类。

（1）铁磁性材料：在外磁场中能强烈地被磁化，如铁、钴等。

（2）顺磁性材料：在外磁场中只能微弱地被磁化，如锰、铬等。

（3）抗磁性材料：能抗拒或削弱外磁场对材料本身的磁化作用，如铜、锌等。

铁磁性材料可用于制造变压器、电动机、测量仪表等。抗磁性材料则用于要求避免电磁场干扰的零件和结构材料，如航海罗盘。

1.2.2　金属材料的化学性能

金属及合金的化学性能，主要是指它们在室温或高温时抵抗各种介质的化学侵蚀能力，主要有耐腐蚀性、抗氧化性和化学稳定性。

（1）耐腐蚀性。耐腐蚀性，是指金属材料在常温下抵抗氧、水蒸气等化学介质腐蚀破坏作用的能力。腐蚀对金属的危害很大。

（2）抗氧化性。几乎所有的金属都能与空气中的氧作用形成氧化物，这种现象称为氧化。如果氧化物膜结构致密（如 Al_2O_3），就可以保护金属表层不再氧化。

（3）化学稳定性。化学稳定性是金属材料的耐腐蚀性和抗氧化性的总称。在高温下工作的热能设备（锅炉、汽轮机、喷气发动机等）上的零件，应选择热稳定性好的材料制造；在海水、酸、碱等腐蚀环境中工作的零件，应选择化学稳定性良好的材料，例如化工设备通常采用不锈钢来制造。

任务 1.3　认识金属材料的工艺性能

工艺性能是指材料在制造机械零件和工具的过程中，采用某种加工工艺制成成品的难易程度。它是决定材料能否进行加工或如何进行加工的重要因素。材料工艺性能的好坏，会直接影响机械零件的工艺方法、加工质量和制造成本等。

材料的工艺性能，主要包括铸造性能、锻造性能、焊接性能、热处理性

微课　金属材料的工艺性能

能和切削加工性能等。

（1）切削加工性能。切削加工性能是指材料切削加工时的难易程度。它与材料的种类、成分、硬度、韧性、导热性及内部组织状态等许多因素有关。切削加工性能一般用切削后的表面质量（以表面粗糙度高低衡量）和刀具寿命来表示。

金属材料具有适当的硬度（170~230HBW）和足够的脆性时，切削性良好。改变钢的化学成分和进行适当的热处理可提高钢的切削加工性能。从材料种类而言，铸铁、铜合金、铝合金及一般碳钢的切削加工性能较好。

（2）锻造性能。金属材料在压力加工（锻造、轧制）下成型的难易程度称为锻造性能。锻造性能主要取决于金属材料的塑性和变形抗力。塑性越好，变形抗力越小，金属的锻造性能越好，反之则差。

金属的锻造性能取决于金属的本质和加工条件。一般钢的可锻性良好，而铸铁则不能进行压力加工。碳钢的含碳量越低，锻造性能越好；随着温度的升高，金属的锻造性能会提高。

（3）铸造性能。铸造性能是指铸造成型过程中获得外形准确、内部健全铸件的能力，反映了金属材料熔化浇铸成为铸件的难易程度。衡量金属材料铸造性能的指标有流动性、收缩率和偏析倾向等。

流动性指熔融材料的流动能力，主要受化学成分和浇注温度的影响，流动性好的材料容易充满铸型腔，从而获得外形完整、尺寸精确、轮廓清晰的铸件。收缩性指铸件在冷却凝固过程中其体积和尺寸减小的现象，铸件收缩不仅影响其尺寸，还会使铸件产生缩孔、疏松、内应力、变形和开裂等缺陷。偏析是指铸件内部化学成分和显微组织的不均匀现象，偏析严重的铸件，其各部分的力学性能会有很大差异，从而会降低产品质量。

在金属材料中，铸铁与青铜的铸造性较好。

（4）焊接性能。焊接性能一般用材料的可焊性来衡量。也就是在一定的焊接工艺条件下，获得优质焊接接头的难易程度。评价焊接性的指标有两个：一是焊接接头产生缺陷的倾向性，二是焊接接头的使用可靠性。在机械工业中，焊接的主要对象是钢材。含碳量是焊接性好坏的主要因素。低碳钢和碳质量分数低于0.18%的合金钢有较好的焊接性能，碳质量分数大于0.45%的碳钢和碳质量分数大于0.35%的合金钢的焊接性能较差。碳质量分数和合金元素含量越高，焊接性能越差。

低碳钢的焊接性最好，各种焊接方法都可获得优良的焊接接头。中、高碳钢随碳质量分数的增加，焊接性会变差，通常需要采取焊前预热和焊后热处理等措施。

（5）热处理性能。热处理是改变材料性能的重要手段。它能反映钢热处理的难易程度和产生热处理缺陷的倾向。其衡量的指标或参数很多，如淬透性、淬硬性、耐回火性、氧化与脱碳倾向及热处理变形与开裂倾向等，其中主要考虑其淬透性。铝合金的热处理要求较严。铜合金只有几种可以用热处理强化。

实践与训练 1.4　拉伸试验机的使用

1.4.1　任务说明

通过教师讲解、现场操作演示、阅读实践与训练工作页等学习，掌握拉伸试验试样的制备，熟悉试验机组成和基本操作方法，规范操作，养成良好职业习惯。

1.4.2　任务要求

（1）掌握拉伸试验机的使用原理，熟悉拉伸试验机的组成部分及工作特点。

（2）了解拉伸试验标准试件制备过程及要求。

（3）能说明标准试件要求，完成拉伸试验机的操作。

1.4.3　任务分析及步骤说明

1.4.3.1　拉伸试验机简介

拉伸试验机（见图 1-10）主要适用于金属及非金属材料的测试，可对材料进行拉伸、压缩、弯曲、撕裂、剥离、剪切、黏合力、拔出力、两点延伸（需另配引伸计）等多种试验。拉伸试验机有电子式、液压式和电液伺服式三种。

图 1-10　拉伸试验机

1.4.3.2　拉伸试验标准试样制备

在 GB/T 228.1—2021 中规定，金属拉伸试样的形状与尺寸取决于要被试验的金属产品的形状与尺寸，试样横截面可以为圆形、矩形、多边形、环形，特殊情况下可以为某些其他形状。按照相关产品标准或 GB/T 2975—2018 的要求切取样坯和制备试样。用于制备试样的试料和样坯的切取和机加工，应避免产生表面加工硬化及热影响，改变材料的力学性能。采用的最终加工方法应保证试样的尺寸和形状处于相应试验标准规定的公差范围内，试样的尺寸公差应符合相应试验方法的规定。

最常见的拉伸试样是圆形截面试样和矩形截面试样，如图 1-11 和图 1-12 所示。

如图 1-11 和图 1-12 所示，试样由平行、过渡和夹持三部分组成。平行部分的试验段长度 L_c 称为试样的平行长度，一般所说的试样拉伸变形，都是指这一段的变形。按试样的原始标距 L_0 与平行长度的原始横截面积 S_0 之间的关系，分为比例试样和非比例试样。比例试样 $L_0 = k\sqrt{S_0}$，非比例试样其原始标距 L_0 与原始横截面积 S_0 无关。国际上使用的比例系数 k 的值为 5.65，当试样横截面积太小，以致采用比例系数 k 为 5.65 不能符合这一最小标距要求时，可以采用较高的值（优先采用 11.3）或采用非比例试样。原始标距应不小于 15 mm。

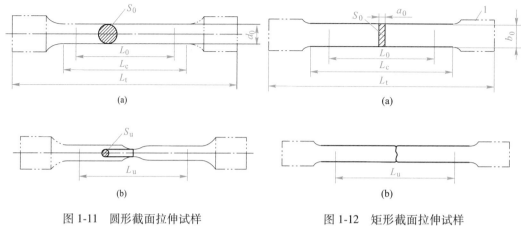

图 1-11　圆形截面拉伸试样　　　　　图 1-12　矩形截面拉伸试样

（a）试验前；（b）试验后　　　　　（a）试验前；（b）试验后

　　试样夹持端与平行长度的尺寸不相同，之间应以过渡弧连接，以保证试样断裂时的断口在平行部分。试样夹持端的形状和尺寸根据试样大小、材料特性、试验目的以及万能试验机的夹具结构进行设计。

　　为了使试验测得的结果可以相互比较，必须按照国家标准 GB/T 228.1—2021 规定的试样形状和尺寸进行试样的制备。表 1-6 中给出了圆形横截面比例试样尺寸的国家标准规定。

表 1-6　圆形横截面比例试样尺寸的国家标准规定

d_0/mm	r/mm	$k=5.65$			$k=11.3$		
		L_0/mm	L_c/mm	试样编号	L_0/mm	L_c/mm	试样编号
25				R1			R01
20				R2			R02
15				R3			R03
10	$\geqslant 0.75d_0$	$5d_0$	$\geqslant L_0+d_0/2$ 仲裁试验: L_0+2d	R4	$10d_0$	$\geqslant L_0+d_0/2$ 仲裁试验: L_0+2d_0	R04
8				R5			R05
6				R6			R06
5				R7			R07
3				R8			R08

　　注：1. 如相关产品标准无具体规定，优先采用 R2、R4 或 R7 试样。

　　　　2. 试样总长度取决于夹持方法，原则上 $L_t>L_c+4d_0$。

　　本次试验采用常用的圆形横截面比例试样 R4（$d_0=10$ mm，$L_0=50$ mm）。

1.4.3.3　拉伸试验机操作步骤

（1）试件准备。

1）取标准比例试样 R4，原始标距 $L_0=50$ mm，在标距两端冲眼作为标志。

2）在试件标距范围内分别测量试件的两端及中间三个位置的直径。为保证精确度，每一截面取互相垂直的两个方向各测量一次，并计算其平均值，以三截面中最小处的平均值作为计算直径 d_0，再算出试件的初始横截面面积 S_0。根据低碳钢的 R_m 估计拉断试件所需的最大载荷 F_{max}。

（2）试验机准备。

1）根据试件极限载荷的大小，选择合适的测力量程，并配置相应的摆锤。

2）调整工作台，调整测力指针，对准零点，并使主、副针靠拢。

3）在自动绘图器上安装绘图纸与笔。

（3）安装试件。

（4）开动试验机。预加小量载荷（如加至 2 kN，只用于低碳钢拉伸试验），以检查试验机工作是否正常，确认正常后卸载接近零点。

（5）进行试验。

1）慢速加载，缓慢而均匀地使试件产生变形，注意测力指针的转动、自动绘图的情况和相应的试验现象。

2）对低碳钢继续加载，观察屈服时的载荷。当测力指针倒退时，说明材料发生屈服，读出屈服载荷 F_s。过屈服阶段后，可用较快的速度加载，注意观察试件出现缩颈部位，直至将试件拉断，记下极限载荷 F_b，停车，取下试件。

3）对铸铁试件，应缓慢匀速加载，直至试件被拉断，记录最大载荷 F_b。

（6）结束工作。

1）关闭电动机，取下试件，将断裂的试件紧对在一起，测量断口处直径，在断口两个互相垂直的方向各测一次，取平均值 d_u 计算 S_u。用闸规测量拉断后的标距长度 l_u。断口如果不在试件中部 $\frac{1}{3}$ 区段内，按国家标准采用断口移中方法，计算 l_u 的长度。

2）取下拉伸图，清理复原试验机、工具和现场。

1.4.4 任务考核

（1）描述标准试件的要求（配分 20 分）：试件截面形状分类、试样参数。

（2）试验机操作考核要素及评分点见表 1-7（配分 80 分）。

表 1-7 试验机操作考核要素及评分点

考核要素及评分点		配分	得分
试验机结构	能指出并认识试验机各组成部分及其作用	10	
	能指出并认识动力系统、润滑系统	10	
试验机操作	能熟练进行开关机操作	10	
	能熟练进行试验机准备，安装试样	20	
	按步骤进行拉伸试验（加载、观察、关机）	20	
	能测量记录参数	10	

实践与训练 1.5　硬度测试

1.5.1　任务说明

通过教师讲解、现场操作演示、阅读实践与训练工作页等学习，掌握布氏硬度试验和洛氏硬度试验基本原理和操作方法，规范操作，养成良好职业习惯。

1.5.2　任务要求

（1）了解硬度测定的基本原理及常用硬度试验法的应用范围。

（2）能正确使用硬度计，掌握布氏硬度和洛氏硬度的测量方法。

1.5.3　任务分析及步骤说明

1.5.3.1　硬度测试试验简介

硬度测试能够给出金属材料软硬程度的数量概念。常用的硬度试验方法有：

（1）布氏硬度试验。布氏硬度试验是用一定直径 D 的碳化钨合金球，在规定的试验载荷作用下，压入试验金属的表面。经规定保持时间后卸载，并测量试样表面的压痕直径，根据所选择的 F 与 D 及测得的压痕直径 d 的数值，查表得 HBW 值。常用来测定铸铁、非铁合金、经退火、正火和调质处理的钢材等，如半成品和原材料。

（2）洛氏硬度试验。以锥角为 $120°$ 的金刚石圆锥体或者直径为 1.5875 mm 或 3.175 mm 的碳化钨合金球作为压头，将规定的预载荷与主载荷依次加入后，卸除主载荷。压头在被测试样表面产生的压痕深度差即可表示材料的硬度。主要应用于测定钢铁（退火、正火、淬火、调质钢）、非铁合金、硬质合金等的硬度。

1.5.3.2　硬度测试设备及材料

（1）布氏硬度试验机：读数显微镜；低碳钢金属试样，如 A3、20、45。

（2）洛氏硬度试验机：淬火状态的 45 钢试块及工具钢刀片各一块。

1.5.3.3　硬度测试步骤

A　布氏硬度试验步骤

（1）根据试样厚度和预计硬度，选择碳化钨合金球直径、载荷及保持时间。

（2）将试样平稳放置在碳化钨合金球正下方的工作台上，顺时针转动工作台升降手轮，使碳化钨合金球与试样接触，直到手轮与升降螺母产生相对运动为止。

（3）开动电动机将载荷加到试样上，并保持一定时间。

（4）逆时针转动手轮，取下试样。

（5）用读数显微镜在两个相互垂直的方向上测出压痕直径 d_1 及 d_2，算出平均值 d。

（6）根据 d 查表，求出 HBW 值。并填写试验记录表 1-8。

表 1-8　硬度计试验记录表

硬度计	材料	载荷	压头	压痕直径	硬度值

B　洛氏硬度试验步骤

（1）根据试样的材质，估计硬度，选择压头类型和硬度标尺。

（2）加预载荷。将试样平放在工作台上，顺时针转动手轮，使试样与压头紧密接触；继续转动手轮，施加预载荷。

（3）施加主载荷，主载荷保持一定时间（4~8 s）。

（4）卸除主载荷。

（5）取下试样。逆时针转动手轮，降下工作台，卸除预载荷，取下试样，在同一被测面的不同位置上重复测三个点并填写表 1-9。

表 1-9　硬度记录表

硬度计	材料	标尺	压头	载荷	硬度值			
					第一次	第二次	第三次	平均值

1.5.4　任务考核

布氏硬度试验（配分 50 分）、洛氏硬度试验（配分 50 分）考核要素及评分点记录表见表 1-10。

表 1-10　考核要素及评分点记录表

考核要素及评分点		布氏硬度配分	洛氏硬度配分	得分
试验基础原理	描述硬度试验基本原理及应用范围	5	5	
	能指出硬度计各组成部分及其作用	5	5	
试验操作数据处理	按步骤进行硬度测试（加载、观察、关机）	20	20	
	能按照要求测量、记录参数，进行计算	20	20	

课后思考题

1-1 金属材料的力学性能有哪些？

1-2 常用的测量硬度方法有几种，其应用范围是什么？

1-3 在测定屈服强度指标时，R_e 和 $R_{r0.2}$ 有什么不同？

1-4 金属材料的物理性能有哪些？

1-5 金属材料的工艺性能有哪些？

金属的结构分析

金属的结构及晶体学基础

 **思政案例**

嫦娥五号首次揭示月壤中铁陨石碎片的独特成分与起源

中国科学院地质与地球物理研究所的科学家们对嫦娥五号从月球带回的月壤进行了深入研究，特别是在其中发现了一种特殊的金属碎片。这种碎片的大小约为 250 μm，形状呈圆球状，其独特的矿物化学和晶体结构引起了研究人员的极大兴趣。

通过细致的扫描和电子探针分析，科学家们发现这种金属碎片的成分相当均匀，主要由马氏体（由镍纹石淬火而成）、铁纹石、陨磷铁镍矿和微量的镍黄铁矿组成。值得注意的是，这种金属碎片的表面还黏附有少量成分类似于嫦娥五号玄武岩的胶结物，这为进一步揭示其来源提供了重要线索。

研究人员进一步分析了这种金属碎片的全岩成分，结果显示其包含约 87.1% 的铁（Fe）、10.8% 的镍（Ni）、1.51% 的磷（P）、0.76% 的钴（Co）以及 0.07% 的硫（S）。这些成分的比例为我们了解这种金属碎片的来源和形成过程提供了关键信息。

特别值得一提的是，在已知的月球样品中，内生来源的金属并没有陨磷铁镍矿的报道。然而，嫦娥五号带回的月壤中却发现了这种含有陨磷铁镍矿的金属碎片。这一发现不仅丰富了我们对月球物质组成的认识，也为我们提供了一个独特的视角来探索月球的形成和演化历史。

为了更深入地了解这种金属碎片的来源和性质，研究人员将其与各类陨石中的金属进行了综合对比。结果显示，这种金属碎片的成分和特征与稀有的、起源于外太阳系的 IID 型铁陨石高度一致。这一发现不仅为我们提供了一种全新的方法来研究月球的物质组成，也为陨石学和月球科学的交叉研究开辟了新的途径。

总之，嫦娥五号带回的月壤中发现的这种特殊金属碎片为我们提供了宝贵的信息，不仅揭示了月球的物质组成和演化历史，也为探索太阳系其他行星和卫星提供了重要的参考。这一发现无疑将推动陨石学、月球科学和行星科学等领域的进一步研究和发展。

任务 2.1 认识纯金属的晶体结构

2.1.1 金属的结构特征

常见纯金属的晶体结构

金属和合金在固态下通常都是晶体。要了解金属及合金的内部结构，首先应了解晶体的结构。

（1）金属原子间的结构。原子结构理论指出，孤立的自由原子是由带正电的原子核和带负电的核外电子组成的。原子的尺寸很小，一般在 10^{-10} m 数量级。原子核的尺寸更小，在 10^{-14} m 数量级。原子核中包括质子和中子。

（2）金属键。原子之间的化学键有离子键、共价键。阴、阳离子之间通过静电作用形成的化学键叫作离子键。两个或多个原子共同使用它们的外层电子，在理想情况下达到电子饱和的状态，由此组成比较稳定的化学键叫作共价键。

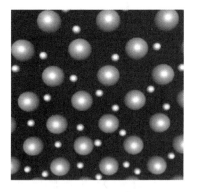

图 2-1　金属键模型

金属及合金的结合键主要是金属键。图 2-1 所示为金属键模型示意图。

2.1.2　晶体与非晶体结构

一切物质都是由原子组成的，根据原子排列的特征，固态物质可分为晶体和非晶体两类。

原子在空间按一定规律呈周期性排列的固体均是晶体，如金刚石、石墨及一般固态金属及合金等。晶体具有固定的熔点和各向异性等特征。非晶体中的原子排列没有规则性，如玻璃、沥青、石蜡、松香等。非晶体没有固定的熔点，并具有各向同性的特征。液态金属的原子排列无周期规则性，不是晶体；当凝固成固体后，原子呈周期性规则排列，就变为晶体。在极快冷却的条件下，一些金属可获得固态非晶体，即将液态的原子排列方式保留至固态中。故非晶体又称为"过冷液体"或"金属玻璃"。

晶体纯物质与非晶体纯物质在性质上的区别主要有：（1）晶体纯物质熔化时具有固定熔点，而非晶体纯物质却存在一个软化温度范围，没有明显的熔点；（2）晶体纯物质具有各向异性，而非晶体纯物质却为各向同性。

任务 2.2　认识实际金属的结构

2.2.1　多晶体结构

面心立方结构和密排六方结构都是致密度最高（74%）的密排晶体结构。但是二者在晶体结构和性能上有较大的区别，这与它们的堆垛方式有关。原子的重复和有规律的堆垛方式决定了物质的力学性能。如果同样的原子排列规律和周期性延续到整个样品而未发生中断，则这个样品就是一个单晶。制作集成电路用的硅片就是单晶，它是由单晶硅棒切割而成的。在有些矿物中可以看到天然的单晶，冰糖块是糖的单晶形态。

实际金属的
晶体结构

　　多数晶体物质以多晶状态存在。多晶体是小的单晶颗粒的集合，这种单晶颗粒就称为晶粒。大多数金属是在多晶状态下使用的。图2-2所示为在光学显微镜下看到的铁的多晶晶粒，图中黑色颗粒是铁中的夹杂物。

　　多晶的形成过程可以概括为：固体的结晶核心首先在某些地方形成，随着原子的加入，晶粒不断长大，但晶粒（单晶）相互间往往存在不同的取向，即晶粒的同一晶轴（如 x 晶轴）之间有一定的角度差。最后，不同的晶粒相遇形成晶界。晶粒间的取向差，就导致晶界处晶体的不完整性。由于晶界是不完整的晶体区域，所以，晶界的状况对于晶体材料的性能有显著的影响。

　　前文提到，原子不具备远程排列规律的物质是非晶体，也可称为非晶态。有些通常是晶态的物质在某种条件下也可以形成非晶态，如金属晶体的快速冷却。图2-3表示物质晶态和非晶态时原子排列的差别。尽管在这两种情况下每个原子近邻都有三个原子，但在晶态中，原子的排列具有重复的周期性，即具有远程秩序。在非晶态中原子的排列则只有近程秩序，即只保证了每个原子的近邻有三个原子，原子的排列并没有有规律的周期重复。

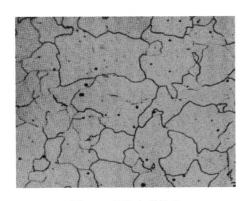

图2-2　铁的多晶晶粒

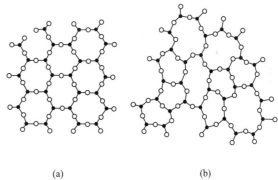

(a)　　　　　　　　　　(b)

图2-3　晶态和非晶态的结构示意图
（a）晶态；（b）非晶态

　　熔融状态的金属缓慢冷却得到的是晶态金属，这是因为从熔融的液态到晶态需要时间使原子排列有序化。如果熔融状态的金属以极快的速度骤冷，不给原子有序化排列的时间，把原子瞬间冻结在像液态一样的无序排列状态，得到的就是非晶态金属。这种结构与玻璃的结构极为相似，因此常把非晶态金属称为金属玻璃。非晶态金属是从熔融液态急冷凝固得到的，金属整体呈现均匀性和各向同性，因而具有优良的力学性能，如拉伸强度大，强度、硬度都比一般晶态金属高。非晶态金属中原子是无序排列，没有晶界，不存在晶体滑移、位错等缺陷，使金属具有高电阻率、高导磁率、高抗腐蚀性等优异性能。非晶态金属的电阻率一般要比晶态金属高 2～3 倍，这可以大大减少涡流损失，特别适合做变压器和电动机的铁芯材料。采用非晶态金属做铁芯，效率为 97%，比用硅钢高出 10% 左右，因而得到推广应用。此外，非晶态金属在脉冲变压器、磁放大器、电源变压器、漏电开关、光磁记录材料、磁头和超大规模集成电路基板等方面均获得应用。

2.2.2 金属的晶格类型

根据原子间作用模型可知，金属中原子的排列是有规则的。金属一般为晶体。金属晶体中，原子排列的规律不同，则其性能也不同，因而必须研究金属的晶体结构，即原子的实际排列情况。

2.2.2.1 晶体学基础

晶体结构是指晶体中原子（或离子、分子、原子集团）的具体排列情况，也就是晶体中的这些质点（原子、离子、分子、原子集团）在三维空间有规律的周期性的重复排列方式。组成晶体的物质质点不同，排列的规则不同或者周期性不同，就可以形成各种各样的晶体结构，即实际存在的晶体结构可以有很多种。假定晶体中的物质质点都是固定的钢球，那么晶体即由这些钢球堆垛而成，图 2-4（a）即为这种原子堆垛模型。

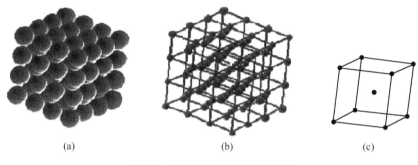

| (a) | (b) | (c) |

图 2-4   晶体中原子排列示意图
（a）原子堆垛模型；（b）晶格；（c）晶胞

从图 2-4 中可以看出，原子在各个方向排列都是很规则的。为了清楚地表明物质质点在空间排列的规律性，常常将构成晶体的实际质点抽象为纯粹的几何点，称为空间阵点或结点。这些阵点或结点可以是原子或分子的中心，也可以是彼此等同的原子群或分子群的中心，各个阵点间的周围环境都相同。这种阵点有规则的周期性重复排列所形成的空间几何图形即称为空间点阵。将阵点用直线连接起来形成空间格子，称为晶格，如图 2-4（b）所示。由于晶格中阵点排列具有周期性的特点，因此，为了便于说明原子在空间排列的特点，可以从晶格中选取一个能够完全反映晶格特征的最小几何单元来分析阵点排列的规律性，这个最小的几何单元称为晶胞，如图 2-4（c）所示。

晶胞的大小和形状常以晶胞的棱边长度 a、b、c 及棱边夹角 α、β、γ 表示，如图 2-5 所示。图中 3 条沿晶胞交于一点的棱边设置了 3 个坐标轴（或晶轴）x、y、z。晶胞的棱边长度称为晶格常数或点阵常数，晶胞的棱间夹角又称为轴间夹角。

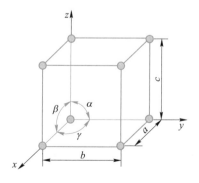

图 2-5 简单晶胞表示法

2.2.2.2　常见的金属晶体结构

自然界中的晶体有成千上万种，它们的晶体结构各不相同，在工业上使用的金属元素中，绝大多数都具有比较简单的晶体结构，其中最典型、最常见的晶体结构有 3 种类型，即体心立方结构、面心立方结构和密排六方结构，前两种属于立方晶系，后一种属于六方晶系。

A　体心立方晶格

体心立方晶格（简称 BCC）的晶胞是一个立方体，如图 2-6 所示。在立方体的 8 个顶角和中心各分布 1 个原子，晶胞的 3 个棱边长度相等，3 个轴间夹角均为 90°，构成立方体。除了在晶胞的 8 个角上各有 1 个原子外，在立方体的中心还有 1 个原子。具有体心立方结构的金属有 α-Fe（温度低于 912 ℃的铁）、Cr、V、Nb、Mo、W 等 30 多种。

（1）原子数：由于晶格是由大量晶胞堆垛而成，因而晶胞每个角上的原子为与其相邻的 8 个晶胞共有，即只有 $\dfrac{1}{8}$ 个原子属于这个晶胞，晶胞中心的原子完全属于这个晶胞，所以体心立方晶胞中的原子数为 $8 \times \dfrac{1}{8} + 1 = 2$，如图 2-6（c）所示。

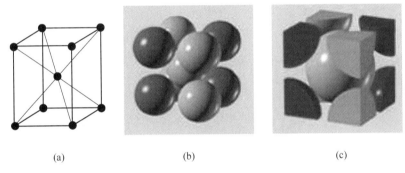

图 2-6　体心立方晶格示意图

（a）质点模型；（b）钢球模型；（c）晶胞原子数

（2）原子半径：用球体代表原子（见图 2-6），可以更清楚表示体心立方晶胞的对称规律和原子的位置。立方体的边长 a 称为晶胞的点阵常数（或晶格常数），因此，体心立方晶胞中的原子半径为 $r = \dfrac{\sqrt{3}\,a}{4}$。

（3）配位数和致密度：晶胞中原子排列的紧密程度也是反映晶体结构特征的一个重要因素。通常用两个参数来表征：一个是配位数；另一个是致密度。

1）配位数是指与晶体中一个原子最邻近的等距离的原子数。配位数越大，晶体中的原子排列越紧密。在体心立方晶格中，与立方体中心的原子最近且等距离的原子数有 8 个，因此体心立方晶格的配位数为 8。

2）致密度是一个晶胞中原子的体积与晶胞体积之比，也可称为原子堆垛密度，可用式（2-1）表示：

$$K = \frac{nV_1}{V} \tag{2-1}$$

式中 K——晶体的致密度；

n——一个晶胞实际包含的原子数；

V_1——一个原子的体积；

V——晶胞的体积。

体心立方晶格的晶胞中包含有 2 个原子，晶胞的棱边长度（晶格常数）为 a，原子半径为 $r = \sqrt{3}a/4$，其致密度为：

$$K = \frac{nV_1}{V} = \frac{2 \times \frac{4}{3}\pi r^3}{a^3} \approx 0.68 \qquad (2\text{-}2)$$

也就是说，在体心立方结构中，有 68% 的体积被原子所占据，其余 32% 为间隙体积。

B   面心立方晶格

面心立方结构（简称 FCC）的晶胞如图 2-7 所示。在晶胞的 8 个角上各有 1 个原子，构成立方体，在立方体 6 个面的中心各有 1 个原子。γ-Fe（温度为 912～1394 ℃的铁）、Cu、Ni、Al、Ag 等约 20 种金属具有这种晶体结构。

由图 2-7 可看出，面心立方晶格除立方体角上有原子外，立方体的 6 个面的中心也有原子占据。每个角上的原子由 8 个晶胞分享，而面中心的原子则由 2 个晶胞分享。因此，1 个面心立方晶胞有 4 个完整的原子，所以面心立方晶胞的原子半径为 $r = \sqrt{2}a/4$，面心立方晶胞的配位数是 12，致密度为 0.74。

(a)   (b)   (c)

图 2-7   面心立方晶格示意图

（a）质点模型；（b）钢球模型；（c）晶胞原子数

C   密排六方晶格

密排六方晶格（简称 HCP）的晶胞如图 2-8 所示。在晶胞的 12 个角上各有 1 个原子，构成六方柱体，上底面和下底面的中心各有 1 个原子，晶胞内还有 3 个原子。具有密排六方晶格的金属有 Zn、Mg、Be、α-Ti（温度低于 883 ℃的钛）、α-Cu、Cd 等。

密排六方晶格的晶胞上下面的 6 个原子分别由 6 个晶胞分享；面中心的原子由 2 个晶胞分享，中间平面的 3 个原子属于这个晶胞所有。因此，每个密排六方晶胞包含 6 个原子。配位数和致密度分别是 12 和 0.74。

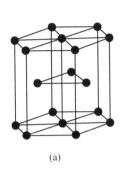  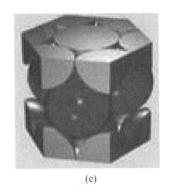

(a)　　　　　　　　　(b)　　　　　　　　　(c)

图 2-8　密排六方晶格示意图

（a）质点模型；（b）钢球模型；（c）晶胞原子数

密排六方晶格的配位数和致密度均与面心立方晶格相同，说明这两种晶胞中原子的紧密排列程度相同。

2.2.3　晶体缺陷分析

在实际应用的金属材料中，总是不可避免地存在一些原子偏离规则排列的不完整性区域，这就是晶体缺陷。一般说来，金属中偏离其规定位置的原子数目很少，因此，从整体上看，其结构还是接近完整的。尽管如此，这些晶体缺陷的产生和发展、运动与交互作用，以至于合并和消失，在晶体的强度和塑性、扩散以及其他的结构敏感性的问题中扮演了重要的角色。

根据晶体缺陷的几何形态特征，可以将它们分为点缺陷、线缺陷、面缺陷。

点缺陷的特征是三个方向上的尺寸都很小，相当于原子尺寸，例如空位、间隙原子、置换原子等。线缺陷的特征是在两个方向的尺寸很小，另一个方向上的尺寸相对很大，属于这一类的主要是位错。面缺陷的特征是在一个方向上的尺寸很小，另外两个方向上的尺寸相对很大，例如晶界、亚晶界等。

2.2.3.1　点缺陷

常见的点缺陷有三种，即空位、间隙原子和置换原子，如图 2-9 所示。

A　空位

在任何温度下，金属晶体中的原子都是以其平衡位置为中心不间断地进行着热振动。原子的振幅大小与温度有关，温度越高，振幅越大。在一定的温度下，每个原子的振动能量并不完全相同，存在能量起伏，即在某一瞬间，某些原子的能量可能高些，其振幅就要大些；

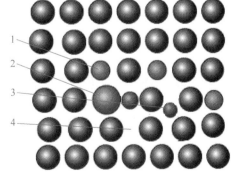

图 2-9　晶体中的各种点缺陷

1—小的置换原子；2—大的置换原子；
3—间隙原子；4—空位

而另一些原子的能量可能低些，振幅就要小些。在某一温度下的某一瞬间，总有一些原子具有足够高的能量，以克服周围原子对它的约束，脱离开原来的平衡位置迁移到别处，其结果是在原位置上出现了空结点，即空位。

空位是由于该处的原子获得了足够的能量被激活，跳离了自己的平衡位置而形成的。空位的形成有时还会造成间隙原子的出现。由于空位的存在，使其周围的原子偏离平衡位置，从而使晶格发生畸变，所以说空位是一种点缺陷。

形成一个空位所需的能量称为空位形成能，温度越高能够获得空位形成能的原子越多，空位的数量也就越多。

晶体中的空位不是固定不动的，而是始终处在运动变化之中。空位与其周围原子不断换位，就形成了空位的运动。当空位与间隙原子相遇时，它们便会复合而消失；如果多个空位聚到一起，便形成复合空位。

B　间隙原子

间隙原子是指处于晶格间隙中的原子。在晶格原子之间的间隙是很小的，一个原子硬挤进去必然使周围原子偏离平衡位置，造成晶格畸变，因此也是一种点缺陷。间隙原子可分为同类原子的间隙原子和异类原子的间隙原子两种。同类的间隙原子，如前所述，一般是空位形成时产生的，空位浓度越高，则同类间隙原子的浓度也越高。异类间隙原子一般都是半径很小的原子，如钢铁中的碳、氮、硼、氢原子即属此类。尽管这些原子半径很小，但是仍比晶格间隙的尺寸大，因此也会造成晶格畸变。异类间隙原子在一定温度也有一个平衡浓度，称为固态溶解度，简称"固溶度"。间隙原子的固溶度通常都很小，但是对金属强化却起着极其重要的作用。

C　置换原子

置换原子是溶入金属晶体并且占据原来基体原子平衡位置的异类原子。由于置换原子的半径和基体原子的半径总有些差异，所以也会使其周围原子偏离平衡位置，造成晶格畸变。置换原子的固溶度一般较大，有些可以互为置换原子，如 Cu-Ni 合金，Ni 在 Cu（或 Cu 在 Ni）中的固溶度可以达到 100%，即 Cu 原子和 Ni 原子可以互相置换。

综上所述，不管是哪类点缺陷。都会造成晶格畸变，这对金属性能产生影响。此外，点缺陷的存在，将加速金属中的扩散过程。因而凡与扩散有关的相变、化学热处理、高温下的塑性变形和断裂等，都与空位和间隙原子的存在和运动有着密切的关系。

2.2.3.2　线缺陷

线缺陷又称为位错。也就是说，位错是一种线型的晶体缺陷，它是在晶体中某处有一列或若干列原子发生了有规律的错排现象，位错线周围附近的原子偏离自己的平衡位置，使长度达几百至几万个原子间距、宽约几个原子间距范围内的原子离开其平衡位置，发生有规律的运动，造成晶格畸变。位错有两种基本类型：一种叫作刃型位错；另一种叫作螺型位错。实际晶体中的位错往往既不是单纯的螺型位错，也不是单纯的刃型位错，而是它们的混合形式，故称为混合位错。位错是一种极为重要的晶体缺陷，它对于金属的强度、断裂和塑性变形等起着决定性的作用。

A   刃型位错

在一简单立方晶体内部，晶体中多余的半原子面好像一片刀刃切入晶体中，沿着半原子面的"刃边"，形成一条间隙较大的"管道"，该"管道"周围附近的原子偏离平衡位置，造成晶格畸变，这样的位错就是刃型位错。刃型位错包括"管道"及其周围晶格发生畸变的范围，通常只有 3~5 个原子间距宽，而位错的长度却有几百至几万个原子间距。

刃型位错有正负之分，若额外半原子面位于晶体的上半部，则此处的位错线称为正刃型位错，用符号"⊥"表示。反之，若额外半原子面位于晶体的下半部，则称为负刃型位错，用符号"⊤"表示。

刃型位错的形成，可以描述为：在晶体右上角施加一切应力，晶体在切应力的作用下，一部分相对于另一部分沿一定的晶面（滑移面）和晶向（滑移方向）产生位移，由于此时晶体右上角原子尚未滑移，于是在晶体内部就出现了已滑移区和未滑移区的边界。在边界附近，原子排列的规则性遭到了破坏，从而形成多余半原子面，也就形成了刃型位错。在切应力的继续作用下，刃型位错向前运动，位错经过的区域晶体发生了滑移。因此，也可以说位错是晶体已滑移区与未滑移区的分界线，如图 2-10 所示。

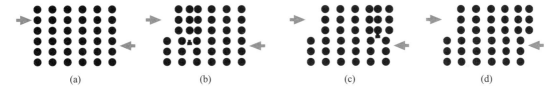

(a)   (b)   (c)   (d)

图 2-10   刃型位错形成示意图

刃型位错会吸引间隙原子和置换原子向位错区聚集，如图 2-11 所示。小的间隙原子往往进入位错管道，置换原子则富集在管道周围。这样可以降低晶格的畸变能，同时这些间隙原子和置换原子对位错起了钉扎作用，使位错难以运动，结果可以使晶体的强度、硬度提高。

从以上的刃型位错模型中，可以看出其具有以下几个重要特征：

（1）刃型位错有一多余半原子面。

（2）位错线是一个具有一定宽度的细长的晶格畸变管道，其中既有正应变，又有切应变。对于正刃型

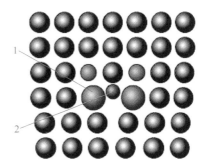

图 2-11   置换原子和间隙原子在
刃型位错区的富集
1—置换原子；2—间隙原子

位错。滑移面之上晶格受到压应力。滑移面之下为拉应力。负刃型位错与此相反。

（3）位错线与晶体滑移的方向相垂直，即位错线运动的方向垂直于位错线。

B   螺型位错

螺型位错也是在切应力的作用下形成的。如图 2-12 所示，上半部分晶体的右边相对于它下面的晶体移动了一个原子间距。在晶体已滑移和未滑移之间存在一个过渡区，在这

个过渡区内的上下二层的原子相互移动的距离小于一个原子间距，因此它们都处于非平衡位置。这个过渡区就是螺型位错，也是晶体已滑移区和未滑移区的分界线。之所以称其为螺型位错，是因为如果把过渡区的原子依次连接起来可以形成"螺旋线"。螺型位错用环形箭头（见图 2-12）或用 s 表示。

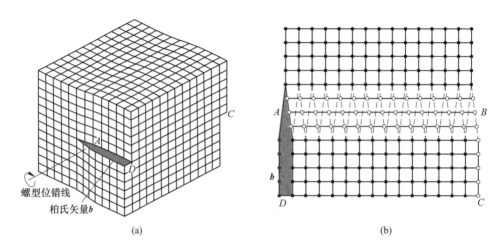

图 2-12   螺型位错示意

根据位错线附近呈螺旋形排列的原子的旋转方向的不同，螺型位错可分为左螺型位错和右螺型位错两种。通常用拇指代表螺旋的前进方向，而以其余四指代表螺旋的旋转方向。凡符合右手法则的称为右螺型位错，符合左手法则的称为左螺型位错。

螺型位错没有多余半原子面。在晶格畸变的细长管道中，只存在切应变，而无正应变，并且位错线周围的弹性应力场呈轴对称分布。此外，从螺型位错的模型中还可以看出，螺型位错线与晶体滑移方向平行，但位错线前进的方向与刃型位错相同，即与位错线相垂直。

综上所述，螺型位错具有以下重要特征：

（1）螺型位错没有多余半原子面。

（2）螺型位错线是一个具有一定宽度的细长的晶格畸变管道。其中只有切应变，而无正应变。

（3）位错线与滑移方向平行，位错线运动的方向与位错线垂直。

晶体中的位错密度是以单位体积中位错线的总长度来表示的，其单位为 cm/cm^3。在退火金属中，位错密度一般为 106 cm/cm^3 数量级；而在经过冷变形加工或者经淬火处理的金属中，位错密度可高达 1012 cm/cm^3。位错密度越高，金属的强度、硬度越高。

晶体中的位错线可以在高倍电子显微镜下观察到，改变温度或施加应力的时候，甚至可以看到位错线的运动。位错的存在，对金属材料的力学性能、扩散及相变等过程有着重要的影响。如果金属中不含位错，那么它将有极高强度。不含位错的晶须，不易塑性变形，因而强度极高；而工业纯铁中含有位错，易于塑性变形，因而强度很低。如果采用冷塑性变形等方法使金属中的位错密度大大提高，则金属的强度也可以随之提高。

2.2.3.3 面缺陷

晶体的面缺陷一般是指具有二维尺寸的晶体缺陷。晶体的面缺陷包括晶体的外表面（表面或自由界面）和内界面两类，内界面又包括晶界、亚晶界、孪晶界、相界面和层错等。

（1）晶界表面：晶体外表面上的原子与晶体内部的原子所处的环境不同，内部原子周围都被邻近的原子对称地包围着，而表面原子只有一侧被内部原子包围着，另一侧则暴露在其他介质中。因此，表面原子所受周围原子的作用力不是均匀对称的，这就使表面原子偏离自己的平衡位置，处于能量较高的畸变状态。

（2）晶界：晶体结构相同但位向不同的晶粒之间的界面称为晶粒晶界，或简称晶界。晶界可分为小角度晶界和大角度晶界。两相邻晶粒的位向差小于 15°时，称为小角度晶界；位向差大于 15°时，称为大角度晶界。晶粒的位向差不同，则其晶界的结构和性质也不同。现已查明，小角度晶界基本上由位错构成，大角度晶界的结构却十分复杂，目前还不十分清楚，而多晶体金属材料中的晶界大都属于大角度晶界。

（3）亚晶界：在实际晶体内，每个晶粒内的原子排列并不是十分整齐的，它们彼此间存在着极小的位向差。这些晶块之间的内界面就称为亚晶粒晶界，简称亚晶界。

（4）孪晶界：孪晶界是一种简单而特别的晶界。所谓孪晶是指两个晶体（或一个晶体的两部分）沿一个公共晶面构成镜面对称的位向关系，此公共晶面就称为孪晶面，这里的孪晶面也就是孪晶界。在孪晶面上的原子为孪晶的两部分晶体所共有，且同时位于两个晶体点阵的结点上。这种形式的孪晶界称为共格孪晶界。

任务 2.3　认识合金中的相结构

合金的组织常由多种"相"混合组成，为了研究合金的性能与其成分、组织的关系，必须探索合金组织的形成及其变化规律。通过认识合金中的相结构，了解其力学性能、物理和化学性能与组织的关系。

2.3.1　认识合金

合金是指两种或两种以上的金属，或金属与非金属，经熔炼或烧结，或用其他方法组合而成的具有金属特征的物质。合金具有较高的强度、硬度以及某些优异的物理、化学性能和力学性能，且价格相对低廉，是工业上广泛使用的金属材料。

组成合金的最基本的、独立的物质称为组元。一般来说，组元就是组成合金的元素，但有时也可将稳定的化合物作为组元，如铁碳合金中的 Fe_3C。合金中化学成分和结构相同，与其他组成部分有界面分开的独立均匀的组成部分称为相。

2.3.2 合金的相结构

合金的相结构实质是合金中的晶体结构。根据合金中各元素间的相互作用，合金中的相可分为固溶体、金属化合物两类。

合金及其

相结构

2.3.2.1 固溶体

合金中一组元作为溶质溶解在另一组元溶剂的晶格中，并保持溶剂晶格类型的金属固相，称为固溶体。一般含量多者为溶剂，含量少者为溶质。例如，钢组织中铁素体相就是碳在体心立方晶格 α-Fe 中的固溶体。根据溶质原子在溶剂晶格中所占位置，可将固溶体分为置换固溶体和间隙固溶体两种类型。

（1）置换固溶体。溶质原子占据溶剂晶格部分结点位置而形成的固溶体称为置换固溶体，如图 2-13（a）所示。按溶质溶解度不同，置换固溶体又可分为有限固溶体和无限固溶体两种。其溶解度主要取决于组元间的晶格类型、原子半径和原子结构。实践证明，大多数合金只能有限固溶，且固溶度随着温度的升高而增大。只有两组元晶格类型相同、原子半径相差很小时，才可以形成无限固溶体。

（2）间隙固溶体。溶质原子占据溶剂晶格的间隙而形成的固溶体称为间隙固溶体，如图 2-13（b）所示。由于溶剂晶格的间隙有限，间隙固溶体只能有限固溶溶质原子，只有在溶质原子与溶剂原子半径的比值小于 0.59 时，才能形成间隙固溶体。间隙固溶体的固溶度与温度、溶剂溶质原子半径比值和溶剂晶格类型等有关。

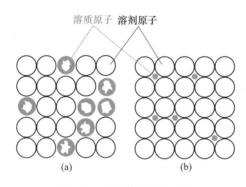

图 2-13   固溶体的两种类型

（a）置换固溶体；（b）间隙固溶体

无论是置换固溶体，还是间隙固溶体，异类原子的插入都将使固溶体晶格发生畸变，增加位错运动的阻力，使固溶体的强度、硬度提高。这种通过溶入溶质原子形成固溶体，从而使合金强度、硬度升高的现象称为固溶强化。固溶强化是强化金属材料的重要途径之一。

实践证明，只要适当控制固溶体中溶质的含量，就能在显著提高金属材料强度的同时仍然使其保持较高的塑性和韧性。

2.3.2.2 金属化合物

金属化合物是指合金组元间发生相互作用而形成的具有金属特性的合金相。例如，铁碳合金中的渗碳体就是铁和碳组成的化合物 Fe_3C，金属化合物具有与其构成组元晶格截然不同的特殊晶格，熔点高，硬而脆。合金中出现金属化合物时，通常能显著地提高合金的强度、硬度和耐磨性，但塑性和韧性也会明显降低。

2.3.3 同素异构转变

固态金属随温度变化而发生晶格改变的现象，称为同素异构转变。纯铁就具有同素异构转变的特征（见图2-14），纯铁在 1538 ℃开始结晶，形成具有体心立方晶格的 δ-Fe；当冷却到 1394 ℃时发生同素异构转变，由体心立方晶格的 δ-Fe 转变为面心立方晶格的 γ-Fe；继续冷却到 912 ℃时，再次发生同素异构转变，由具有面心立方晶格的 γ-Fe 转变成具有体心立方晶格的 α-Fe。再继续冷却时，晶格类型不再发生变化。

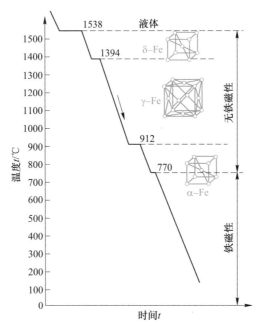

图 2-14　纯铁及其同素异构转变图

$$\delta\text{-Fe} \xrightleftharpoons{1394\ ℃} \gamma\text{-Fe} \xrightleftharpoons{912\ ℃} \alpha\text{-Fe}$$
（体心立方）（面心立方）（体心立方）

同素异构转变是纯铁的一个重要特性，以铁为基的铁碳合金之所以能通过热处理显著改变其性能，就是由于铁具有同素异构转变的特性。同素异构转变不仅存在于纯铁中，而且存在于以铁为基的钢铁材料中，这是钢铁材料性能呈多种多样、用途广泛，并能通过各种热处理进一步改善其组织与性能的重要原因。

通常所说的工业纯铁是指室温下的 α-Fe，其强度、硬度低，塑性、韧性好。工业纯铁的力学性能大致如下：抗拉强度 R_m 为 180~230 MPa，规定残余延伸强度 $R_{r0.2}$（一般称为屈服强度）为 100~170 MPa，断后伸长率 A 为 30%~50%，硬度为 50~80HBW。可见，纯铁强度低、硬度低、塑性好，因此很少做结构材料。由于纯铁有高的磁导率，因此它主要作为电工材料，用于制作各种铁芯。

课后思考题

2-1　用金属键结合的方式，解释金属具有良好的导电性、导热性、塑性和金属光泽等特性的原因。

2-2　金属常见的晶体结构有哪些，各有何特点？

2-3　金属晶体中常见的缺陷有哪些？

2-4　实际金属晶体中存在哪几种晶体缺陷？它们对金属力学性能的影响有什么？

项目 3 金属的结晶过程与控制

金属结晶
的控制

 **思政案例**

冶金与电磁场调控金属结晶的研究进展

冶金，作为国民经济和国防的基石，承担着推动高品质金属材料发展的重任。金属结晶过程，作为决定材料效率和性能的关键环节，一直是科研工作者深入研究的焦点。然而，传统的调控手段在金属结晶过程中已经接近其极限，这促使我们寻找新的调控方法以推动金属材料领域的发展。近年来，电磁场因其独特的无接触力-能-热效应，被寄予厚望，成为调控金属结晶过程的新手段。这一研究方向不仅具有深远的理论价值，更对冶金和金属材料领域的实际应用具有重要意义。

经过二十余年的深入研究，"电磁场调控金属结晶微观组织机理"项目取得了令人瞩目的突破性成果。首先，项目团队建立了磁场下金属结晶的多尺度热电磁流体力学模型。这一模型不仅证实了静磁场下金属液凝固时的热电磁流动现象，而且深入揭示了其多尺度效应与极值原理。此外，研究团队还阐明了磁场下合金凝固的传输行为和界面演化机制，并据此发明了磁场控制结晶微观结构的技术。这一技术的诞生，为金属材料的高效制备和性能优化开辟了新的途径。

项目团队在磁场控制结晶取向方面取得了重要突破。他们发现，在弱磁金属中，磁场对结晶取向和晶体界面能具有显著影响。基于 Wulff 原理，研究团队建立了磁场影响晶体取向的模型，并据此发明了制备各向异性材料的方法。这一方法的出现，为高性能、高功能金属材料的制备提供了有力支持。

研究团队还深入探讨了磁场下金属电结晶界面的微观磁流体力学作用机理。他们发现，电结晶过程中存在着微观磁流体运动，并建立了相应的磁流体力学理论模型。这一模型揭示了磁场与界面附近电流的相互作用机制，并证实磁场能够细化晶粒、改善表面形貌并提高材料性能。这一发现对于提升金属材料性能具有重要的实践意义。

"电磁场调控金属结晶微观组织机理"项目的突破性成果不仅深化了我们对金属结晶过程的理解，还为金属材料的高效制备和性能优化提供了新的理论支持和实践指导。未来，随着研究的深入，电磁场在冶金和金属材料领域的应用前景将更加广阔。

任务 3.1 掌握纯金属的结晶

3.1.1 纯金属结晶的现象

结晶过程是一个十分复杂的过程。由于金属不透明，其结晶过程不能直接观察，给研究带来困难。为了揭示金属结晶的基本规律，这里先从结晶的

金属如何
变成晶体

现象入手，进而再去研究结晶过程的实质。

3.1.1.1 过冷现象

根据金属结晶过程中测得的冷却曲线（见图 3-1）可知，金属在结晶之前，温度连续下降，当液态金属冷却到理论结晶温度（熔点）时，并未开始结晶，而是需要继续冷却到之下某一温度 T_n，液态金属才开始结晶。金属的实际结晶温度 T_n 与理论结晶温度 T_m 之差，称为过冷度，以 ΔT 表示，$\Delta T = T_m - T_n$。过冷度越大，则实际结晶温度越低。

过冷度随金属的本性和纯度的不同，以及冷却速度的差异可以在很大的范围内变化。金属不同，过冷度的大小也不同；金属的纯度越高，则过冷度越大。当以上两因素确定之后，过冷度的大小取决于冷却速度，冷却速度越大，则过冷度越大，即实际结晶温度越低；反之，

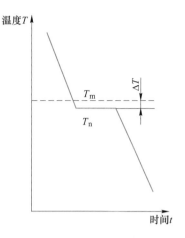

图 3-1　纯金属结晶时的
冷却曲线示意图

冷却速度越慢，则过冷度越小，实际结晶温度越接近理论结晶温度。但是，不管冷却速度多么缓慢，也不可能在理论结晶温度进行结晶。对于一定的金属来说，过冷度有一最小值，若过冷度小于此值，结晶过程就不能进行。

3.1.1.2 结晶潜热

物质从一个相转变为另一个相时，随着放出或吸收的热量称为相变潜热。金属熔化时从固相转变为液相要吸收热量，而结晶时从液相转变为固相则放出热量，前者称为熔化潜热，后者称为结晶潜热。它可以从图 3-1 冷却曲线上反映出来。当液态金属的温度到达结晶温度 T_n 时，由于结晶潜热的释放，补偿了散失到周围环境的热量，所以在冷却曲线上出现了平台。平台延续的时间就是结晶过程所用的时间。结晶过程结束，结晶潜热释放完毕，冷却曲线便又继续下降。冷却曲线上的第一个转折点，对应着结晶过程的开始，第二个转折点则对应着结晶过程的结束。

在结晶过程中，如果释放的结晶潜热大于向周围环境散失的热量，温度将会上升，甚至发生已经结晶的局部区域重熔的现象。因此，结晶潜热的释放和散失，是影响结晶过程的一个重要因素。

3.1.1.3 金属结晶的过程

金属结晶过程是形核与长大的过程。结晶时首先在液体中形成具有某一临界尺寸的晶核，然后这些晶核不断凝聚长大。形核过程与长大过程既紧密联系又相互区别。图 3-2 为微小体积的液态金属的结晶过程。当液态金属过冷至理论结晶温度以下的实际结晶温度时，晶核并未立即产生，而是经过了一定时间后才开始出现第一批晶核。结晶开始前的这段停留时间称为孕育期。随着时间的推移，已形成的晶核不断长大。与此同时，液态金属中又产生第二批晶核。以此类推，原有的晶核不断长大，同时又不断产生新的晶核，就这样，液态金属中不断形核、不断长大，使液态金属越来越少，直到各个晶体相互接触，液

态金属耗尽，结晶过程宣告结束。由一个晶核长成的晶体，就是一个晶粒。由于各个晶核是随机形成的，其位向各不相同，所以各晶粒的位向也不相同，这样就形成一块多晶体金属。如果在结晶过程中只有一个晶核形成并长大，那么就形成一块单晶体金属。

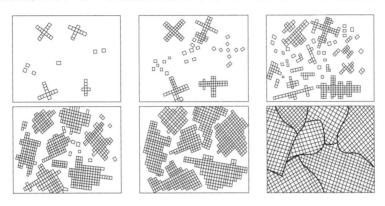

图 3-2　纯金属结晶过程示意图

总之，结晶过程是由形核和长大两个过程交错重叠在一起的。但对一个晶粒来说，它严格地区分为形核和长大两个阶段。

3.1.2　纯金属结晶的热力学条件

实验证明，纯金属液体被冷却到熔点 T_m（理论结晶温度）时保温，无论保温多长时间结晶都不会进行，只有当温度明显低于 T_m 时，结晶才开始。也就是说，金属要在过冷的条件下才能结晶。过冷度越大，结晶的驱动力也就越大。因此，结晶的热力学条件就是必须有一定的过冷度。

3.1.3　纯金属结晶的结构条件

大量的实验结果表明，液体中的微小范围内存在着紧密接触并规则排列的原子集团（见图 3-3），称为近程有序，这些大小不一的原子集团是与固态结构类似的；液态金属

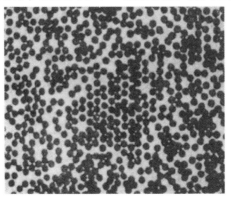

图 3-3　液相中的原子集团

中近程规则排列的原子集团并不是固定不动的，而是处于不断的变化之中。由于液态金属原子的热运动激烈，原子间距较大，结合较弱，所以液态金属原子在平衡位置停留的时间很短，很容易改变自己的位置。这使近程有序的原子集团只能维持短暂的时间就被破坏消失。与此同时，在其他地方又会出现新的近程有序的原子集团。前一瞬间属于这个近程有序原子集团的原子，下一瞬间可能属于另一个近程有序的原子集团。原子集团这种此起彼伏（原子重新聚集）的现象称为结构起伏。造成结构起伏的原因是液态金属中存在着能量起伏，能量低的地方有序原子集团才能形成，遇到能量高峰又散开成无序状态。因此，结构起伏与能量起伏是对应的。而在晶体大范围内的原子是有序排列的，称为长程有序。

根据结晶的热力学条件可以判断，只有在过冷液体中出现尺寸较大的相起伏，才有可能在结晶时转变为晶核，这些相起伏就是晶核的胚芽，称为晶胚。

3.1.4 晶核的形成

在过冷液体中形成固态晶核有两种方式：一种是均匀形核，又称均质形核或自发形核；另一种是非均匀形核，又称异质形核或非自发形核。若液相中各个区域出现新相晶核的概率都是相同的，这种形核方式即为均匀形核；反之，新相优先出现于液相中的某些区域称为非均匀形核。前者是指液态金属绝对纯净，无任何杂质，只是依靠液态金属的能量变化，由晶胚直接形成的过程。显然这是一种理想状况，在实际液态金属中，总是或多或少地含有某些杂质。因此，晶胚常常依附于这些固态杂质质点上形成晶核，实际金属的结晶主要以非均匀形核方式进行。

均匀形核需要很大的过冷度，如纯铝结晶时的过冷度为 130 ℃，镍为 319 ℃，而纯铁的过冷度则为 295 ℃。实际金属结晶时，往往在不到 10 ℃的很小过冷度下就开始结晶了，并不需要均匀形核时那样大的过冷度。这是因为，在实际金属液体中，存在许多微小的固相质点；另外，铸锭模的内壁总是与金属液体接触的，这些固体的表面为晶核的形成提供了方便，晶核优先依附于这些现成的表面而形成。这种形核方式称为非均匀形核，也称非均质形核或异质形核。

非均匀形核的形核率受一系列物理因素的影响，如在液态金属凝固过程中的振动或搅动，一方面可使正在长大的晶体碎裂成多个结晶核心，另一方面又可使受振动的液态金属中的晶核提前形成。

综上所述，金属的结晶形核有以下要点。

（1）液态金属的结晶必须在过冷液体中进行，其过冷度必须大于临界过冷度，晶胚尺寸必须大于临界晶核半径。前者提供形核的驱动力，后者是形核的热力学条件所要求的。

（2）形核既需要结构起伏，也需要能量起伏，二者皆是液体本身存在的自然现象。

（3）晶核的形成过程是原子的扩散迁移过程，因此结晶必须在一定温度下进行。

（4）在工业生产中，液体金属的凝固总是以非均匀形核方式进行。

3.1.5 晶核的长大

当液态金属中出现大于临界晶核半径的晶核后，液体的结晶过程就开始了。结晶过程的进行，依赖于新晶核连续不断地产生，但更依赖于已有晶核的进一步长大。决定晶体长大方式和长大速度的主要因素是晶核的界面结构、界面附近的温度分布、潜热的释放和逸散条件。

3.1.5.1 固液界面的结构

固液界面的微观结构有两种类型，即光滑界面和粗糙界面。

图 3-4（a）所示为光滑界面。光滑界面是指固相表面为基本完整的原子密排面，固液两相截然分开，从微观上看界面是光滑的。但是从宏观来看，界面呈锯齿状的折线，所以又称小平面界面。粗糙界面在微观上高低不平、粗糙，存在几个原子厚度的过渡层，如图 3-4（b）所示。在过渡层中，液相与固相的原子犬牙交错分布，这类界面是粗糙的，又称为非小平面界面。从宏观上看，界面反而是平直的。

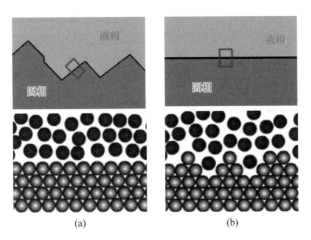

图 3-4 固-液界面的微观结构示意图
（a）光滑界面；（b）粗糙界面

3.1.5.2 晶体长大机制

晶体长大也需要一定的过冷度。

光滑界面晶体有两种长大机制：二维晶核长大机制和依靠晶体缺陷长大机制。

综上所述，晶体长大的要点如下：

（1）具有粗糙界面的金属，其长大机理为垂直长大。所需过冷度小。

（2）具有光滑界面的金属化合物或非金属等，其长大机理有两种方式：其一为二维晶核长大方式；其二为螺型位错长大方式。它们的长大速度都很慢，所需的过冷度很大。

（3）晶体生长的界面形态与界面前沿的温度梯度和界面的微观结构有关，在正的温度梯度下长大时，光滑界面的一些小晶面互成一定角度，呈锯齿状；粗糙界面的形态为平行于等温面的平直界面，呈平面长大方式。在负的温度梯度下长大时，一般金属和亚金属的界面都呈树枝状。

3.1.6 晶粒大小及控制

晶粒的大小称为晶粒度，通常用晶粒的平均面积或平均直径来表示。

晶粒大小对晶体材料的力学性能影响很大。晶粒越细小，材料的强度越高。不仅如此，晶粒细小还可以提高材料的塑性和韧性。根据凝固理论，细化晶粒的途径是提高形核率和抑制晶体的长大速率。为此，工艺上采取的主要措施有增大过冷度、变质处理、振动搅拌。

（1）增大过冷度：晶粒越细小，晶粒数就应越多。显然，晶粒数与形核率成正比，而与晶体生长速率成反比。增大过冷度虽然也会提高晶体生长速率，但提高形核率更为显著。也就是说，增大过冷度可以提高形核率与生长速率的比值，从而使晶粒数增多，晶粒细化。

增大过冷度，实际上是提高金属凝固时的冷却速度，这可以通过采用吸热能力强、导热性能好的铸型（如金属型），以及降低熔液的浇注温度等措施来实现。这种方法对于小型铸件或薄壁铸件效果较好，但对于大型铸件就不合适了。

（2）变质处理：变质处理就是向金属液体中加入一些细小的形核剂（又称为孕育剂或变质剂），作为非均匀形核的基体，从而使晶核数大量增加，晶粒显著细化。变质处理是目前工业生产中广泛使用的方法。例如，在铝或铝合金中加入少量的钛、锆，往钢中加入钛、锆、钒等元素就可以细化晶粒。

向金属或合金液体中加入同种固体颗粒，一方面可以增加大量直接作为结晶核心的固相，另一方面可以提高冷却速度、增大过冷度。因此这是一种非常好的细化晶粒的方法，工业生产中已经采用。向铝硅合金中加入的钠盐虽然不起形核作用，却可以阻止硅晶体的长大，从而起到细化合金组织的作用。

（3）振动搅拌：在浇注和结晶过程中进行机械振动或搅拌，也可以显著细化晶粒。其主要原因是：一方面，振动和搅拌能够向金属液体中输入额外能量、增大能量起伏，从而更加有效地提供形核所需要的形核功；另一方面，振动和搅拌可以使枝晶碎断，增大晶核数量。

振动和搅拌方法有机械法、电磁法、超声波法等。

任务 3.2 认识金属的塑性变形与断裂

人类很早就利用塑性变形进行金属材料的加工成型，但只是在100多年以前才开始建立塑性变形理论。早期主要研究了金属晶体内的塑性变形。

3.2.1 单晶体的塑性变形

当应力超过弹性极限后，金属将产生塑性变形。尽管工程上应用的金属及合金大多为多晶体，但为了方便起见，还是首先研究单晶体的塑性变形，这是因为多晶体的塑性变形与各个晶粒的变形行为有关。因此，掌握了单晶体的塑性变形规律，将有助于理解多晶体的塑性变形规律。在常温或低温下金属塑性变形主要方式是滑移和孪生。

3.2.1.1　滑移

A　滑移带

如果将表面抛光的单晶体金属试样进行拉伸，当试样经适量的塑性变形后，在金相显微镜下可以观察到在抛光的表面上出现许多相互平行的线条，这些线条称为滑移带，如图3-5所示。用电子显微镜观察，发现每条滑移带上均是由一组相互平行的滑移线组成，这些滑移线实际上是在塑性变形后晶体表面产生的一个个小台阶，如图3-6所示。相互靠近的一组小台阶在宏观上的反映是一个大台阶，这就是滑移带。以上事实说明，晶体的塑性变形是一部分相对于另一部分沿某些晶面或晶向发生平移滑动的结果，这种变形方式叫作滑移。当滑移的晶面移出晶体表面时，在滑移面与晶体表面相交处，即形成了滑移台阶，一个滑移台阶就是一条滑移线，每一条滑移线所对应的台阶高度，标志着某一滑移面的滑移量，这些台阶的累积就造成了宏观的塑性变形效果。

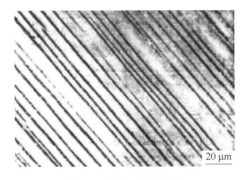

图3-5　铜中的滑移带

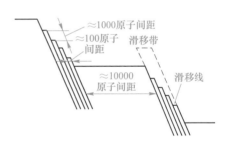

图3-6　滑移线和滑移带示意图

B　滑移系

滑移是晶体一部分沿着一定的晶面和晶向相对于另一部分做相对的平移滑动，这种晶面称为滑移面，晶体在滑移面上的滑动方向称为滑移方向。一般说来，滑移面总是原子排列最紧密的晶面，而滑移方向也是原子排列最紧密的晶向。这是因为在晶体的原子密度最大的晶面上，原子间的结合力最强，而面与面之间的距离却最大，即密排面之间的原子结合力最弱，滑移的阻力最小，因而最易于滑移。沿原子密度最大的晶向滑动时，阻力也最小。一个滑移面和此面上的一个滑移方向结合起来，组成一个滑移系。滑移系表示金属晶体在未发生滑移时滑移动作可能采取的空间位向。当其他条件相同时，金属晶体中的滑移系越多，则滑移时可供采用的空间位向也越多，故该金属的塑性也越好。

金属塑性的好坏，不止取决于滑移系的多少，还与滑移面上的原子的密排程度和滑移方向的数目有关。如α-Fe，因为它的滑移方向不及面心立方金属多，同时其滑移面上的原子密排程度也比面心立方金属低，所以它的滑移面间距较小，原子间的结合力较大，必须在较大的应力作用下才能开始滑移，因此，它的塑性要比铜、铝、银、金等面心立方金属差一些。

C　滑移的基本类型

按位错滑移运动的方式，可将滑移分为单滑移、多滑移和交滑移。对于滑移系多的立方晶系单晶体来说，起始滑移首先在取向最有利的滑移系中进行。随着晶体的转动，滑移过程在两个或多个滑移系中同时进行或交替进行。

滑移的实质是：位错在切应力作用下沿滑移面的运动。

3.2.1.2　孪生

塑性变形的另一种重要方式是孪生。当晶体在切应力的作用下发生孪生变形时，晶体的一部分一定的晶面和一定的晶向相对于另一部分晶体均匀地切变。在变形区内，与孪生面平行的每层原子的切变量与它距孪生面的距离成正比，并且不是原子间距的整数倍。这种切变不会改变晶体的点阵类型，但是变形部分的位向发生变化，并与未变形部分的晶体以孪晶界为分界面构成了镜像对称的位向关系。通常把对称的两部分晶体称为孪晶；将形成孪晶的过程称为孪生。由于变形部分的位向与未变形的不同，因此经抛光和浸蚀之后，在显微镜下极易看出，其形态为条带状，有时呈透镜状，如图 3-7 所示。

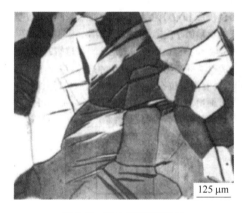

图 3-7　锌中的变形孪晶

孪生与滑移类似，也使晶体发生切变，孪生切变也是沿特定的晶面（孪生面）和晶向（孪生方向）发生的，两者合称孪生系。只有在滑移很难进行的条件下，晶体才进行孪生变形。对于密排六方金属，由于它的对称性低，滑移系少，在晶体的取向不利于滑移时，常以孪生方式进行塑性变形。体心立方金属室温下只有承受冲击载荷时才产生孪生变形；但在室温以下，由于滑移的临界分切应力显著提高，滑移不易进行，因此在较慢的变形速度下也可引起孪生。面心立方金属的对称性高，滑移系多，很少发生孪生变形，只有少数金属如铜、银、金等，在极低温度下（4~47 K）滑移很困难时才发生孪生变形。孪生对塑性变形的贡献比滑移小得多，例如：镉单纯依靠孪生变形只能获得 7.4%的伸长率。但是，由于孪生后变形部分的晶体位向发生改变，可使原来处于不利取向的滑移系转变为新的有利取向，这样就可以激发晶体的进一步滑移，提高金属的塑性变形能力。例如，滑移系少的密排六方金属，当晶体相对于外力的取向不利于滑移时，如果发生孪生，那么孪生后的位向大多会变得有利于滑移。这样，滑移和孪生两者交替进行，即可获得较大的变形量。正是由于这一原因，当金属中存在大量孪晶时，可以较顺利地进行塑性变形。可见，对于密排六方金属来说，孪生对于塑性变形的贡献，还是不能忽略的。

3.2.2 多晶体的塑性变形

3.2.2.1 多晶体的变形特点

除了少数场合，实际上使用的金属材料大多是多晶体。多晶体的塑性变形也是以滑移和孪生为其基本方式，但是多晶体是由许多形状、大小、取向各不相同的单晶体晶粒所组成的，这就使多晶体的变形过程更加复杂。首先，多晶体的塑性变形受到晶界的阻碍和位向不同的晶粒的影响；其次，任何一个晶粒的塑性变形都不是处于独立的自由变形状态，需要其周围的晶粒同时发生相应的变形来配合，以保持晶粒之间的结合和整个物体的连续性。因此，多晶体的塑性变形表现出如下变形特点：一是晶粒变形的不同时性，各晶粒的变形有先有后；二是各晶粒变形的相互协调性，面心立方和体心立方金属的滑移系多，各个晶粒的变形协调得好，因此其多晶体金属表现出良好的塑性，而密排六方金属的滑移系少，很难使晶粒的变形彼此协调，所以塑性差，冷塑性加工较困难；三是多晶体塑性变形具有不均匀性，由于晶界及晶粒位向的影响，各晶粒的变形是不均匀的，有的晶粒变形量大，而有的晶粒变形量小；在一个晶粒内部，变形也不均匀，晶内变形大，晶界变形小。

3.2.2.2 晶粒大小对塑性变形的影响

多晶体的塑性变形过程中，一方面，由于晶界的存在，使变形晶粒中的位错在晶界处受阻，每一晶粒中的滑移带也都终止在晶界附近；另一方面，由于各晶粒间存在着位向差，为了协调变形，要求每个晶粒必须进行多滑移，而多滑移时必然要发生位错的相互交割。这两者均大大提高金属材料的强度。显然，晶界越多，即晶粒越细小，则强化效果越显著。这种用细化晶粒增加晶界提高金属强度的方法称为细晶强化。

细晶强化是金属材料的一种极为重要的强化方法，细化晶粒不但能提高材料的强度，同时还可以改善材料的塑性和韧性，这是材料的其他强化方法所不能比拟的。因此，在工业生产中通常总是设法获得细小而均匀的晶粒组织，使材料具有良好的综合力学性能。

3.2.3 合金的塑性变形

工业上使用的金属材料大多是合金，根据合金的组织可将其分为两大类：单相固溶体合金和多相合金。多相合金的塑性变形方式，总的来说与多晶体纯金属的情况基本相同，但由于合金元素的存在，组织也不相同，故塑性变形也各有特点，下面分别进行讨论。

3.2.3.1 单相固溶体合金的塑性变形

由于单相固溶体合金的显微组织与多晶体纯金属相似，因而其塑性变形过程也基本相同。但是由于固溶体中存在着溶质原子，使合金的强度、硬度提高，而塑性、韧性有所下降，产生了固溶强化效果。

3.2.3.2　多相合金的塑性变形

多相合金也是多晶体,但其中有些晶粒是另一相,有些界面是相界面。多相合金的组织主要分为两类:一类是两相晶粒尺寸相近,两相的塑性也相近;另一类是由塑性较好的固溶体基体及其上分布的硬脆的第二相所组成的。这类合金除了具有固溶强化效果外,还有因第二相的存在而引起的强化,它们的强度往往比单相固溶体合金高。多相合金的塑性变形除与固溶体基体密切相关外,还与第二相的性质、形状、大小、数量及分布状况等有关,后者在塑性变形时甚至起着决定性的作用。

(1) 合金中两相的性能相近:合金中两相的含量相差不大,且两相的变形性能相近,则合金的变形性能为两相的平均值,合金的强度随较强的一相的含量增加而呈线性增加。

(2) 合金中两相的性能相差很大:合金中两相的变形性能相差很大,若其中的一相硬而脆,难以变形,另一相的塑性较好,且为基体相,则合金的塑性变形除与相的相对量有关外,在很大程度上取决于脆性相的分布情况。脆性相的分布有以下三种情况:

1) 硬而脆的第二相呈连续网状分布在塑性相的晶界上。这种分布情况是最恶劣的,因为脆性相在空间把塑性相分割开,从而使其变形能力无从发挥,经少量的变形后,即沿着连续的脆性相裂开,使合金的塑性和韧性急剧下降。这时,脆性相越多,网越连续,合金的塑性也就越差,甚至强度也随之下降。例如,过共析钢中的二次渗碳体在晶界上呈网状分布时,使钢的脆性增加,强度和塑性下降。生产上可通过热塑性加工(如轧制和锻压)和热处理(如正火)相互配合来破坏或消除其网状分布。

2) 脆性的第二相呈片状或层状分布在塑性相的基体上。例如,钢中的珠光体组织,铁素体和渗碳体呈片状分布,铁素体的塑性好,渗碳体硬而脆,塑性变形主要集中在铁素体中,位错的移动被限制在渗碳体片之间很短距离内。可见,珠光体片间距越小,则强度越高,且其变形越均匀。因此,细珠光体不但强度高,塑性也好。

3) 脆性相在塑性相中呈颗粒状分布。例如,共析钢或过共析钢经球化退火后得到的粒状珠光体组织,由于颗粒的渗碳体对铁素体的变形阻碍作用大大减弱,故强度降低,塑性和韧性得到显著改善。一般来说,粒状的脆性第二相对塑性的危害要比针状和片状的小。若脆性的第二相呈弥散粒子均匀地分布在塑性相基体上,则可显著提高合金的强度,这种强化称为第二相强化,又称弥散强化、沉淀强化或析出强化。

3.2.4　金属的断裂

断裂是金属材料在外力的作用下丧失连续性的过程,它包括裂纹的萌生和裂纹的扩展两个基本过程。断裂过程的研究在工程上有很大的实际意义。金属零件的断裂,不仅使整个设备停止运转,并且往往造成重大伤亡事故,比塑性变形产生的后果要严重得多。

3.2.4.1　断裂的基本类型

(1) 塑性断裂。塑性断裂又称为延性断裂,断裂前发生大量的宏观塑性变形,断裂时承受的工程应力大于材料的屈服强度。由于塑性断裂前产生显著的塑性变形,容易引起人们的注意,从而可及时采取措施防止断裂的发生,即使局部发生断裂,也不会造成灾难性事故。对于使用时只有塑性断裂可能的金属材料，设计时只需按材料的屈服强度计算承载能力，一般就能保证安全使用。

（2）脆性断裂。在金属脆性断裂过程中，极少或没有宏观塑性变形，但在局部区域仍存在一定的微观塑性变形。断裂时承受的工程应力通常不超过材料的屈服强度，甚至低于按宏观强度理论确定的许用应力，因此，其又称低应力断裂。由于脆性断裂前既无宏观塑性变形，又无其他预兆，并且一旦开裂后，裂纹扩展迅速，造成整体断裂或很大的裂口，有时还产生很多碎片，因此容易导致严重事故。选择可能发生脆断的金属材料，必须从脆断角度计算其承载能力，并充分估计过载的可能性。脆性断裂通常发生于高强度或塑性、韧性差的金属或合金中，但塑性较好的金属在低温、厚的截面或高的应变速率等条件下或当裂纹起重要作用时，都可能以脆性方式断裂。

3.2.4.2 影响材料断裂的基本因素

不同的材料，可能有不同的断裂方式，但是断裂属于塑性断裂还是脆性断裂，不仅与材料的化学成分和组织结构有关，而且还受工作环境、加载方式的影响。塑性材料在一定的条件下可以是脆性断裂，而脆性材料在一定条件下也表现出一定的塑性。如在室温拉伸时呈脆性断裂的铸铁等材料，但在压应力的作用下却有一定的塑性。因此，在生产实际中，拉伸时呈脆性断裂的材料通常只用来制造在受压状态下工作的零件，而不用来制造重要零件。可见，研究影响材料断裂因素对工程实际应用十分重要。下面扼要介绍几个主要影响因素。

（1）裂纹和应力状态的影响。对大量脆性断裂事故的调查表明，大多数断裂是由于材料中存在微小裂纹和缺陷引起的。裂纹的存在引起应力集中，且产生复杂的应力状态，就改变了构件的断裂行为。同样，受载方式不同会造成应力状态的改变，也能改变材料的断裂行为。例如拉伸或弯曲很脆的材料（如大理石），在受三向压应力时，却表现出良好的塑性。

（2）温度的影响。中、低强度钢的断裂过程都有一个重要现象，就是随着温度的降低，都有从塑性断裂逐渐过渡为脆性断裂的现象，尤其是当试件上带有裂纹和缺口时，更加剧了这种过渡倾向。

（3）其他影响因素。除材料本身的影响因素外，影响材料断裂的外界因素还很多。例如，环境介质对断裂有很大影响，某些金属与合金在腐蚀介质和拉应力的同时作用下，产生应力腐蚀断裂。金属材料经酸洗、电镀，或从周围介质中吸收了氢之后，产生氢脆断裂。变形速度的影响比较复杂，一方面，变形速度增加，使金属加工硬化严重，因而塑性降低；另一方面，它又使变形热来不及散出，促使加工硬化消除而提高塑性。至于哪个因素占主导地位，要视具体情况而定。

任务 3.3 金属在塑性加工中组织和性能的变化

3.3.1 冷塑性变形对金属组织和性能的影响

3.3.1.1 冷塑性加工对组织结构的影响

多晶体金属经冷塑性加工后，除了在晶粒内出现滑移带和孪晶组织特征外，还具有下述组织结构的变化。

（1）显微组织的变化。金属与合金经冷塑性加工后，晶粒形状逐渐发生变化，随着变形方式和变形量的不同，晶粒形状的变化也不一样，如在轧制时，各晶粒沿变形方向逐渐伸长，变形量越大，晶粒伸长的程度也越大。当变形量很大时，晶粒呈现出一片如纤维状的条纹，称为纤维组织，如图 3-8 所示。纤维的分布方向，即金属变形时的伸展方向。当金属中有杂质存在时，杂质也沿变形方向拉长为细带状（塑性杂质）或粉碎成链状（脆性杂质），这时光学显微镜已经分辨不清晶粒和杂质。

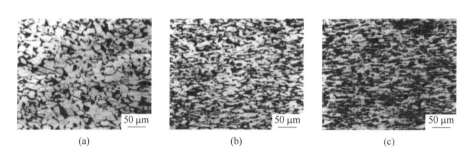

图 3-8   低碳钢冷塑性加工后的纤维组织

（a）30%的压缩率；（b）50%的压缩率；（c）70%的压缩率

（2）形变织构。当变形量很大时，多晶体中原来任意取向的各个晶粒会逐渐调整其取向而彼此趋于一致，这一现象称为晶粒的择优取向，这种由于金属塑性变形使晶粒具有择优取向的组织称为形变织构，如图 3-8 所示。

当出现织构后，多晶体金属就不再表现为各向同性而显示出各向异性。这对材料的性能和加工工艺有很大的影响。例如，当用有织构的板材冲压杯状零件时，将会因板材各个方向变形能力的不同，使冲压出来的工件边缘不齐，壁厚不均，即产生所谓"制耳"现象。但是在某些情况下，织构的存在是有利的。例如，变压器铁芯用的硅钢片，沿织构方向最易磁化，因此，当采用具有这种织构的硅钢片制作电机、电器时，可以减少铁损，提高设备效率，减轻设备质量，节约钢材。

3.3.1.2   冷塑性加工对金属性能的影响

A   加工硬化

在塑性变形过程中，随着金属内部组织的变化，金属的力学性能也将产生明显的变化，即随着变形程度的增加，金属的强度、硬度增加，而塑性、韧性下降，这种现象即为加工硬化或形变强化。

加工硬化现象在金属材料生产过程中具有重要的实际意义，目前已广泛用来提高金属材料的强度。例如，自行车链条的链板，材料为 Q345（16Mn）低合金钢，原来的硬度为 150HBW，抗拉强度 $R_m \geq 520$ MPa，经过五次轧制，钢板厚度从 3.5 mm 压缩到 1.2 mm（变形程度为 65.7%），这时硬度提高到 275HBW，抗拉强度提高到接近 1000 MPa，从而使链条的负荷能力提高了 1 倍。对于用热处理方法不能强化的材料来说，用加工硬化方法提高其强度就显得更加重要。如塑性很好而强度较低的铝、铜及某些不锈钢等，在生产上往往制成冷拔棒材或冷轧板材供应用户。加工硬化也是某些工件或半成品能够加工成型的重要因素。例如，冷拔钢丝拉过模孔后，其断面尺寸必然减小，而每单位面积上所受应力却会增大，如果金属不是产生了加工硬化而提高强度，那么钢丝在出模孔后就可能被拉断。由于钢丝经塑性变形后产生了加工硬化，尽管钢丝断面缩减，但其强度显著增加，因此便不再继续变形，而使变形转移到尚未拉过模孔的部分。这样，钢丝可以持续地、均匀地通过模孔而成型。又如，金属薄板在拉伸过程中，弯角处变形最严重，首先产生加工硬化，因此该处变形到一定程度后，随后的变形就转移到其他部分，这样便可得到厚薄均匀的冲压件。加工硬化还可提高零件或构件在使用过程中的安全性。即使经过最精确的设计而加工出来的零件，在使用过程中各个部位的受力也是不均匀的，往往会在某些部位出现应力集中和过载现象，使该处产生塑性变形。如果金属材料没有加工硬化，则该处的变形会越来越大，应力也会越来越高，最后导致零件的失效或断裂。但正因为金属材料具有加工硬化这一性质，故这种偶尔过载部位的变化会自行停止，应力集中也可以自行减弱，从而提高了零件的安全性。

加工硬化现象也给金属材料的生产和使用带来某些不利影响。这是因为金属冷塑性加工到一定程度以后，变形抗力就会增大，进一步的变形就必须加大设备功率，增加动力消耗。另外，金属经加工硬化后，金属的塑性大为降低，继续变形就会导致开裂。为了消除这种硬化现象以便继续进行冷变形加工，中间需要进行再结晶退火处理。

B　冷塑性加工对其他性能的影响

经冷塑性加工后，金属材料的物理性能和化学性能也将发生明显变化。如使金属及合金的比电阻增加，导电性能和电阻温度系数下降，热导率也略微下降。冷塑性加工还使磁导率、磁饱和度下降。冷塑性加工提高金属的内能，使其化学活性提高，腐蚀速度增快。

3.3.1.3　残余应力

金属在冷塑性加工过程中，外力所做的功大部分转化为热能，但尚有一小部分（约占总变形功的 10%）保留在金属的内部，造成残余内应力和点阵畸变。

残余应力分为以下几种：

（1）宏观内应力（第一类内应力）。宏观内应力是由于金属工件或材料各部分的不均匀变形所引起的，它是整个物体范围内处于平衡的力，当除去它的一部分后，这种力的平衡就遭到了破坏，并立即产生变形。

（2）微观内应力（第二类内应力）。如前所述，多晶体中各晶粒在塑性变形时，将受到周围位向不同的晶粒与晶界的影响与约束。因此，各晶粒或亚晶粒间的变形也总是不均匀的，结果各晶粒或亚晶粒之间也存在残余应力。

（3）点阵畸变内应力（第三类内应力）。塑性变形使金属内部产生大量的位错和空位，使点阵中的一部分原子偏离其平衡位置，造成点阵畸变。这种点阵畸变所产生的内应力作用范围更小，只在晶界、滑移面的附近不多的原子群范围内维持平衡。它使金属的硬度、强度升高，而塑性和耐腐蚀能力下降。它是存在于变形金属内最主要的残余应力。

残余应力的存在对金属材料的性能是有害的，它导致工件的变形、开裂和产生应力腐蚀，降低工件的承载能力。例如，当工件表面存在的是拉应力时，它与外加应力叠加起来，引起工件的变形和开裂。因此，要防止和消除残余应力。常用措施是热处理和机械处理。热处理有再结晶退火和回复退火。采用再结晶退火可彻底消除残余应力。机械处理常用平整机或用机械拉伸的方法，或用锤击、喷丸等使表面形成压应力变形层。机械处理只能消除部分残余应力。值得一提的是，当工件表面残留一薄层压应力时，反而对使用寿命有利。例如，采用喷丸和化学热处理方法使工件表面产生一压应力层，可以有效地延长零件（如弹簧和齿轮等）的疲劳寿命。承受单相扭转载荷的零件（如某些汽车中的扭力轴）沿载荷方向进行适量的超载预扭，可以使工件表面层产生相当数量的与载荷方向相反的残余应力，从而在工作时抵消部分外加载荷，延长使用寿命。

3.3.2　冷塑性变形金属在加热时的组织和性能的变化

金属经冷塑性加工后，强度、硬度升高，塑性、韧性下降，给进一步的冷塑性加工（例如深冲）带来困难，常常需要将金属加热进行退火处理，以使其性能向塑性变形前的状态转化：塑性、韧性提高，强度、硬度下降。本节主要讨论冷塑性加工后的金属在加热时，其组织结构发生转变的过程，了解这些过程的发生和发展的规律，对于控制和改善变形材料的组织和性能具有重要的意义。

3.3.2.1　冷塑性加工金属在加热过程中的变化

常温下，原子的活动能力很小，使冷塑性加工金属的亚稳状态可维持相当长的时间而不发生明显变化。如果温度升高，原子有了足够高的活动能力，那么，冷塑性加工金属就能由亚稳状态向稳定状态转变，从而引起一系列的组织和性能变化，如图 3-9 所示。

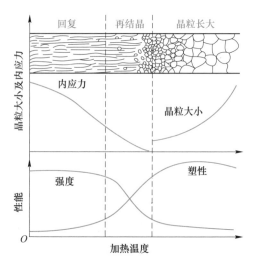

图 3-9　冷塑性加工金属在加热过程中的变化

冷塑性加工金属的组织和性能在加热时逐渐发生变化的过程，随保温时间的延长或温度的升高，可分为回复、再结晶和晶粒长大三个阶段。这三者又往往重叠交织在一起。

A　显微组织的变化

将塑性变形后的金属材料加热到 $0.5T_m$ 温度附近，进行保温，随着时间的延长，金属的组织将发生一系列的变化，这种变化可以分为三个阶段：第一阶段，从显微组织上几乎看不出任何变化，晶粒仍保持伸长的纤维状，称为回复阶段；第二阶段，在变形的晶粒内部开始出现新的小晶粒，随着时间的延长，新晶粒不断出现并长大，这个过程一直进行到塑性变形后的纤维状晶粒完全改组为新的等轴晶粒为止，称为再结晶阶段；第三阶段，新的晶粒逐步相互吞并而长大，长大到一个较为稳定的尺寸，称为晶粒长大阶段。若将保温时间确定不变，而使加热温度由低温逐步升高时，也可以得到相似的三个阶段。

B　力学性能的变化

从图 3-9 可以看出，在回复阶段，强度值略有下降，但数值变化很小，而塑性有所提高。在再结晶阶段，硬度与强度均显著下降，塑性大大提高。如前所述，金属因塑性变形所引起的硬度和强度的增大与位错密度的增大有关，由此可知，在回复阶段，位错密度的减小有限，只有在再结晶阶段，位错密度才会显著下降。

C　储存能及内应力的变化

在加热过程中，由于原子具备了足够的活动能力，偏离平衡位置大、能量较高的原子，将向能量较低的平衡位置偏移，使内应力得以松弛，储存能也将逐渐释放出来。根据材料种类的不同，储存能释放曲线有图 3-10 所示的 1、2、3 三种形式，其中 1 代表纯金属，而 2、3 分别代表不纯金属和合金。它们的共同特点是每一曲线都出现一个高峰，高峰出现的地方（如图 3-10 中箭头所示）对应于第一批再结晶晶粒出现的温度。在此温度之前，只发生回复，不发生再结晶。在回复阶段，大部分甚至全部第一类内应力可以得以消除，第二类或第三类内应力只能消除一部分，经再

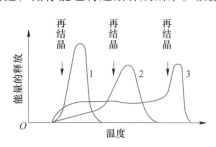

图 3-10　退火过程中能量的释放

结晶之后，因塑性变形而造成的内应力可以完全被消除，如图 3-9 所示。

D　其他性能的变化

与力学性能的变化不同，电阻在回复阶段发生了较显著的变化，电阻不断下降。金属的电阻与晶体中的点缺陷密度相关，点缺陷所引起的晶格畸变会使电子产生散射，提高电阻率，它的散射作用比位错所引起的更为强烈。由此可知，在回复阶段，冷塑性加工金属中的点缺陷密度将有明显的降低。此外，点缺陷密度的降低，还将使金属的密度不断增大，应力腐蚀倾向显著减小。

E　亚晶粒尺寸

在回复阶段的前期，亚晶粒尺寸变化不大，但在后期，尤其在接近再结晶温度时，亚

晶粒尺寸显著增大。

3.3.2.2 回复

A 退火温度和时间对回复过程的影响

回复是指冷塑性加工的金属在加热时，在光学显微组织发生改变前（即在再结晶晶粒形成前）所产生的某些亚结构和性能的变化过程。通常指冷塑性加工金属在退火处理时，其组织和性能变化的早期阶段。

回复的程度是温度和时间的函数。温度越高，回复的程度越大。当温度一定时，回复的程度随时间的延长而逐渐增大。回复过程是原子的迁移扩散过程，其结果导致金属内部缺陷数量的减少和储存能下降。实验表明，纯金属和合金在回复时储存能的释放程度不同（见图 3-10），纯金属的储存能释放得很少，而合金的储存能释放得较多，尤其是曲线3，释放的储存能大约占整体储存能的 70%，从而使以后再结晶的驱动力大大降低。这说明，杂质原子和合金元素能够显著推迟金属的再结晶过程。

B 回复机制

一般认为，回复是空位和位错在退火过程中发生运动，从而改变了它们的数量和组态的过程。通过空位的运动和位错的滑移和攀移，使空位密度和位错密度下降。所谓攀移是指刃型位错沿垂直于滑移面的方向运动（见图 3-11），攀移相当于额外半原子平面的扩张或收缩，通常要依靠原子的扩散过程才能实现，因此比滑移要困难得多，只有在较高的温度下，原子的扩散能力足够大时，攀移才易于进行。

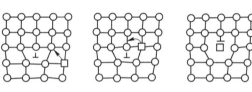

图 3-11　刃型位错的攀移示意图

C 亚结构的变化

金属材料经多滑移变形后形成胞状亚结构，胞内位错密度较低，胞壁处集中有缠结位错，位错密度很高。经回复退火后，空位密度和位错密度下降，亚晶粒通过亚晶界的迁移而逐渐长大。回复温度越低，变形程度越大，则回复后的亚晶粒尺寸越小。

D 回复退火的应用

回复退火在工程上称为去应力退火，使冷塑性加工的金属件在基本保持加工硬化状态的条件下降低其内应力（主要是第一类内应力），减轻工件的翘曲和变形，降低电阻率，提高材料的耐蚀性并改善其塑性和韧性，提高工件使用时的安全性。例如，用冷拉钢丝卷制弹簧，在卷成之后，要在 250~300 ℃进行去应力退火，以降低内应力并使之定形，而硬度和强度则基本保持不变。此外，对于铸件和焊接件都要及时进行去应力退火，以防其变形和开裂。对于精密零件，如机床厂制造机床丝杠时，在每次车削加工之后，都要进行去应力退火处理，防止变形和翘曲，保持尺寸精度。

3.3.2.3 再结晶

A 再结晶过程

冷变形后的金属加热到一定温度或保温足够时间后，在原来的变形组织中产生了无畸变的新晶粒，位错密度显著降低，性能也发生显著变化，并恢复到冷变形前的水平，这个过程称为再结晶。再结晶的驱动力同回复一样，也是预先冷变形所产生的储存能的降低。随着储存能的释放，新的无畸变的等轴晶粒的形成及长大，使之在热力学上变得更为稳定。再结晶与同素异构转变（又称重结晶）相比，都经历了形核与长大两个阶段；但两者也有根本区别，再结晶前后各晶粒的晶格类型不变，成分不变，而同素异构转变则发生了晶格类型的变化。

图 3-12 所示为再结晶过程中新晶粒的形核和长大过程示意图，影线部分代表塑性变形基体，白色部分代表无畸变的新晶粒。从图 3-12 中可以看出，再结晶并不是一个简单地恢复到变形前组织的过程，两者的晶粒大小并不一定相同，这就启示人们掌握再结晶过程的规律，以便使组织向着更有利的方向变化，从而达到改善性能的目的。

图 3-12　再结晶过程示意图

B　再结晶温度及其影响因素

再结晶晶核的形成与长大都需要原子的扩散，因此必须将冷变形金属加热到一定温度之上，足以激活原子，使其能进行迁移时，再结晶过程才能进行。通常把再结晶温度定义为：经过严重冷变形（变形程度在 70% 以上）的金属，在约 1 h 的保温时间内能够完成再结晶（大于 95% 转变量）的最低加热温度。但是，应当指出，再结晶温度并不是一个物理常数，这是因为再结晶前后的晶格类型不变，化学成分不变，所以再结晶不是相变，没有一个恒定的转变温度，而是随条件的不同，可以在一个较宽的范围内变化。大量试验结果统计表明，金属的最低再结晶温度与熔点之间存在以下经验关系：

$$T_{再} \approx \delta T_{m}$$

式中　$T_{再}$，T_{m}——均以热力学温度表示；

δ——系数，对于工业纯金属来说，$\delta = 0.35 \sim 0.4$；对于高纯金属，$\delta = 0.25 \sim 0.35$，甚至更低。

应当指出，为了消除冷塑性加工金属的加工硬化现象，再结晶退火温度通常要比其最低再结晶温度高出 100~200 ℃。

影响再结晶温度的因素很多，具体如下：

（1）变形量。变形量越大，金属中的储存能越多，再结晶的驱动力越大，金属的再结晶温度越低，但当变形量增加到一定数值后，再结晶温度趋于一个稳定值；当变形量小于一定程度（30%~40%）时，再结晶温度将趋向于金属的熔点，即不会有再结晶的发生。

（2）金属的纯度。金属的纯度越高，则其再结晶温度越低。这是因为杂质和合金元素溶入基体后，趋向于位错、晶界处偏聚，阻碍位错的运动和晶界的迁移，同时杂质及合金元素还阻碍原子的扩散，因此显著提高再结晶温度。

（3）原始晶粒度。冷塑性加工金属的晶粒越细小，其再结晶温度越低。这是由于冷塑性加工金属的晶粒越细小，单位体积内晶界总面积越大，位错在晶界附近塞积，导致晶格强烈扭曲的区域也越多，提供了较多的再结晶形核场所。

（4）加热速度和保温时间。若加热速度十分缓慢，则变形金属在加热过程中有足够的时间进行回复，使储存能减少，减少了再结晶的驱动力，导致再结晶温度升高。但太快的加热速度也会使再结晶温度升高。其原因在于再结晶的形核和长大都需要时间，若加热速度太快，来不及进行形核及长大，所以推迟到更高的温度下才会发生再结晶。在一定温度范围内增加退火保温时间有利于新的再结晶晶粒的形核和长大，可降低再结晶温度。

C　再结晶晶粒大小的控制

变形金属经再结晶退火后，力学性能发生了重大变化，强度、硬度降低，塑性、韧性增大。但这并不意味着与变形前的金属完全相同，其核心问题是再结晶后的晶粒大小如何。

再结晶后的晶粒大小决定于晶粒长大线速度（G）与形核率（N）的比值，要细化晶粒，就必须使 G/N 比值减小。因此，控制影响 N 和 G 的各种因素即可达到细化再结晶晶粒的目的。控制再结晶晶粒大小具有重要的实际意义，下面分别讨论其影响因素。

（1）变形量。变形量对金属再结晶晶粒大小的影响如图 3-13 所示。由图可见，当变形量很小时（曲线的 ab 段），金属材料的晶粒仍保持原状，这是由于变形量小，畸变能很小，不足以引起再结晶，所以晶粒大小没有变化。当变形量达到某一数值（一般金属均在 2%~10% 范围内，图 3-13 中 b 点）时，再结晶后的晶粒变得特别粗大。这是由于此时的变形量不大，G/N 比值很大，因此得到特别粗大的晶粒。通常把对应于得到特别粗大晶粒的变形程度称为临界变形量。当变形量超过临界变形程度后（曲线的 bc 段），则变形量越大，晶粒越细小。这是由于变形量增大，储存能增加，从而导致 N 和 G 同时增大，但是由于 N 的增大率大于 G 的增加率，所以 G/N 比值减小，使再结晶后的晶粒变细。当变形量达到一定程度（大于 90%，曲线的 cd 段）后，再结晶晶粒大小基本保持不变，然而对于某些金属与合金，当变形量相当大时，再结晶晶粒又会出现重新粗化的现象，这是由于二次再结晶（见晶粒长大部分）造成的，这种现象只在特殊条件下产生，不是普遍现象。

粗大的晶粒对金属的力学性能十分不利，故在压力加工时，应当避免在临界变形量范围内进行加工，以免再结晶后产生粗晶。此外，在锻造零件时，如锻造工艺或锻模设计不当，局部区域的变形量可能在临界变形量范围内，则退火后造成局部的粗晶区，使这些部位在零件工作时被破坏。有时为了某种目的，可以利用这种现象，制取粗晶粒甚至单晶。

（2）退火温度和保温时间。如图 3-14 所示，提高再结晶退火温度，不仅使再结晶后的晶粒长大，而且还减小临界变形程度的具体值。保温时间延长，晶粒长大，但当晶粒长大到一定极限尺寸后，即使延长保温时间，晶粒也不再长大。要想使晶粒长大，必须继续提高加热温度。

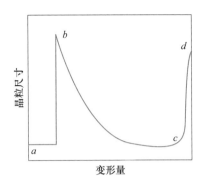 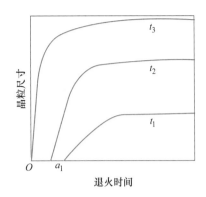

图 3-13 金属冷变形程度对再
结晶晶粒大小的影响

图 3-14 退火保温时间对再结晶晶粒大小的影响
（Oa_1—孕育期（t_1 温度时），$t_3>t_2>t_1$）

（3）加热速度。加热速度提高，再结晶后的晶粒变细。提高加热速度细化再结晶晶粒的主要原因是消除了回复过程的影响。加热速度越慢，回复进行得就越充分。回复消除了部分的点阵畸变和加工硬化，使系统的能量降低，使再结晶形核困难。因此，加热速度提高，会使晶粒细小。此外，快速加热能减小阻止晶粒长大的一些物质（如第二相、夹杂物等）的溶解过程，使晶粒长大趋势减弱。

（4）原始晶粒尺寸。当变形程度一定时，材料的原始晶粒度越细，则再结晶后的晶粒也越细。这是由于细晶粒金属存在着较多的晶界，而晶界又往往是再结晶形核的有利区域，所以原始细晶粒金属经再结晶退火后仍会得到细晶粒组织。

（5）合金元素及杂质。溶于基体中的合金元素及杂质，一方面增加变形金属的储存能，另一方面阻碍晶界的运动，一般都起到细化晶粒的作用。

3.3.2.4 晶粒长大

再结晶阶段刚结束时，得到的是无畸变的等轴的再结晶初始晶粒。随着加热温度的升高或保温时间的延长，晶粒之间就会互相吞并而长大，这一现象称为晶粒长大或聚合再结晶。根据再结晶后晶粒长大过程的特征，可将晶粒长大分为两种情况：一种是随温度的升高或保温时间的延长晶粒均匀连续地长大，称为正常长大；另一种是晶粒不均匀不连续地长大，称为反常长大或二次再结晶。

A 晶粒的正常长大

再结晶刚刚完成时，一般得到的是细小的等轴晶粒，当温度继续升高或进一步延长保温时间时，晶粒仍然可以继续长大，其中某些晶粒缩小甚至消失，另一些晶粒则继续长大。晶粒长大是通过晶界迁移来实现的，所有影响晶界迁移的因素都会影响晶粒长大，这些主要因素有：

（1）温度。晶界迁移的过程就是原子的扩散过程，因此，温度越高，晶粒长大速度就越快。通常在一定温度下，晶粒长大到一定尺寸后就不再长大，但升高温度后晶粒又会继续长大。

（2）杂质及合金元素。杂质及合金元素融入基体后都能阻碍晶界运动，特别是晶界偏聚现象显著的元素，其作用更大。一般认为被吸附在晶界的溶质原子会降低晶界的界面能，从而降低了界面移动的驱动力，使晶界不易移动。

（3）第二相质点。第二相质点越细小，数量越多，则阻碍晶粒长大的能力越强，晶粒越细小。工业上利用第二相质点控制晶粒大小的实例很多。例如，电灯泡钨丝中加入适量的钍，形成弥散分布的 ThO_2 质点，可阻止钨丝晶粒在高温时不断长大，就可以显著提高灯泡的寿命。在钢中加入少量的 Al、Ti、V、Nb 等元素，形成适当体积分数和尺寸的 AlN、TiN、VC、NbC 等第二相质点，就能有效地阻碍高温下钢的晶粒长大，使钢在焊接、热处理后仍具有较细小的晶粒，以保证良好的力学性能。

B   晶粒的反常长大

某些金属材料经过严重冷变形后，在较高温度下退火时，会出现反常的晶粒长大现象，即少数晶粒具有特别大的长大能力，逐步吞噬掉周围的大量小晶粒，其尺寸超过原始晶粒的几十倍或者上百倍，比临界变形后形成的再结晶晶粒还要粗大得多，这个过程称为二次再结晶。前面所讨论的再结晶可以称为一次再结晶，用以区别。

二次再结晶并非重新形核和长大的过程，它是以一次再结晶后的某些特殊晶粒为基础而长大的，因此，严格说来它是在特殊条件下的晶粒长大过程，并非再结晶。二次再结晶的重要特点是：在一次再结晶完成之后，再继续保温或提高加热温度时，绝大多数晶粒长大速度很慢，只有少数晶粒长大得异常迅速，以致到后来造成晶粒大小越来越悬殊，从而就更加有利于大晶粒吞食周围的小晶粒，直至这些迅速长大的晶粒相互接触为止。在一般情况下，这种异常粗大的晶粒只是在金属材料的局部区域出现，这就使金属材料具有明显不均匀的晶粒尺寸，对性能产生不利的影响。图 3-15 为 $w(Si) = 3\%$ 的 Fe-Si 合金箔材于 1200 ℃退火后的组织。

图 3-15   Fe-Si 合金箔材退火时产生的二次再结晶

二次再结晶导致材料晶粒粗大，降低材料的强度、塑性和韧性，尤其是当晶粒很不均匀时，对产品的性能非常有害，在零件服役时，往往在粗大晶粒处产生裂纹，导致零件的破坏。此外，粗大的晶粒还会提高材料冷变形后的表面粗糙度值。因此，在制定材料的再结晶退火工艺时，一般应避免发生二次再结晶。但在某些情况下，例如在硅钢片的生产中，反而可以利用二次再结晶，使硅钢片沿某些方向具有最佳的导磁性。

3.3.2.5   再结晶退火后的组织

再结晶退火是将冷变形金属加热到规定温度，并保温一定时间，然后缓慢冷却到室温的一种热处理工艺。其目的是降低硬度，提高塑性，恢复并改善材料的性能。再结晶退火对于冷塑性加工十分重要。在冷塑性加工时因塑性变形而产生加工硬化，给进一步的冷变形造成困难。因此，为了降低硬度，提高塑性，再结晶退火成为冷塑性加工工艺中间不可缺少的工序。对于没有同素异构转变的金属（如铝、铜等）来说，采用冷塑性加工和再结晶退火的方法是获得细小晶粒的一个重要手段。

A　再结晶图

在再结晶退火过程中，有回复、再结晶和晶粒长大三个阶段，但对于金属材料整体来说，这是相互交织在一起的。因此，在控制再结晶退火后的晶粒大小时，影响再结晶温度、再结晶晶粒大小及晶粒长大的诸因素都必须全面地予以考虑。对于给定的金属材料来说，在这些影响因素中，变形程度和退火温度对再结晶退火后的晶粒大小影响最大。一般来说，变形量越大，晶粒越细；而退火温度越高，晶粒越粗大。通常将晶粒大小、变形量和退火温度之间的关系，绘制成立体图形，称为再结晶图，它可以用作制定生产工艺、控制冷塑性加工金属退火后的晶粒大小的依据。图 3-16 所示为工业纯铝的再结晶图，从图中可以看出，工业纯铝有两个粗大晶粒区，一个是在临界变形量下，经高温退火后出现的；另一个是经强烈冷变形后，在再结晶退火时发生二次再结晶而出现的。对于一般结构材料来说，除非特殊要求，都必须避开这些粗晶区域。

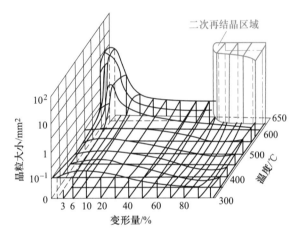

图 3-16　工业纯铝的再结晶图

B　再结晶织构和退火孪晶

金属再结晶退火后所形成的织构称为再结晶织构。金属经大量冷变形之后会形成形变织构，具有形变织构的金属经再结晶退火后，可能将形变织构保留下来，或出现新织构，也可能将织构消除。

变形量越大，退火温度越高，所产生的再结晶织构越显著。再结晶织构的形成有时是不利的。如冲压用的铜板，如果存在这种织构，则在加工过程中会出现制耳。避免形成再结晶织构的方法是往铜中加入少许杂质，或者采用适当的变形量，较低的退火温度，较短的保温时间，或者采用两次变形、两次退火处理，上述措施都能够避免再结晶织构的形成。对于一些磁性材料，则希望获得一定的织构。

某些面心立方结构的金属及合金，如铜及铜合金、奥氏体不锈钢等经再结晶退火后，经常出现孪晶组织，这种孪晶称为退火孪晶或再结晶孪晶。

3.3.3 热塑性加工变形对组织和性能的影响

在工业生产中，热塑性加工通常是指将金属材料加热至高温进行锻造、热轧等塑性加工过程，除了一些铸件和烧结件之外，几乎所有的金属都要进行热塑性加工，其中一部分成为成品，在热塑性加工状态下使用；另一部分为中间制品，尚需进一步加工。无论是成品还是中间制品，它们的性能都受热塑性加工过程所形成组织的影响。

从金属学的角度看，所谓热塑性加工是指在再结晶温度以上的塑性加工过程，在再结晶温度以下的塑性加工过程称为冷塑性加工。例如：铅、锡的再结晶温度低于室温，因此，在室温下对铅、锡进行塑性加工属于热塑性加工。钨的再结晶温度约为1200 ℃，因此，即使在1000 ℃拉制钨丝也属于冷塑性加工。

3.3.3.1 金属热塑性加工的特点

在一定的条件，热塑性加工与冷塑性加工相比，具有一系列的优点：

（1）塑性升高，变形抗力低，产生断裂的倾向性减少，可采用较大的变形量，变形达到需要尺寸时，所消耗的能量减少；

（2）不易产生织构，这是因为在高温下产生滑移的系统较多，使滑移面和滑移方向不断发生变化。因此，在热加工时，就不易在金属内产生择优取向或方向性；

（3）变形量大，且不需要像冷塑性加工一样要辅以中间退火，所以生产周期短，生产率高；

（4）可使室温下不能塑性加工的金属（如钛、镁、钼及镍基合金等）进行塑性加工；

（5）作为开坯，可以改善粗大的铸造组织，使疏松和微小裂纹愈合；

（6）组织与性能可以通过不同热塑性加工温度、变形程度、变形速度、冷却速度和道次间隙时间等加以控制。

虽然热塑性加工具有上述的优点，使之在生产实践中得到广泛的应用，但它仍然存在许多不足之处：

（1）需要加热，不如冷塑性加工简单易行；

（2）热塑性加工制品的组织和性能不如冷塑性加工均匀和易于控制；

（3）热塑性加工制品不如冷塑性加工制品尺寸精确、表面光洁；

（4）对细或薄的加工制品，由于温降快，尺寸精度差，不宜采用热塑性加工，一般仍然采用冷塑性加工（如冷轧、冷拔等）的方法；

（5）强度不高，热塑性加工时，由于温度高的原因，对金属起到软化的作用；

（6）金属的消耗较大，加热时由于表面的氧化而有1%～3%的金属烧损，在加工过程中也有氧化铁皮的脱落以及由于缺陷造成切损增多等，使金属的收得率降低；

（7）对含有低熔点元素的合金不宜加工，例如一般的碳素钢（其中含有较多的FeS）或有Bi的铜进行热塑性加工时，由于在晶界上有这些杂质所组成的低熔点共晶体发生熔化，使晶间的结合遭到破坏而引起金属的断裂。

3.3.3.2　热塑性加工后的组织与性能

A　改善铸锭组织

金属材料在高温下的变形抗力低、塑性好，因此热塑性加工时容易变形，变形量大，可使一些在室温下不能进行压力加工的金属材料（如钛、镁、钨、钼等）在高温下进行加工。通过热塑性加工，使铸锭中的组织缺陷得到明显的改善，如气泡焊合、缩松压实，使金属材料的致密度提高。铸态时，粗大的柱状晶通过热塑性加工后一般都能变细，某些合金钢中的大块碳化物初晶可被打碎，并均匀分布。由于在温度和压力作用下扩散速度加快，扩散距离减小，因而偏析可部分地消除，使成分比较均匀。这些变化都使金属材料的力学性能有明显提高。

B　纤维组织

在热塑性加工过程中，铸锭中的粗大枝晶和各种夹杂物都要沿变形方向伸长，这样就使枝晶间富集的杂质和非金属夹杂物的走向逐步与变形方向一致，一些脆性杂质如氧化物、碳化物、氮化物等破碎成链状，塑性的夹杂物（如 MnS 等）则变成带状、线状或片层状，在宏观试样上沿着变形方向变成一条条细线，这就是热塑性加工钢中的流线。由一条条流线勾画出来的组织，叫作纤维组织。纤维组织的出现，将使钢的力学性能呈现各向异性。沿着流线的方向具有较高的力学性能，垂直于流线方向的性能则较低，特别是塑性和韧性表现更为明显。疲劳性能、耐腐蚀性能、机械加工性能和线膨胀系数等，均有显著的差别。为此，在制定工件的热塑性加工工艺时，必须合理地控制流线的分布状态，尽量使流线与应力方向一致。对所受应力状态比较简单的零件，如曲轴、吊钩、扭力轴、齿轮、叶片等，尽量使流线分布形态与零件的几何外形一致。对于在腐蚀介质中工作的零件，不应使流线在零件表面露头。如果零件的尺寸精度要求很高，在配合表面有流线露头时，将影响机械加工时的表面粗糙度和尺寸精度。近年来，我国广泛采用"全纤维锻造工艺"生产高速曲轴，流线与曲轴外形完全一致，其疲劳性能比机械加工提高30%以上。

C　带状组织

复相合金中的各个相，在热塑性加工时沿着变形方向交替地呈带状分布，这种组织称为带状组织，在经过压延的金属材料中经常出现这种组织，但不同材料中产生带状组织的原因不完全一样。一种是在铸锭中存在着偏析和夹杂物，压延时偏析区和夹杂物沿变形区伸长呈条带状分布，冷却时即形成带状组织。例如，在含磷偏高的亚共析钢内，铸态时树枝晶间富磷贫碳，即使经过热塑性加工也难以消除，它们沿着金属变形方向被延伸拉长，当奥氏体冷却到析出先共析铁素体的温度时，先共析铁素体就在这种富磷贫碳的区域形核并长大，形成铁素体带，而铁素体两侧的富碳区则随后转变成珠光体带。若夹杂物被加工成带状，先共析铁素体通常依附于它们之上而析出，也会形成带状组织。形成带状组织的另一个原因，是材料在压延时呈现两种组织，例如碳的质量分数偏下限的 12Cr13 钢，在热塑性加工过程时由奥氏体和碳化物组成，压延后奥氏体和碳化物都延长成带，奥氏体经共析转变后形成珠光体。又如 Cr12 钢，在热塑性加工时由奥氏体和碳化物组成，压延后碳化物呈带状分布。

带状组织使金属材料的力学性能产生方向性，特别是横向塑性和韧性明显降低，并使材料的切削性能恶化。对于在高温下能获得单相组织的材料，带状组织有时可用正火来消除，但严重的磷偏析引起的带状组织很难消除，需用高温均匀化退火及随后的正火来改善。

D 魏氏组织

$w(C)<0.6\%$的亚共析钢和$w(C)>1.2\%$的过共析钢在热轧、锻造后的空冷，或者当加热温度过高并以较快速度冷却时，先共析铁素体或先共析渗碳体从奥氏体晶界沿奥氏体一定晶面向晶内生长并呈针片状析出。在金相显微镜下可以观察到从奥氏体晶界生长出来的近于平行的或其他规则排列的针状铁素体或渗碳体加珠光体组织，这种组织称为魏氏组织，如图 3-17 所示。

(a)   (b)

图 3-17　魏氏组织
（a）铁素体魏氏组织；（b）渗碳体魏氏组织

魏氏组织是钢的一种过热缺陷组织，使钢的力学性能，特别是冲击韧度和塑性显著降低，并提高钢的脆性转折温度，使钢容易发生脆性断裂。当钢或铸钢中出现魏氏组织降低其力学性能时，首先应当考虑是否由于加热温度过高，使奥氏体晶粒粗化造成的。对易于出现魏氏组织的钢材可以通过控制轧制、降低终锻温度、控制锻（轧）后的冷却速度或者改变热处理工艺，例如通过细化晶粒的调质、正火、退火、等温淬火等工艺来防止或消除魏氏组织。

E 出现网状碳化物

过共析钢经热加工后，在冷变形过程，沿奥氏体晶粒边界析出呈连续或断续分布的先共析碳化物呈网状分布，会大大削弱晶粒间的结合力，使钢脆性增大，强度和塑性下降。为防止出现网状碳化物，加工终了温度控制在$A_{cm} \sim A_1$，改变碳化析出情况，同时获得细小的奥氏体晶粒，或热塑性加工后用正火来减少或消除它。

F 晶粒大小的控制

正常的热塑性加工可使晶粒细化，但是晶粒能否细化取决于变形量、加工温度尤其是终锻（轧）温度及锻（轧）后冷却等因素。一般认为，增大变形量，有利于获得细晶粒，当铸锭的晶粒十分粗大时，只有足够大的变形量才能使晶粒细化。应特别注意不要在临界变形范围内加工。变形量不均匀，则热塑性加工后晶粒大小往往也不均匀。当变形量很大（大于90%），且变形温度很高时，易于引起二次再结晶，得到异常粗大的晶粒组织。终锻（轧）温度如果超过再结晶温度过多，且锻（轧）后冷却速度过慢，会造成晶粒粗大。终锻（轧）温度如果过低，又会造成加工硬化及残余应力。因此，对于无相变的合金或者加工后不再进行热处理的钢件，应对热塑性加工过程，特别是终锻（轧）温度、变形量及加工后的冷却等因素认真进行控制，以获得细小均匀的晶粒，提高材料的性能。

G　热塑性加工的工艺塑性和变形抗力

一般情况，工艺塑性随变形温度的升高和变形速度的降低而提高，变形抗力则与此相反。动态回复能力较强的金属变形抗力低，晶间变形协调性好，具有较好的工艺塑性；相反，动态回复能力较弱的金属变形抗力高，晶间变形协调性差，易产生裂纹，则要通过动态软化过程来阻止裂纹扩展，甚至使裂纹愈合，使工艺塑性得到极大的改善，使变形抗力降低。

任务 3.4　了解金属铸锭组织与缺陷

在实际生产中，液态金属是在铸锭模或铸型中凝固的，前者得到铸锭，后者得到铸件。铸态组织包括晶粒大小、形状和取向、合金元素和杂质的分布以及铸锭中的缺陷（缩孔、气孔、偏析等）。铸态组织直接影响到金属制品的力学性能、压力加工性能和使用寿命。

金属铸锭
组织与缺陷

3.4.1　金属铸锭组织

3.4.1.1　铸锭三晶区的形成

铸锭的宏观组织通常由三个晶区组成，即表层细晶区、柱状晶区和中心等轴晶区，如图 3-18 所示。

A　表层细晶区

当高温的金属液体倒入铸型或铸锭模之后，结晶首先从模壁处开始。这是由于温度较低的型壁或模壁有强烈的吸热和散热作用，使靠近型壁或模壁的一薄层液体产生极大的过冷度，加上型壁或模壁可以作为非均匀形核的基体，因此在此一薄层液体中立即产生大量的晶核，并同时向各个方向生长。由于晶核数目多，邻近的晶核很快彼此相遇，不能继续生长，这样就在靠近型壁或模壁处形成一薄层很细的等轴晶粒区。

表层细晶区的形核数目取决于下列因素：型壁或模壁的形核能力以及型壁或模壁处所能达到的过冷度大小。后者主要依赖于铸型或铸锭模的表面温度、铸型或铸锭模的热传导能力以及浇注温度等因素。如果铸型或铸锭模的表面温度低、热传导能力好以及浇注温度较低的话，便可以获得较大的过冷，从而使形核率增加，细晶区的厚度增大；相反，如果浇注温度高，铸型或铸锭模的散热能力小而使温度很快上升，就大大减少了晶核数目，

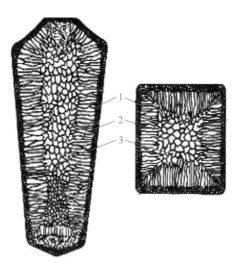

图 3-18   铸锭的三个晶区示意图

1—表层细晶区；2—柱状晶区；3—中心等轴晶区

细晶区的厚度也要减小。

B   柱状晶区

柱状晶区由垂直于型壁或模壁的粗大的柱状晶构成。激冷层形成后，热阻增加，热流减小，特别是铸锭与型壁或模壁间形成气隙后，未凝金属液的散热强度显著降低。此时金属液的过热热量和结晶潜热主要通过凝固层传出，发生向型壁或模壁的定向传热。由于晶体长大所需的过冷度比形核要小得多，于是结晶表现为已有晶核的继续长大。树枝晶的一次轴与型壁或模壁垂直的晶体方向，散热路径最短，散热最快，加之该处凝固前沿略为突出，过冷度降低较小，所以这些晶体方向的长大得到优先发展，而其余的晶体和向其他方向的长大则受到彼此的妨碍而被抑制。于是，在细小的轴晶带之后，形成迎着热流生长的有明显方向性的柱状晶带。

柱状晶的长大速度与已凝固固相的温度梯度和液相的温度梯度有关，固相的温度梯度越大或液相的温度梯度越小，柱状晶的发展速度越快。如果已结晶的柱状晶的固相的导热性好，散热速度很快，始终能保持定向散热，并且在柱状晶前沿的液体中没有新形成的晶粒阻挡，那么柱状晶就可以一直长大到铸坯中心，直到与其他柱状晶相遇为止，这种铸锭组织称为穿晶组织。

在柱状晶区，晶粒彼此间的界面比较平直，气泡缩孔很小，组织比较致密。但当沿不同方向生长的两组柱状晶相遇时，会形成柱晶间界。柱晶间界是杂质、气泡、缩孔较富集的地区，因而是铸锭的脆弱结合面。此外，柱状晶区的性能有方向性，对塑性好的金属或合金，即使全部为柱状晶组织，也能顺利通过热轧而不致开裂。而对塑性差的金属或合金，则应力求避免形成发达的柱状晶区，否则往往导致热轧开裂而产生废品。

C   中心等轴晶区

在柱状晶的长大过程中，在铸锭中心部分的液体中就已经存在大量的可作为晶核的碎枝残片，这是形成中心等轴晶区的一个主要原因。另外，随着柱状晶的长大，结晶前沿液体中的成分过冷区也会逐渐加大，这会促使铸锭中部迅速形核和长大。除此之外，悬浮在中心部分液体中的杂质质点，也可成为新的结晶核心。总之，以上情况都说明，在柱状晶长到一定程度后，在铸锭中部就开始了形核长大过程，由于中心部分液体温度大致是均匀的。所以每个晶粒的成长在各方向上也是接近一致的，因此形成了等轴晶。当它们长到与柱状晶相遇，全部液体凝固完毕。

与柱状晶区相比，中心等轴晶区的各个晶粒在长大时彼此交叉，枝杈间的搭接牢固，裂纹不易扩展。不存在明显的脆弱界面，各晶粒取向不尽相同，其性能也没有方向性。这是等轴晶区的优点。其缺点是等轴晶的树枝状晶体比较发达，分枝较多，因而显微缩孔也较多，组织不够致密。但显微缩孔一般均未氧化，因此经热压力加工后，一般均可焊合，对性能影响不大。由此可见，一般的铸锭尤其是铸件，都要求得到发达的等轴晶组织。

3.4.1.2　典型镇静钢钢锭组织

镇静钢钢锭是由深脱氧钢浇铸的钢锭。钢液经铝、硅等脱氧剂深度脱氧，使钢中含氧量远低于与碳平衡的含氧量，通常在 40×10^{-6} 以下，钢液在浇注过程中不发生 [C]-[O] 反应，无沸腾现象，故名镇静钢。现代实际使用的全部合金钢、大部分低合金钢以及许多碳素钢钢材品种，都是由镇静钢钢锭或钢坯轧制而成的。镇静钢钢锭或钢坯成分比较均匀，组织比较致密，轧成的钢材具有良好的综合力学性能，得到广泛应用。但镇静钢钢锭头部有缩孔，开坯时切头损失大，成材率低。

典型的镇静钢钢锭结构由表面至中心分别为细小等轴晶的激冷层、柱状晶带和锭心粗大的等轴晶带三个结晶带。实际的镇静钢柱状晶形成过程中结晶速度降低到某一临界值后，出现过冷区，阻止柱状晶的继续生长，导致在偏析层前面成分较纯、过冷度较大的钢液中产生孤立的晶核。锭心的钢液还存在一定的过热度（大型钢锭凝固情况）时，通过柱状晶的定向传热仍很明显，新的晶核仍然主要是沿大致与型壁或模壁垂直的主轴长大，直至出现新的偏析层。其后，又产生新的孤立晶核。这样便形成等轴晶的过渡晶带（或称分枝柱状晶带）。因此，在一些大型碳素钢钢锭的柱状晶带与锭心等轴晶带之间，还可以区分出过渡晶带。随着凝固条件的不同，在凝固结晶过程中还会出现偏析、疏松、缩孔等现象。图 3-19 为大型镇静钢钢锭结构及偏析示意图。

钢液经过连续铸机直接生产钢坯的方法称为连铸。它生产出来的钢坯称为连铸坯。连铸坯的组织结构与镇静钢一致，但连铸坯的切头切尾率比模铸

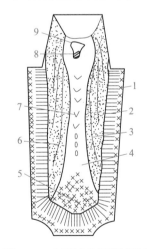

图 3-19　大型镇静钢钢锭结构
及偏析示意图

1—激冷层；2—柱状晶带；3—过渡晶带；
4—粗大等轴晶带；5—沉积锥；6—倒 V 形偏析；
7— V 形偏析；8—疏松；9—帽口缩孔

少得多，成材率大大提高。同时，连铸坯组织致密，夹杂物少，质量好，而且可提高工人劳动条件，因此近年来得到广泛推广。

3.4.1.3　沸腾钢钢锭组织

沸腾钢指脱氧不完全的碳素钢。一般脱氧后，钢液中还留有高于碳氧平衡的氧量。因此，在浇注时钢液在钢锭型腔内呈沸腾现象，这种钢锭称为沸腾钢。

沸腾钢钢锭的结构（见图 3-20），可分为 5 个带。（1）坚壳带：钢液接触型壁或模壁后受到强烈冷却，形成由细小等轴晶组成的无气泡的致密、坚实的外壳带，一般厚度为 12~25 mm。（2）蜂窝气泡带：钢锭下部的柱状晶在向锭心生长时，在浇注钢锭时，氧化铁与钢中的碳反应生成一氧化碳和铁，这些气体逸出钢锭，形成沸腾状，因此称为沸腾钢。（3）中心坚固带：为防止出现过分严重的偏析，在钢液上面加盖封顶后，抑制了碳氧反应，气体停止析出，蜂窝气泡终止生长，而结晶继续进行，形成无气泡的由柱状晶组成的中心坚固带。（4）二次气泡带：随柱状晶的生长，由于偏析作用，碳氧富集到一定程度时，碳氧反应重新发生，产生的气泡分布在钢锭整个高度，成为二次气泡带。（5）锭心带：当型壁或模壁温度与钢锭中心温度之差很小时，钢锭心部形成等轴

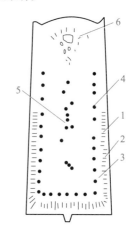

图 3-20　沸腾钢钢锭的典型结构
1—坚壳带；2—蜂窝气泡带；
3—中心坚固带；4—二次气泡带；
5—锭心带；6—头部疏松区

晶，成为锭心带。此时沸腾已大致停止，但仍有少量气孔形成，部分气泡还能逐渐上移聚合长大为头部大气泡，构成头部疏松区。沸腾钢钢锭凝固时强烈析出气体，在各类钢锭中，偏析最为严重。钢锭越大，沸腾越烈，延续时间越长，偏析发展越严重。

沸腾钢由于有良好的沸腾作用，钢锭可形成一个纯净、坚实的外壳，轧成的产品表面质量较好，特别适于制造薄板；并因含碳、硅量较低，有良好的焊接、冷弯和冲压性能，一些冷冲压件如拖拉机箱、汽车壳体等均使用沸腾钢，还用它轧制一般型钢、中板、线材、窄带和管材。沸腾钢钢锭头部没有集中缩孔，轧制成坯后切头率低，且消耗脱氧剂和耐火材料少，故成本较低。但沸腾钢偏析严重、组织不致密、力学性能波动较大，在轧材的不同部位抗拉强度和伸长率有明显差别。其低温冲击韧性差，钢板易于时效使韧性降低，故不适于制造对力学性能要求较高的零部件。此外，为保证铸锭模内正常沸腾，沸腾钢碳含量（质量分数）不能超过 0.28%，锰含量不大于 0.60%，硅含量不大于 0.03%，因此只限于生产普通低碳钢，使沸腾钢的钢种受到很大限制。

3.4.1.4　半镇静钢钢锭组织

半镇静钢是脱氧程度较镇静钢弱，但比沸腾钢强的碳素钢。钢液在浇注前的氧含量接近或稍高于与碳氧平衡时的氧含量。当其凝固时，一般只排出少量的气体，在铸锭模内进行短时间的微弱沸腾。这种钢锭中气泡的体积与钢液的冷凝收缩大致相等，为此也称为平衡钢。实际上，现代半镇静钢的发展已超出其原有含义，凡切头率比镇静钢钢锭低，偏析

较沸腾钢钢锭少，介于二者之间的各种钢锭，都可认为是半镇静钢，如图 3-21 所示。

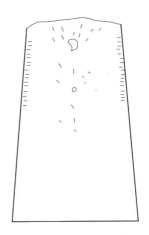

半镇静钢钢锭的结构，有激冷带、柱状晶带和锭心等轴晶带。但由于脱氧程度、气体放出量的多少、位置和时间的不同，在钢锭内部形成气孔大小和分布均不相同的结构。

在正常脱氧情况下，排出气体量使钢锭内生成的气泡基本抵消了钢液的冷凝收缩。其下部结构比较致密，没有蜂窝气泡，而上部有可能产生短小的蜂窝气泡。在其头部中心，存在气泡疏松。整个钢锭似乎下部具有镇静钢钢锭特点，上部则具有沸腾钢钢锭的一些特征。脱氧不足时，放出气体稍多，气泡接近钢锭侧面和上表面，蜂窝气泡甚至布满整个高度，并在头部有

图 3-21 半镇静钢钢锭

大量集中的气泡；而脱氧过度时，放出气体很少，将产生缩孔，实质上成为镇静钢的结构。

半镇静钢在浇注过程中沸腾微弱，浇注完沸腾很快停止。因此，其偏析比沸腾钢钢锭少得多，但比镇静钢钢锭大。

3.4.2 铸锭缺陷

铸锭或铸件中经常出现一些缺陷，常见缺陷有偏析、缩孔、疏松、气泡及夹杂物等。

（1）偏析：通常在大型镇静钢钢锭中存在以下 4 个偏析带。1）沉积锥负偏析带：分布在钢锭下部 1/3 区域内，具有较细的等轴晶结构，由先期结晶的、成分较纯的碎断枝晶沉积而成。沉积锥负偏析带只有通过化学分析或显微镜观察才能发现。2）V 形偏析带：分布在钢锭上半部轴心部位，通常与中心疏松伴生。3）倒 V 形偏析带：分布在等轴晶带的过渡晶带，由若干偏析线（胡须）组成，呈倒 V 形分布，其顶点位于缩孔区。4）位于缩孔下的最大正偏析区：这一部分在钢锭开坯时应被切除。小型镇静钢钢锭或合金钢钢锭一般不存在明显的偏析带。

（2）缩孔：一般指镇静钢钢锭头部中心部位的漏斗状空腔。它是不可避免的钢液冷凝收缩的结果。缩孔应控制在钢锭冒口线以上，以便开坯或轧制后切除。有时因浇注工艺不当会使缩孔尖细的底部伸入锭身，在加工成材后的该部位横向低倍试片上，呈现出形状不规则的中心小孔洞，称为缩孔残余。缩孔和缩孔残余都是钢材技术标准中所不允许存在的缺陷，生产中必须切除干净。缩孔，特别是伸入锭身的缩孔，必然降低钢锭的成材率。缩孔的形成倾向与钢种、锭型及注温、注速有关。

（3）疏松：主要指镇静钢钢锭内部的微小孔隙。集中分布于轴心区的微小孔隙称为中心疏松，分散于其他部位的微小孔隙称为一般疏松。疏松是由于钢锭凝固过程中某些微小封闭区域钢液冷凝收缩得不到填充所致。收缩倾向大的钢种，疏松程度也大。疏松通常与偏析伴生，钢中气体、非金属夹杂及硫、磷等杂质元素含量高时，疏松程度加重。

（4）气泡：气体在固态金属中的溶解度往往比液态中的溶解度小得多，因此，液态金

属凝固过程中气体将以分子的形式逐渐富集于液固界面前沿的液体中，形成气泡。这些气泡长大到一定程度后会上浮，如果浮出表面即可逸出到周围环境；如果来不及浮出，则保留在铸锭内部，形成气孔。铸锭内部气孔在加工过程中一般可以焊合，但是靠在表层的气孔则可能由于破裂氧化，在加工过程中不能焊合而形成裂纹。

（5）夹杂物：铸锭中的夹杂物，根据其来源可分为外来夹杂物和内生夹杂物。外来夹杂物是浇注过程中带入的物质，如耐火材料等。内生夹杂物是液态金属冷却过程中形成的，如金属与气体的氧化物等。夹杂物对铸锭的力学性能会产生一定的影响。

实践与训练 3.5　钢的奥氏体晶粒度的测定

3.5.1　任务说明

通过教师讲解、现场操作演示、阅读实践与训练指导工作页等学习，熟悉测定钢的奥氏体晶粒度的方法，研究加热温度、保温时间及循环热处理对奥氏体晶粒大小的影响，从晶粒大小的观点出发确定合理的热处理加热规程。

3.5.2　任务要求

观察分析金相样品的晶粒度大小。

3.5.3　任务分析及步骤说明

3.5.3.1　奥氏体本质晶粒度的显示方法

钢在临界温度以上直接测量奥氏体晶粒大小一般是比较困难的，而奥氏体在冷却过程中又将发生相变。因此，如何在室温下（即在冷却转变后）显现奥氏体晶粒的大小，就是需要解决的问题。通常可采用以下几种方法来测定钢的奥氏体晶粒度。

A　渗碳法

渗碳法适用于测定渗碳钢的本质晶粒度。测定时试样需经特定规范的热处理，其过程为：表面无氧化脱碳的渗碳钢试样装入 $40\%BaCO_3+60\%$ 木炭的渗碳箱中密封并置入 930 ℃ ± 10 ℃ 的炉中，保温 8 h，然后随炉以 50 ℃/h 速度缓慢冷至 600 ℃ 以下，再空冷或缓冷至室温。

处理后试样表面层含碳量达到过共析成分，经磨制（标准规定至少磨去 2 mm 深）、抛光和浸蚀（浸蚀剂可用 4% 硝酸酒精溶液或 4% 苦味酸酒精溶液）后，即可得到如图 3-22 所示珠光体+网状渗碳体组织。图 3-22 中渗碳网所包括的面积可反映出奥氏体的晶粒。

在操作中，渗碳剂应严格干燥，渗碳箱需仔细密封，渗碳后必须缓慢冷却。当渗碳浓度不足时磨面打磨深度可浅些。

虽然渗碳法适于测量渗碳钢的本质晶粒度，但在实践中沿晶界析出的碳化物网有时不连续，也有时会出现奇异的大晶粒、或大晶粒套小晶粒的混合等问题，给正确确定奥氏体

图 3-22　经浸蚀后晶界上呈黑色的碳化物（×100）

晶粒带来了不少困难，同时渗碳所需时间长，耗费人力，电力较多。本质晶粒度对钢的性能的影响见表 3-1。

表 3-1　本质晶粒度对钢的性能的影响

钢的状态	本质粗晶粒	本质细晶粒
在临界温度以上加热	倾向于粗化	倾向于保留细晶粒
高温正火	冲击韧性较低；较好的切削加工性，但表面粗糙，弹性极限较低	冲击韧性较高；切削性能差，但表面光洁度好；有较高的弹性极限
工具钢退火		比较容易球化
淬火加热	允许温度范围窄	允许温度范围宽
淬火冷却	淬透性大，软点倾向小；易于变形及开裂	淬透性较低，形成软点倾向性大；不易变形及开裂
渗碳时	渗碳速度快，层较深	渗碳速度慢，层较浅
渗碳后	中心易脆，需重新细化中心处理；表面硬度均匀	中心韧性好，可直接从渗碳箱中取出淬火，有产生软点的可能性

B　氧化法

氧化法适用于测定各种钢的本质晶粒度。这种方法需将试样进行如下处理：将磨光、抛光后的试样放入硼砂槽或其他盐浴中，加热至 930 ℃±10 ℃，保温 3 h 后再放入 930 ℃±10 ℃ 的 $\frac{1}{3}BaCl_2 + \frac{1}{3}NaCl + \frac{1}{3}CaCl_2$ 的盐浴热腐蚀 2 min，随之在煤油中冷却；再进行短时间抛光，腐蚀（可用 4% 苦味酸酒精溶液）以显示奥氏体晶粒度。

生产实践中也常用一种更简单的方法，即将磨光（可用 03~04 号细砂纸）的试样埋入生铁屑中并在 930 ℃±10 ℃ 的炉中保温 3 h 后取出，在空气中氧化瞬间（几秒钟），随之淬入水中，再用细砂纸磨光、抛光和腐蚀以显示晶粒度。所得结果如图 3-23 所示。

采用氧化法显示晶粒时，经常因氧化过重或磨掉深度过浅使奥氏体晶内的嵌镶块边界也与晶间一同被氧化后并显示，同时试样也容易受奥氏体化前期低温氧化的影响，因此往往在试样表层遗留下细晶的假相。若加热时保护不当产生全脱碳区，也会出现假的大晶粒。因此，在氧化法操作中，应严防加热及保温过程中的氧化与脱碳。

C　网状铁素体法

网状铁素体法适用于测定亚共析钢的奥氏体晶粒。其过程是将试样加热到930 ℃±10 ℃，保温3 h后，再根据钢种不同选择适当的冷却方法（可直接水冷、油冷、空冷、炉冷或等温冷却等），将试样冷却。试样处理后，用硝酸或苦味酸酒精溶液腐蚀，以便显示出围拢在腐蚀变黑的组织（珠光体、贝氏体或马氏体）周围的网状铁素体（见图3-24）；铁素体所环绕面积的尺寸即为原奥氏体晶粒的大小。

 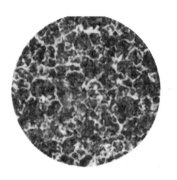

图3-23　T7钢用氧化法所得奥氏体晶粒度　　　图3-24　45钢加热至930 ℃±10 ℃保温3 h

D　网状珠光体（屈氏体）法

网状珠光体法适用于淬透性不大的碳素钢及低合金钢。奥氏体晶粒的测量，将试样在930 ℃±10 ℃炉内加热，保温3 h后，将试样一端淬入水中。冷却后在试样过渡带可清晰地看到围绕在马氏体周围的黑色屈氏体组织，它所环绕的面积即为原奥氏体晶粒，如图3-25所示。试样热处理后，磨去脱碳层，抛光后用硝酸或苦味酸酒精溶液腐蚀。

图3-25　T8钢经腐蚀后晶界上呈黑色的屈氏体组织（×400）

E　加热缓冷法

加热缓冷法适用于测定过共析钢的奥氏体晶粒度。试验时将试样加热至930 ℃±10 ℃，保温3 h后冷却到600 ℃（冷却速度为80~100 ℃/h），使碳化物沿奥氏体晶界析出以显示晶粒大小。经上述热处理的试样抛光后，应使用硝酸或苦味酸酒精溶液腐蚀。

F　直接腐蚀法

直接腐蚀法也称晶粒边界腐蚀法。此法适用于测定淬火得到的马氏体或贝氏体组织的钢的奥氏体晶粒度。试样不经磨制即可进行热处理：将试样加热至930 ℃±10 ℃，保温3 h后水冷，然后磨去脱碳层制成金相试样，用含有0.5%~1%烷基磺酸盐的100 g苦味酸饱和水溶液腐蚀。由于晶粒边界被腐蚀变黑，故可用以测定奥氏体的晶粒度。所得结果如图3-26所示。为了得到更清晰的组织，试样可经二次或三次腐蚀、抛光重复操作；或将腐蚀剂加热到 50 ℃±10 ℃后进行热腐蚀。也可先将试样在烷基苯磺酸钠饱和苦味酸水溶液中浸蚀，经抛光去掉表面黑膜，再用饱和苦味酸酒精溶液腐蚀，再次轻微抛光后即可进行观察。

G　真空法

将试样磨制、抛光后装入真空炉中，当真空度达 10^{-5} Pa 时，加热至930 ℃±10 ℃，保温 3 h 随炉冷至 200 ℃以下，停止扩散泵，继续随炉冷至室温。出炉后可在显微镜下直接观察，如图 3-27 所示。

图 3-26　轴承钢用直接腐蚀法　　　　图 3-27　用真空法所得奥氏体晶粒大小
所得奥氏体晶粒大小（×400）

抛光试样在高温高真空下，由于晶界上晶格畸变，并聚集着大量杂质便发生了选择性挥发，因而在晶界上形成了明显的凹沟。一般认为真空法是最可靠的。但由于设备条件限制，生产中很少使用。当炉子真空度不够时也有可能因晶界杂质挥发受影响而出现假象。

在上述几种测定奥氏体晶粒度的方法中，直接腐蚀法和真空法在实验中钢表面的化学成分不发生变化（相对于渗碳法和氧化法），也不受晶界处过剩相（铁素体或渗碳体）或组织（屈氏体）的干扰，因而所显示的晶粒度较接近实际尺寸。另外，直接腐蚀法对实验用的设备没有特殊要求，是值得推广的一种方法。

上述几种测定奥氏体本质晶粒度的实验方法，在原则上也可用来测定钢在具体热处理条件下的实际晶粒度，其间的区别，仅在于被测试样的热处理规范不同而已。试样样品处理方法及金相组织对照表见表 3-2。

表 3-2　试样样品处理方法及金相组织对照表

编号	样品名称	处理状态	腐蚀剂	金相组织
1	硅铝明（ZL102）	铸造未变质	0.5HF 水溶液	（Si 粗针+α 基体）共晶
2	硅铝明（ZL102）	铸造变质	0.5HF 水溶液	α 枝晶+（Si 细小+α）
3	硬铝（ZV12）	淬火自然时效	混合酸水溶液	单相 α 固溶体
4	单相黄铜（H70）	冷加工退火	3%Fe₃Cl+10%HCl	单相 α（孪晶带）
5	双相黄铜（H80）	铸造退火	3%Fe₃Cl+10%HCl	α+β

续表 3-2

编号	样品名称	处理状态	腐蚀剂	金相组织
6	锡青铜（QSn10）	铸造	3%Fe$_3$Cl+10%HCl	α 枝晶+（α+δ）共析体
7	锡基巴氏合金 ZChSnSb11-6	铸造	4%硝酸酒精	α（黑基体）+β（白方块）+Cu$_3$Sn 白星状
8	铅基巴氏合金 ZChSnSb16-16-2	铸造	4%硝酸酒精	（α+β）基+SnSb 白方块+Cu$_3$Sb 针状

3.5.3.2　奥氏体晶粒度的测定

在经上述方法之一制备的金相试样上，即可进行奥氏体晶粒度的测定。常用的方法有比较法和弦计算法两种。

A　比较法

在用比较法评定钢的晶粒度时，在 100 倍显微镜下直接观察或投射在毛玻璃上。首先对试样做全面观察，然后选择其晶粒度具有代表性的视场与标准级别图（见图 3-28，YB 27—64 中的第一标准级别图）比较，并确定出试样的晶粒度，与标准级别图中哪一级晶粒大小相同，则后者的级别即定为试样的晶粒度号数。

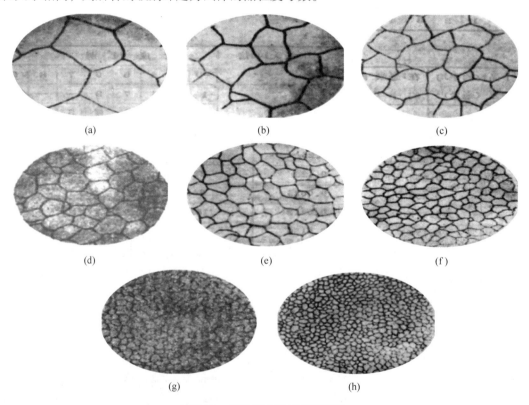

图 3-28　钢的晶粒度标准级别图

（a）1 级；（b）2 级；（c）3 级；（d）4 级；（e）5 级；（f）6 级；（g）7 级；（h）8 级

试样上的晶粒经常是不均匀的，大晶粒或小晶粒如属个别现象可不予考虑，若不均匀现象较为普遍，则应计算不同大小晶粒在视场中各占百分比，如大多数晶粒度所占有的面积不小于视场的 90%，则只定一个晶粒度号数来代表被测试样的晶粒度；否则，试样的晶粒度应用两个或三个级别号数表示，前一个数字代表占优势的晶粒度。例如，试样上晶粒大多数是 6 级、少数是 4 级时，即写为 6~4 级。

在有些情况下，在 100 倍观察被测试样的晶粒大于 1 级或小于 8 级，为了准确评定其大小，可以在降低或增高放大倍率的条件下与标准级别图对照，再按表 3-3 的数据换算成 100 倍下的晶粒级别。例如，某试样在 100 倍下观察晶粒比 1 级还大，即可在 50 倍下观察，与标准级别图对照是 2 级，查表后得知晶粒度为 0 级。

表 3-3　不同放大倍数晶粒度换算表

放大 100 倍		晶　粒　度　级　别										
		-1	0	1	2	3	4	5	6	7	8	9	10
其他放大倍数	50	1	2	3	4	5	6	7	8	—	—	—	—
	200	—	—	—	—	1	2	3	4	5	6	7	8
	300	—	—	—	—	1	2	3	4	5	6	7
	400						1	2	3	4	5	6

B　弦计算法

弦计算法比较复杂，只有当测量的准确度要求较高或晶粒为椭圆形时才使用此方法。

测量等轴晶粒时，先对试样进行初步观察，以确定晶粒的均匀程度，然后选择具有代表性部位及显微镜的放大倍数。倍数的选择，以在 80 mm 视野直径内不少于 50 个晶粒为限。之后将所选部位的组织投影到毛玻璃上，计算与毛玻璃上每一条直线相交的晶粒数目（与每条直线相交的晶粒应不少于 50 个），也可在带有刻度的目镜上直接进行。测量时，直线端部未被完全相交的晶粒应以一个晶粒计算。相同步骤的测量最少应在三个不同部位各进行一次。用相交的晶粒总数除以直线的总长度（实际长度，以 mm 计算），得出弦的平均长度（mm），再根据弦的平均长度查表即可确定钢的晶粒度大小。

3.5.4　任务考核

实验操作（配分 100 分）。

（1）描述试验过程。

（2）试验所得数据的讨论和分析。

课后思考题

3-1　简述纯金属的结晶过程。

3-2　什么是过冷现象、过冷度？

3-3　什么是滑移？什么是孪生？

3-4　简述断裂是什么，基本类型有哪些。

3-5　影响再结晶温度的因素有哪些？

项目 4　金属的塑性变形

思政案例

金属材料低温应变硬化研究

在金属材料的科学研究中，低温应变硬化一直是一个备受关注的课题。这是因为位错理论在晶体材料应变硬化中的应用，已成为现代凝聚态物理和材料科学领域中的核心问题之一。2023 年，我国的研究团队在这一领域取得了突破性的进展，为我们对金属材料低温应变硬化的理解提供了全新的视角。

粗晶中的位错存储空间相对较大，因此具有出色的应变硬化能力。这种特性使得粗晶结构在材料科学中占据了重要的地位。然而，尽管有许多强化策略可以有效地提高材料的强度，但它们往往不可避免地导致位错存储密度的降低，进而使得材料的加工硬化能力显著降低。这一现象在低温变形过程中尤为明显。

应变硬化能力的降低，实际上是结构材料强度与塑性/韧性等性能之间产生倒置关系的根本原因。换句话说，当材料的强度提高时，其塑性或韧性往往会受到损害，反之亦然。因此，如何在提高强度的同时保持或提高材料的塑性或韧性，一直是材料科学领域面临的重要挑战。

我国研究团队发现，具有空间梯度序构位错胞结构的合金，在低温拉伸变形时，不仅展现出了优异的强度和塑性，更表现出了超高的应变硬化能力。这种合金的应变硬化率甚至超过了粗晶，彻底颠覆了过去对于粗晶结构具有最高加工硬化能力的认知。

这一研究成果的重要性不言而喻。它不仅提供了一种全新的视角来看待金属材料的低温应变硬化问题，更为我们打开了一扇新的大门，引领我们走向更高性能的材料科学新时代。未来，我们期待更多的科研团队能够在这一领域取得更大的突破，为人类社会发展贡献力量。

任务 4.1　二元合金相图的建立

合金相图是表示在平衡条件（极缓慢冷却或加热）下合金组织状态与温度、成分之间关系的图。相图可以用来了解不同成分的合金，在不同温度下由哪些相构成，温度变化时合金相能发生哪些转变等。合金相图是分析合金组织状态及其变化规律的有效工具，是进行金相分析，制定铸造、锻造、热处理和焊接等热加工工艺的重要依据。

相图是对合金材料性质研究和开发的非常有用的工具，对材料的生产加工具有指导作用。通过对相图知识的学习，应掌握和了解相图的建立方法，运用相律和杠杆定律对典型相图（匀晶相图、共晶相图）进行分析，掌握共晶反应、匀晶反应的特点。

4.1.1　相图的建立

4.1.1.1　相图的表示方法

相图的
建立及分析

相图是一个材料系统在不同的化学成分、温度、压力条件下所处状态的图形表示，因此，相图也称为状态图。由于相图都是在平衡条件（极缓慢冷却）下测得的，所以相图也称为平衡相（状态）图。

相图中的相是指具有相同的状态（气、液、固）、相同的化学成分和结构的区域。对于成分单一的纯物质，如纯水、纯金属、纯氧化物等，由于没有成分的变化，一般采用压力-温度相图。对于常用的合金相图，因为压力的影响很小，况且一般都是处在 101.325 kPa（1 atm）的条件下，所以不再把压力当作变量考虑，用纵、横两个坐标分别表示温度和成分，采用温度-成分相图。本章所介绍的主要是这一类的二元合金相图。

4.1.1.2　相图的测定方法

相图通常都是用实验的方法建立起来的。现以 Cu-Ni 合金系为例，说明如何用热分析法建立合金相图。

（1）配制一系列成分不同的 Cu-Ni 合金，见表 4-1。

表 4-1　几种成分不同的 Cu-Ni 合金

合金序号	合金成分 w_i/%		合金序号	合金成分 w_i/%	
	Cu	Ni		Cu	Ni
1	100	0	4	40	60
2	80	20	5	20	80
3	60	40	6	0	100

（2）测定这些合金的冷却曲线，如图 4-1（a）所示。

（3）找出各曲线上的临界点（结晶的开始温度和终了温度）。

（4）在温度-成分坐标系中过各合金成分点做成分垂线，将临界点标在成分垂线上。

（5）将成分垂线上相同意义的点连接起来，并标上相应的数字和字母，便得到如图 4-1（b）所示的 Cu-Ni 二元合金相图。

图 4-1 中，上临界点的连接线称为液相线，表示合金结晶的开始温度或加热过程中熔化终了的温度。下临界点的连接线称为固相线，表示合金结晶终了的温度或在加热过程中合金开始熔化的温度。这两条曲线把 Cu-Ni 合金相图分成三个相区，在液相线之上，所有的合金都处于液态，是液相单相区，以 L 表示；在固相线以下，所有的合金都已结晶完毕，处于固态，是固相单相区。经 X 射线结构分析或金相分析表明，所有的合金都是单相固溶体，以 α 表示；在液相线和固相线之间，合金已开始结晶，但结晶过程尚未结束，是液相和固相的两相共存区，以 α+L 表示。

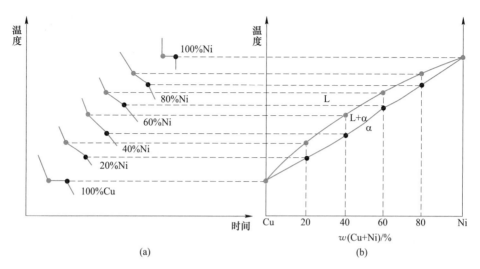

图 4-1   用热分析法测定 Cu-Ni 合金

(a) Cu-Ni 合金系的冷却曲线；(b) Cu-Ni 合金相图

4.1.2   相律及杠杆定律

4.1.2.1   相律及其应用

相律是检验、分析和使用相图的重要工具，所测定的相图是否正确，要用相律检验，在研究和使用插图时，也要用到相律。相律是表示在平衡条件下，系统的自由度、组元数和相数之间的关系，是系统平衡条件的数学表达式。相律可用式（4-1）表示：

$$F = C - P + 2 \tag{4-1}$$

式中 F——系统的自由度，即不影响系统状态的条件下，能够独立变化的因素数，这些因素有温度、压力、成分、相数；

　　　　C——组成物的组元数，即系统由几种物质（纯净物）组成，例如：纯水系统，$C=1$；对于盐水来说，由于水中含有 NaCl，所以 $C=2$；Al-Si 合金系统，组成物为 Al 和 Si，故 $C=2$；

　　　　P——系统中能够同时存在的相数，如固相、液相、α 相等；

　　　　2——表示温度和压力两个变量。

对于绝大多数的常规材料系统而言，压力的影响极小，可以不把压力当作变量而看作常量：1 个标准大气压（atm）[①]，因此自由度数减少一个，相律的表达式为

$$F = C - P + 1 \tag{4-2}$$

对于一元系统（$C=1$），在压力不变（1 atm）的条件下，$F=C-P+1=2-P$。自由度 F 的最小值为 0，当 $F=0$ 时，$P=2$。这说明，在压力不变（1 atm）条件下，单元系统最多只能有两相同时存在。如果压力也是可变的，$F=0$ 时，由式（4-1）可知 $P=3$，这意味着单元

---

① 　1 atm = 101.325 kPa

系统最多可以有三相共存。$F=0$ 的含义是：在保持系统平衡状态不变的条件下，没有可以独立变化的变量，也就是说，任何变量的变化都会造成系统平衡状态的变化。

图 4-2 是纯水的压力-温度相图，在 O 点，水在 1 个标准大气压、0 ℃ 条件下，保持液（水）-固（冰）二相平衡。温度升高，冰融化成水；温度降低，水结晶成冰。也就是说，此时水的液-固平衡转变是在恒温（0 ℃）下进行的。A 点是气-液二相平衡点，意义与 O 点相似。在 A、O 之间（0~100 ℃），水是单一的液相（$P=1$），此时 $F=1$，这说明在此范围内温度的变化不会引起状态的改变。

对于二元系统（$C=2$），压力不变的二元合金系统（本书涉及的二元合金系统都是压力不变的，不再特别说明），$C=2$、$F=0$ 时，$P=3$。这说明，当二元合金系统同时出现三个相时，就没有可以变化的因素了。也就是说，只有在一定的温度、成分所确定的某一点才会出现三相同时存在的状态。

二元合金系统三相共存状态，都是在发生平衡反应的过程中。可以推断出，二元合金系统的平衡反应仅有两大类型：A→B+C，A+B→C。由于自由度为 0，这些平衡反应都是恒温反应，并且反应中三个相（无论是反应相，还是生成相）的化学成分都是固定的。只有当反应结束后（相数小于 3 时），随着温度的变化，相的化学成分才可能发生变化。

4.1.2.2　杠杆定律

在合金的结晶过程中，合金中各个相的成分以及它们的相对含量都在不断地发生变化。为了了解相的成分及其相对含量，这就需要应用杠杆定律。在二元系合金中，杠杆定律只适用于两相区，这是因为对单相区来说无此必要，而三相区又无法确定。当合金在某一温度下处于两相区时，由相图不仅可以知道两平衡相的成分，而且还可以用杠杆定律求出两平衡相的相量。现以 Cu-Ni 合金为例推导杠杆定律。

（1）求出两平衡相的成分。设合金成分为 x，过 x 作成分垂线，在垂线上相当于温度 t_1 的点 O 作水平线，其与液、固相线的交点 a、b 所对应的成分 x_1、x_2，分别为液相和固相的成分，如图 4-3 所示。

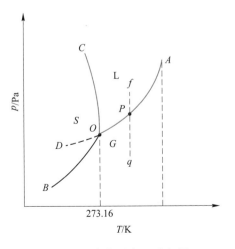

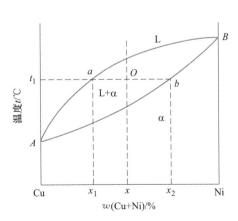

图 4-2　纯水的压力-温度相图　　　　　图 4-3　Cu-Ni 二元合金相图

（2）确定两平衡相的相对量：设成分为 x 的合金的总质量为 Q，液相的相对质量为 Q_L，其成分为 x_1，固相相对质量为 Q_α，其成分为 x_2，则

$$\begin{cases} Q = Q_L + Q_\alpha \\ Q \cdot x = Q_L \cdot x_1 + Q_\alpha \cdot x_2 \end{cases} \tag{4-3}$$

由变换可得：

$$Q_L(x - x_1) = Q_\alpha(x_2 - x) \tag{4-4}$$

或

$$\frac{Q_L}{Q_\alpha} = \frac{x_2 - x}{x - x_1} \tag{4-5}$$

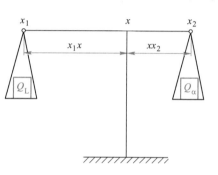

由此可知，两相质量之比为：$Q_L x_1 x = Q_\alpha x x_2$。

式（4-5）与力学定律中的杠杆定律完全相似，因此也称为杠杆定律，即合金在某温度下两平衡相的质量比等于该温度下各相与各自相区距离较远的成分线段之比，如图 4-4 所示。在杠杆定律中，杠杆的支点是合金的成分，杠杆的端点是所求两平衡相的成分。

图 4-4 杠杆定律示意图

4.1.3 匀晶相图及固溶体的结晶

两组元在液态无限互溶、固态也无限互溶的二元合金相图，称为匀晶相图。匀晶相图是最简单的二元相图，Cu-Ni、Cu-Au、Au-Ag、W-Mo 等合金都属于匀晶合金，具有匀晶相图。这类合金结晶时都是从液相结晶出单相的固溶体，这种结晶过程称为匀晶转变。几乎所有的二元合金相图都包含有匀晶转变部分。

匀晶相图及固溶体的结晶

4.1.3.1 相图分析

Cu-Ni 合金二元匀晶相图如图 4-5（a）所示，a、b 两点是纯组元的熔点；a 是 Cu 的熔点，b 是 Ni 的熔点。图 4-5（a）中，上面一条曲线为液相线，是加热时合金熔化的终了温度点或冷却时结晶的开始温度点的连线；下面的一条曲线为固相线，是加热时合金熔化的开始温度点或冷却时结晶的终了温度点的连线。液相线以上合金全部为液体 L，称为液相区。固相线以下合金全部为 α 固溶体，称为固相区。液相线和固相线之间为液相和固相共存的两相区（L+α）。

4.1.3.2 固溶体合金的平衡结晶过程

平衡结晶是指合金在极缓慢冷却条件下进行结晶的过程。下面以图 4-5 中合金 I 为例进行分析。

当合金缓慢冷却至 L_1 点以前时，均为单一的液相，成分不发生变化，只是温度降低，如图 4-5（b）所示。冷却到 L_1 点时，开始从液相中析出 α 固溶体；冷却到 α_4 点时，合金全部转变为 α 固溶体；在 L_1 点与 α_4 点之间，液相和固相两相共存。若继续从 α_4 点冷却到室温，合金只是温度的降低，组织和成分不再变化，为单一的 α 固溶体。

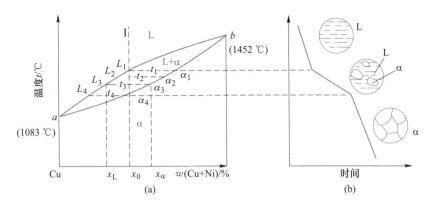

图 4-5 Cu-Ni 合金相图及合金平衡结晶过程

（a）合金相图；（b）固溶体合金平衡结晶过程示意图

在液固两相共存区，随着温度的降低，液相的量不断减少，固相的量不断增多，同时液相和固相的成分也将通过原子的扩散不断改变。当合金的温度为 $t_1 \sim t_4$ 时，液相的成分是温度水平线与液相线的交点，固相的成分是温度水平线与固相线的交点。由此可见，在两相共存区，液相的成分沿液相线变化，固相成分沿固相线变化。这对于其他性质相同的两相区也是一样，即相互处于平衡状态的两个相的成分，分别沿两相区的两条边界相线变化。

匀晶合金在平衡条件下结晶，冷却速度极其缓慢，先后结晶的固相虽然成分不同，但是有足够的时间进行均匀化扩散。因此，室温下的组织是均匀的固溶体，在光学显微镜下观察，与纯金属十分相似，如图 4-6 所示。

但是，在实际生产中合金的冷却速度很快，远远达不到平衡的条件。因此，固、液二相中的扩散来不及充分进行，先后结晶出来的固相中较大的成分差别被保留下来。这种成分差别的存在，还造成结晶时固相以树枝状形态生长（见图 4-7），其中白亮区域 Ni 含量高、Cu 含量低，深色区域则相反。这种成分上的不均匀性被称为树枝状偏析或枝晶偏析。枝晶偏析的大小除了与冷却速度有关以外，还与给定成分合金的液、固相线间距有关。冷速越大，液、固相线间距越大，枝晶偏析越严重。

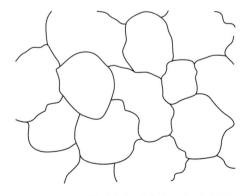

图 4-6 平衡结晶的匀晶合金组织示意图

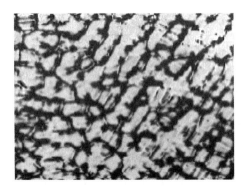

图 4-7 Cu-30%Ni 合金的非平衡结晶组织

枝晶偏析的存在将影响合金性能，因此在生产中通常把具有晶内偏析的合金加热到高温（低于固相线）并进行长时间保温，使合金进行充分的扩散，可消除枝间偏析，这种处理被称为均匀化退火。

在合金的结晶过程中，合金中各个相的成分及其相对量都在不断地变化。不同条件下各相的成分及其相对量，可通过杠杆定律求得。

4.1.4　共晶相图及其合金的结晶

当两组元在液态下完全互溶，在固态下有限互溶，并发生共晶反应时所构成的相图称为二元共晶相图。Pb-Sb、Al-Si、Pb-Sn、Ag-Cu 等二元合金均为共晶相图。

共晶相图及
合金的结晶

4.1.4.1　相图分析

图 4-8 中有 α、β、L 三种相，形成三个单相区。其中，α 是以 Pb 为溶剂、Sn 为溶质的有限固溶体；β 是以 Sn 为溶剂、Pb 为溶质的有限固溶体，在每两个单相区之间，共形成了三个两相区，即 L+α、L+β 和 α+β。AEB 是液相线，AMENB 是固相线，MF 是 Sn 在 α 相中的固溶线（溶解度线），NG 是 Pb 在 β 中的固溶线。A 为 Pb 的熔点，B 为 Sn 的熔点。

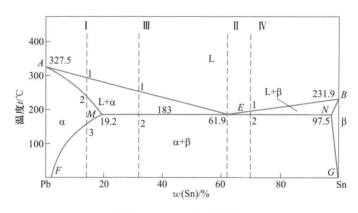

图 4-8　Pb-Sn 合金相图

图 4-8 中的水平线 MEN 称为共晶线。在水平线对应的温度（183 ℃）下，E 点的液相同时结晶出 M 点成分的 α 固溶体和 N 点成分的 β 固溶体。

$$L_E \xrightleftharpoons{183\,℃} \alpha_M + \beta_N \tag{4-6}$$

这种在一定温度下，由一定成分的液相同时结晶出两种成分和结构都不相同的新固相的转变过程称为共晶转变或共晶反应。

共晶反应的产物称为共晶体或共晶组织。发生共晶反应的温度称为共晶温度，代表共晶温度和共晶成分的点称为共晶点，具有共晶成分的合金称为共晶合金。在共晶线上，凡成分位于共晶点以左的合金称为亚共晶合金，位于共晶点以右的合金称为过共晶合金。

4.1.4.2　合金的结晶

根据共晶合金的成分和组织特点，Pb-Sn 合金系可以分为固溶体合金、共晶合金、亚共晶合金和过共晶合金四类。下面分析各类合金的结晶过程及组织。

A　合金 I（$w(Sn) \leqslant 19.2\%$）的结晶过程

从图 4-8 可以看出，当合金 I 缓慢冷却到 1 点时，开始从液相中结晶出 α 固溶体。随着温度的降低，α 固溶体的数量不断增多，而液相的数量不断减少，它们的成分分别沿固相线 AM 和液相线 AE 发生变化。合金冷却到 2 点时，结晶完毕，全部结晶成 α 固溶体，其成分与原始的液相成分相同。这一过程与匀晶系合金的结晶过程完全相同。

继续冷却时，在图 4-8 中 2~3 点温度范围内，α 固溶体不发生变化。当温度下降到了 3 点以下时，Sn 在 α 固溶体中呈过饱和状态，因此，多余的 Sn 就以 β 固溶体的形式从 α 固溶体中析出。随着温度的继续降低，这一析出过程将不断进行，α 相和 β 相的成分分别沿 MF 线和 NG 线变化。由固溶体中析出另一个固相的过程称为脱溶过程，即过饱和固溶体的分解过程，也称为二次结晶。二次结晶析出的相称为次生相或二次相，次生的 β 固溶体以 β_{II} 表示。图 4-9 为该合金的冷却曲线及平衡结晶过程示意图。

B　共晶合金 II 的结晶过程

共晶合金（61.9%Sn）的熔点最低，它的液相线与固相线重合（温度相同）。缓慢冷却过程中，共晶合金在 183 ℃ 发生共晶转变，见式（4-6）。这是一个恒温转变，在 183 ℃ 液相全部转变成由固相 α 和 β 组成的共晶组织。当温度低于 183 ℃ 时，随着温度的降低，Sn 在 α 中的固溶度降低（沿图 4-8 中固溶线 MF 变化），α 相中析出 β_{II} 相；同理，Pb 在 β 中的固溶度也降低（沿固溶线 NG 变化），β 相中析出 α_{II} 相。图 4-10 为该合金的冷却曲线及组织变化示意图。

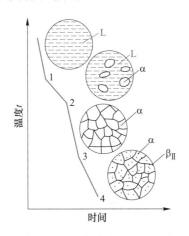

图 4-9　合金 I 的冷却曲线及组织变化示意图　　图 4-10　合金 II 的冷却曲线及组织变化示意图

共晶组织中 α、β 两相的相对量可以应用杠杆定理计算出来，即

$$w(\alpha_M) = \frac{EN}{MN} \times 100\% = \frac{97.5 - 61.9}{97.5 - 19.2} \times 100\% = 45.5\% \tag{4-7}$$

$$w(\beta_N) = \frac{ME}{MN} \times 100\% = \frac{61.9 - 19.2}{97.5 - 19.2} \times 100\% = 54.5\% \tag{4-8}$$

C 亚共晶合金Ⅲ的结晶过程

成分在共晶点 E 以左、M 点以右的合金称为亚共晶合金。亚共晶合金与共晶合金的冷却过程的区别在于，亚共晶合金发生共晶转变之前，先进行匀晶转变（L→α），匀晶转变剩余的液相再进行共晶转变，图 4-11 为该合金的冷却曲线及组织变化示意图（19.2%< $w(Sn) \leqslant 61.9\%$）。

当合金缓慢冷至 1 点时。开始结晶出 α 固溶体。在 1~2 点温度范围内，随着温度的缓慢下降，α 固溶体的数量不断增多，α 相和液相的成分分别沿图 4-8 中 AM 和 AE 变化，这一阶段的转变属于匀晶转变。

在 t_E 温度时，成分为 E 点的液相发生共晶转变，见式（4-6）。这一转变一直进行到剩余液相全部形成共晶组织为止。共晶转变前形成的 α 固溶体称为初晶，又称先共晶相。亚共晶合金在共晶转变刚刚结束后的组织为先共晶固溶体 α 和共晶组织（α+β）。

在 2 点以下继续冷却时，将从 α 相（包括先共晶 α 相和共晶组织中的 α 相）中析出二次相 $β_{II}$ 相。

D 过共晶合金Ⅳ的结晶过程

过共晶合金的结晶过程与亚共晶合金相似，不同的是一次相为 β，二次相为 α。其室温组织为 $β+(α+β)+α_{II}$，图 4-12 为该合金的冷却曲线及组织变化示意图（61.9%< $w(Sn) \leqslant 97.5\%$）。

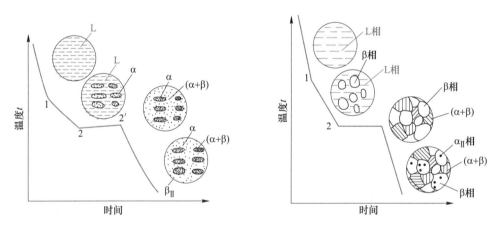

图 4-11 合金Ⅲ的冷却曲线及组织变化示意图　图 4-12 合金Ⅳ的冷却曲线及组织变化示意图

综上所述，从相角度看，Pb-Sn 合金结晶的产物只有 α 相和 β 相两相，它们称为相组成物。但不同方式析出的 α 相和 β 相具有不同的特征，上述各合金结晶所得的 α、β、$α_{II}$、$β_{II}$ 及共晶（α+β），在显微镜下可以看到各具有一定的组织特征，它们称为组织组成物。标明组织组成物的 Pb-Sn 合金相图如图 4-13 所示，这样标明的合金组织与显微镜下看到的金相组织是一致的。

4.1.5 包晶相图

当两组元在液态下完全互溶，在固态下有限互溶，并发生包晶反应时所构成的相图称

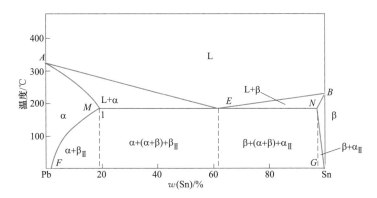

图 4-13 标明组织组成物的 Pb-Sn 合金相图

为包晶相图。具有包晶转变的二元合金系有 Pt-Ag、Sn-Sb、Cu-Sn、Cu-Zn 等，Fe-C 合金相图中也含有包晶转变部分。

4.1.5.1 相图分析

Pt-Ag 相图是典型的二元包晶相图，下面就以它为例进行分析讨论。

图 4-14 中 ACB 为液相线，APDB 为固相线，PE 及 DF 分别 Ag 固溶于 Pt 中和 Pt 固溶于 Ag 中的固溶线。相图中有三个单相区，即液相 L 及固相 α 和 β。其中，α 相是 Ag 固溶于 Pt 中的固溶体，β 相是 Pt 固溶于 Ag 中的固溶体。单相区之间有三个两相区，即 L+α、L+β、α+β。两相区之间存在一条三相（L、α、β）共存线，即水平线 PDC。

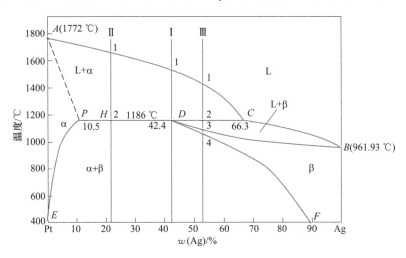

图 4-14 Pt-Ag 合金相图

水平线 PDC 是包晶转变线。所有成分在 P 与 C 之间的合金在此温度都将发生三相平衡的包晶转变。相图中的 D 点称为包晶点，D 点所对应的温度（t_D）称为包晶温度。PDC 线称为包晶线。这种转变的反应式为

$$L_C + \alpha_P \overset{t_D}{\rightleftharpoons} \beta_D \tag{4-9}$$

这种在一定温度下，由一定成分的固相与一定成分的液相作用，形成另一个一定成分

的固相的转变过程，称为包晶转变或包晶反应。根据相律可知，在包晶转变时，其自由度为零（$F = 2 - 3 + 1 = 0$），即三个相的成分不变，且转变在恒温下进行。在相图上，包晶转变的特征是：反应相是液相和一个固相，其成分点位于水平线的两端。所形成的固相位于水平线中间的下方。

4.1.5.2　典型合金的平衡结晶过程及组织

A　$w(\text{Ag}) = 42.4\%$ 的 Pt-Ag 合金（合金 Ⅰ）

$w(\text{Ag}) = 42.4\%$ 的 Pt-Ag 合金由液态缓慢冷却。当温度到达液相线进入 L+α 二相区时，液相中结晶出 α 固溶体。随着温度降低，α 固溶体的量不断增加，液相的量则逐渐减少，并且，液相的成分沿着液相线下滑，直到图 4-14 中 C 点；α 固溶体的成分沿着固相线下滑，直到 P 点。在包晶温度（t_D），α 与液相 L 进行包晶转变，生成固溶体 β 相。包晶转变结束时，合金为 100% 的 β 固溶体。温度继续下降，由于 Pt 在 β 相中的溶解度随温度降低而快速下降，因此过饱和的 β 相中析出 $\alpha_{\text{Ⅱ}}$。最后，室温下合金的平衡组织为 β+$\alpha_{\text{Ⅱ}}$。

B　$w(\text{Ag}) = 10.5\% \sim 42.4\%$ 的 Pt-Ag 合金（合金 Ⅱ）

$w(\text{Ag}) = 10.5\% \sim 42.4\%$ 的 Pt-Ag 合金，冷却过程中的组织转变与合金 Ⅰ 类似，区别在于：后者在包晶反应结束时，先结晶出来的 α 相和剩余的液相 L 正好消耗完，全部形成 β 相；而前者在包晶反应结束时，还有 α 相剩余。因此，$w(\text{Ag}) = 10.5\% \sim 42.4\%$ 的 Pt-Ag 合金的室温平衡组织为 α+$\beta_{\text{Ⅱ}}$+β+$\alpha_{\text{Ⅱ}}$。

当合金缓慢冷却至液相线 1 点时，开始结晶出初晶 α。随着温度的降低，初晶 α 的数量不断增多，液相的数量不断减少。α 相和 L 相的成分分别沿着图 4-14 中 AP 线和 AC 线变化。在 1~2 点之间属于匀晶转变。

当温度降低至 2 点时，α 相和液相的成分分别为 P 点和 C 点。在温度为 t_D（2 点）时，成分相当于 P 点的 α 相和 C 点的液相共同作用，发生包晶转变，转变为 β 固溶体，见式（4-9）。

C　$w(\text{Ag}) = 42.4\% \sim 66.3\%$ 的 Pt-Ag 合金（合金 Ⅲ）

$w(\text{Ag}) = 42.4\% \sim 66.8\%$ 的 Pt-Ag 合金，包晶转变结束时 α 相消耗完毕，还有液相 L 剩余。剩余的液相逐步直接转变为 β 相。此类合金的室温平衡组织为 β+$\alpha_{\text{Ⅱ}}$。

当合金 Ⅲ 冷却到与液相线相交的 1 点时，开始结晶出初晶 α 相，在 1~2 点，随着温度的降低。α 相数量不断增多，液相数量不断减少，这一阶段的转变属于匀晶转变。当冷却到 t_D 温度时，发生包晶转变。

当合金的温度从 2 点继续降低时。剩余的液相继续结晶出 β 固溶体，在 2~3 点，合金 Ⅲ 的转变属于匀晶转变，β 相的成分随图 4-14 中 DB 线变化，液相的成分沿 CB 线变化。在温度降低到 3 时，合金 Ⅲ 全部转变为 β 固溶体。

在 3~4 点的温度范围内，合金 Ⅲ 为单相固溶体，不发生变化。在 4 点以下，将从 β 固溶体中析出 $\alpha_{\text{Ⅱ}}$。因此，该合金的室温组织为 β+$\alpha_{\text{Ⅱ}}$。

任务 4.2　相图与合金性能的关系

不同成分的合金其相组成是不同的，相的组成不同则直接影响到合金的力学性能、物理性能和铸造性能。

4.2.1 相图与合金力学性能的关系

组织为固溶体的合金,随溶质元素含量的增加,合金的强度和硬度也增加,产生固溶强化。如果是无限互溶的合金,则在溶质质量分数为50%附近强度和硬度最高,性能与合金成分之间呈曲线关系,如图4-15所示。

由图4-15可知,在单相固溶区,强度和硬度随成分呈曲线变化关系。这是由于溶质溶入溶剂而引起合金固溶强化。固溶体合金的电导率与成分变化关系呈曲线变化。这是由于随着溶质组元含量的增加,晶格畸变增大,增大了合金中自由电子的阻力,如图4-15(a)所示。

在复相组织区域内,合金的强度和硬度是两相的平均值,即两相混合物的强度和硬度与成分呈直线关系。当共晶组织十分细密,形成的共晶组织非常细小时,合金的强度和硬度将偏离直线关系而出现峰值,如图4-15(b)所示。

4.2.2 相图与合金铸造性能的关系

铸造性能主要指液态合金的流动性以及产生缩孔、裂纹的倾向性等,它们与合金的结晶特点及相图中液相线和固相线间的距离密切相关。液、固相线之间的距离越短,液态合金结晶的温度范围越窄,合金的流动性越好,对浇注和铸件质量越有利;相反,枝晶偏析倾向性越大,合金流动性越差,形成分散缩孔的倾向越大,使铸造性能恶化。图4-16为相图与合金铸造性能的关系。

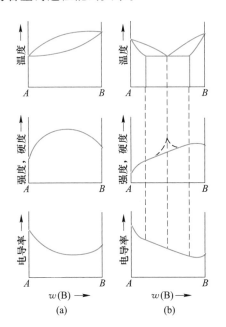

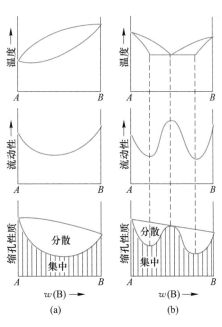

图4-15 相图与合金力学性能及物理性能的关系

(a)匀晶合金;(b)共晶合金

图4-16 相图与合金铸造性能关系

(a)匀晶合金;(b)共晶合金

单相固溶体的合金，浇铸时合金流动性差，不能充满铸型，凝固后形成许多分散的缩孔，此类合金不宜制作铸件。共晶成分的合金在恒温下结晶，固、液两相区间为零，结晶温度最低，故流动性最好。在结晶时易形成集中缩孔，铸件的致密性好，故铸造合金应选用共晶成分附近的合金。

单相固溶体的塑性较好，两相混合物合金的塑性总比单相固溶体差。特别是含有硬而脆的相，并沿着晶界呈网状分布时，将使塑性、韧性和综合力学性能显著下降，锻压、轧制性能变差。因此，对锻压、轧制工艺来说，多采用单相固溶体合金。

任务 4.3   认识铁碳合金的结构及相图

铁碳合金是碳素钢和铸铁的统称，是工业中应用最广的合金，是国民经济的重要物质基础。不同成分的碳钢和铸铁，组织和性能也不相同。铁碳合金相图是研究铁碳合金最基本的工具，是研究碳素钢和铸铁的成分、温度、组织及性能之间关系的理论基础，是制定热加工、热处理、冶炼和铸造等工艺的依据。碳的质量分数为 0.0218%~2.11% 的铁碳合金称为碳素钢，大于 2.11% 的铁碳合金称为铸铁。

铁和碳可形成一系列稳定化合物：Fe_3C、Fe_2C、FeC。它们都可以作为纯组元看待，但由于碳质量分数大于 Fe_3C 成分（$w(C)=6.69\%$）时，合金脆性很大，没有实用价值，因此所讨论的铁碳合金相图实际上是 $Fe\text{-}Fe_3C$ 相图。

4.3.1   铁碳合金相图

$Fe\text{-}Fe_3C$ 相图如图 4-17 所示。图 4-17 中除了高温时存在的液相 L 和化合物相 Fe_3C 外，还有碳固溶于铁形成的几种间隙固溶体相。

认识铁-碳
合金相图

（1）铁素体（F）。碳溶于 α-铁中的间隙固溶体称为铁素体，用符号 F 或 α 表示。它仍保持 α-Fe 的体心立方晶格结构，由于体心立方晶格原子间的空隙很小，因而溶碳能力极差，在 727 ℃时的最大溶碳量为 $w(C)=$ 0.0218%，在 600 ℃时溶碳量为 $w(C)\approx0.0057\%$，室温下几乎为 0。其室温性能几乎和纯铁相同，铁素体的强度、硬度不高（R_m 为 180~280 MPa，硬度为 50~80HBW），但具有良好的塑性和韧性（$A=30\%~50\%$）。因此，以铁素体为基体的铁碳合金适于塑性成型加工。

碳在 δ-Fe 中形成的固溶体称为 δ 固溶体，以 δ 表示，它是高温下的铁素体。在 1495 ℃时，碳在 δ-Fe 中的最大溶解度为 0.09%。

（2）奥氏体（A）。碳溶于 γ-Fe 中的间隙固溶体称为奥氏体，用符号 A 或 γ 表示。它仍保持 γ-Fe 的面心立方晶格结构。由于面心立方晶格原子间的空隙比体心立方晶格大，因此 γ-Fe 中的溶碳能力比 α-Fe 要大些。在 727 ℃时的溶碳量为 $w(C)=0.77\%$，随着温度的升高，溶碳量增加，到 1148 ℃时达到最大（$w(C)=2.11\%$）。奥氏体的力学性能与其

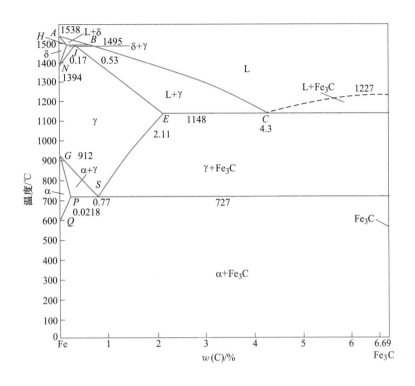

图 4-17 Fe-Fe₃C 相图

溶碳量及晶粒大小有关，一般奥氏体的抗拉强度为 400MPa，硬度为 160~200HBW，表现一般，但具有良好的塑性和韧性（$A = 40\% \sim 50\%$）。因此，以奥氏体为基体的铁碳合金易于锻压成型。

（3）渗碳体（Fe₃C）。渗碳体是具有复杂晶格的间隙化合物，$w(C) = 6.69\%$，用 Fe₃C 表示。熔点约为 1227 ℃，渗碳体硬度很高（950~1050HV），而塑性与韧性几乎为 0，脆性很大。渗碳体不能单独使用，在钢中总是和铁素体混在一起，是碳钢中主要强化相。渗碳体在钢和铸铁中的存在形式有片状、球状、网状、板状，它的数量、形状、大小和分布状况对钢的性能影响很大。渗碳体是一种亚稳定相，在一定条件下会发生分解，形成石墨状的自由碳。

4.3.2　铁碳合金相图分析

4.3.2.1　Fe-Fe₃C 相图中各点的温度、含碳量及含义

Fe-Fe₃C 相图是研究铁碳合金及热处理的基础，如图 4-17 所示。Fe-Fe₃C 相图中各点的温度、含碳量及含义见表 4-2。

表4-2 相图中各点的温度、含碳量及含义

符号	温度/℃	$w(C)/\%$	含义	符号	温度/℃	$w(C)/\%$	含义
A	1538	0	纯铁的熔点	H	1495	0.09	碳在δ-Fe中的最大溶解度
B	1495	0.53	包晶转变时液态合金的成分	J	1495	0.17	包晶点
				K	727	6.69	Fe_3C的成分
C	1148	4.3	共晶点	N	1394	0	γ-Fe→δ-Fe 同素异构转变点
D	1227	6.69	Fe_3C的熔点	P	727	0.0218	碳在α-Fe中的最大溶解度
E	1148	2.11	碳在γ-Fe中的最大溶解度	S	727	0.77	共析点
F	1148	6.69	Fe_3C的成分	Q	600	0.0057	600℃时碳在α-Fe中的最大固溶度
G	912	0	α-Fe→γ-Fe 同素异构转变点	室温		0.0008	室温最大固溶度

4.3.2.2 Fe-Fe₃C 相图中重要的点和线

A 三个重要的特性点

（1）J点：包晶点。合金在平衡结晶过程中冷却到1495℃时，B点成分的L与H点成分的δ发生包晶反应，生成J点成分的A。包晶反应在恒温下进行，反应过程中L、δ、A三相共存，反应式为

$$L_B + \delta_H \xrightleftharpoons{1495\ ℃} A_J$$

或

$$L_{0.53} + \delta_{0.09} \xrightleftharpoons{1495\ ℃} A_{0.17}$$

（2）C点：共晶点。合金在平衡结晶过程中冷却到1148℃时。C点成分的L发生共晶反应，生成E点成分的A和Fe_3C。共晶反应在恒温下进行，反应过程中L、A、Fe_3C三相共存，反应式为

$$L_C \xrightleftharpoons{1148\ ℃} A_E + Fe_3C$$

或

$$L_{4.3} \xrightleftharpoons{1148\ ℃} A_{2.11} + Fe_3C$$

共晶反应的产物是A与Fe_3C的共晶混合物，称为高温莱氏体，用符号Ld表示。因此，共晶反应式也可表达为

$$L_{4.3} \xrightleftharpoons{1148\ ℃} Ld_{4.3}$$

莱氏体组织中的渗碳体称为共晶渗碳体。在显微镜下，莱氏体的形态呈块状或粒状（727℃时转变为珠光体），分布在渗碳体基体上。

（3）S点：共析点。合金在平衡结晶过程中冷却到727℃时，S点成分的A发生共析反应，生成P点成分的F和Fe_3C。共析反应在恒温下进行，反应过程中A、F、Fe_3C三相共存，反应式为

$$A_S \xrightleftharpoons{727\ ℃} F_P + Fe_3C$$

或

$$A_{0.77} \xrightleftharpoons{727\ ℃} F_{0.0218} + Fe_3C$$

共析反应的产物是铁素体与渗碳体的共析混合物，称为珠光体，用符号 P 表示。因此，共析反应式也可表示为

$$A_{0.77} \xrightleftharpoons{727\ ℃} P_{0.77}$$

珠光体组织中的渗碳体称为共析渗碳体。在显微镜下，珠光体的形态呈层片状，在放大倍数很高时，可清楚看到相间分布的渗碳体片（窄条）与铁素体片（宽条）。

B　相图中的特性线

相图（见图 4-17）中的 ABCD 为液相线，AHJECF 为固相线。整个相图主要由包晶、共晶和共析三个恒温转变所组成。

（1）水平线 HJB 为包晶反应线，在 1495 ℃发生包晶转变。$w(C) = 0.09\% \sim 0.53\%$的铁碳合金在平衡结晶过程中均发生包晶反应。反应式为：$L_B + \delta_H \xrightarrow{1495\ ℃} A_J$，转变产物是 A。

（2）水平线 ECF 为共晶反应线，在 1148 ℃发生共晶转变。$w(C) = 2.11\% \sim 6.69\%$的铁碳合金在平衡结晶过程中均发生共晶反应。反应式为：$L_C \xrightarrow{1148\ ℃} A_E + Fe_3C$，转变产物是 Ld。

（3）水平线 PSK 为共析反应线，在 727 ℃发生共析转变。共析转变温度通常称为 A_1 温度。PSK 线在热处理中也称 A_1 线。$w(C) = 0.0218\% \sim 6.69\%$的铁碳合金在平衡结晶过程中均发生共析反应。反应式为：$A_S \xrightarrow{727\ ℃} F_P + Fe_3C$，转变产物是 P。

（4）GS 线是合金冷却时自 A 中开始析出 F 或 F 全部溶入 A 的临界温度线，通常称 A_3 线，常称此温度为 A_3 温度。

（5）ES 线是碳在 A 中的固溶线，通常称 A_{cm} 线，常称此温度为 A_{cm} 温度。低于此温度时，A 中将析出 Fe_3C，称为二次渗碳体 Fe_3C_{II}，以区别于从液体中经液相线结晶出的一次渗碳体 Fe_3C_I。

（6）PQ 线是碳在 F 中的固溶线。F 从 727 ℃冷却下来时，也将析出 Fe_3C，称为三次渗碳体 Fe_3C_{III}。Fe_3C_{III} 数量极少，往往可以忽略。下面分析铁碳合金平衡结晶过程时，均忽略这一析出过程。

4.3.3　铁碳合金的分类

通常按有无共晶转变来区分碳钢和铸铁，即 $w(C) < 2.11\%$为碳素钢，$w(C) > 2.11\%$为铸铁。根据组织特征，参照 Fe-Fe_3C 相图，可将铁碳合金按碳质量分数划分为以下七种类型。

钢的结晶
过程分析

（1）工业纯铁：$w(C) < 0.0218\%$。

（2）亚共析钢：$w(C) = 0.0218\% \sim 0.77\%$。

（3）共析钢：$w(C) = 0.77\%$。

（4）过共析钢：$w(C) = 0.77\% \sim 2.11\%$。

（5）亚共晶白口铸铁：$w(C) = 2.11\% \sim 4.30\%$。

（6）共晶白口铸铁：$w(C) = 4.30\%$。

（7）过共晶白口铸铁：$w(C) = 4.30\% \sim 6.69\%$。

4.3.4　工业纯铁的结晶过程

工业纯铁，以 $w(C) = 0.01\%$ 的铁碳合金为例，其冷却曲线和平衡结晶过程如图 4-18 所示。合金溶液在 1~2 点温度区间结晶出 δ 固溶体。冷却至 3 点时，开始发生固溶体的同素异构转变 δ→A。这一转变在 4 点结束，合金为单相 A。冷至 5~6 点又发生同素异构转变 A→F，6 点以下全部为 F。冷却至 7 点时，碳在 F 中的溶解度达到饱和，在 7 点以下，将从 F 中析出三次渗碳体 Fe_3C_{III}。因此，工业纯铁的室温平衡组织为 $F + Fe_3C_{III}$。F 呈白色块状，Fe_3C_{III} 量极少，呈小白片状分布于 F 晶界处。若忽略 Fe_3C_{III}，则组织全为 F。

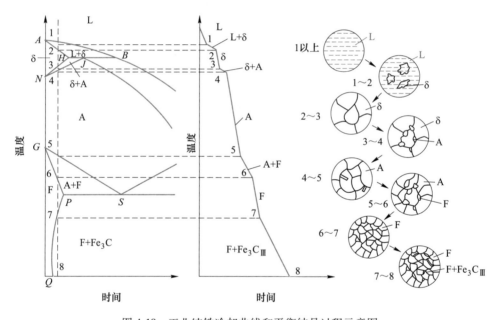

图 4-18　工业纯铁冷却曲线和平衡结晶过程示意图

4.3.5　亚共析钢的结晶过程

以 $w(C) = 0.4\%$ 的铁碳合金为例，其冷却曲线和平衡结晶过程如图 4-19 所示。合金溶液在 1~2 点温度区间结晶出 δ 固溶体。冷却至 2 点（1495 ℃）时，δ 固溶体的碳质量分数为 0.09%，液相的碳质量分数为 0.53%，此时液相和 δ 相发生包晶反应生成 A，反应结束后还有多余的 L。在 2′~3 点之间，液相中继续结晶出 A，所有 A 固溶体的成分均沿 JE 线变化。冷却至 3 点时，合金全部由 A 组成。冷至 4 点时，开始从 A 中析出 F，F 的含碳量沿 GP 线变化，而剩余 A 的含碳量沿 GS 线变化。当冷却至 5 点（727 ℃）时，剩余 A

的碳质量分数达到 0.77%，在恒温下发生共析转变形成珠光体。在 5′点以下，先共析铁素体中将析出三次渗碳体 Fe_3C_{III}，但因其数量少，一般可忽略。因此，室温平衡组织为 F+P。F 呈白色块状；P 呈层片状，放大倍数不高时呈黑色块状。$w(C)>0.6\%$ 的亚共析钢，室温平衡组织中的 F 常呈白色网状，包围在 P 周围。

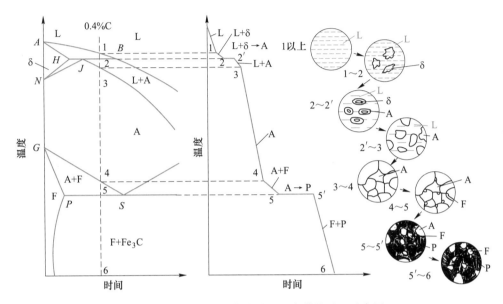

图 4-19 亚共析钢冷却曲线和平衡结晶过程示意图

$w(C)=0.4\%$ 的亚共析钢的组织组成物（F 和 P）的质量分数为

$$w(P) = \frac{0.4 - 0.02}{0.077 - 0.02} \times 100\% = 51\%; \quad w(F) = 1 - 51\% = 49\%$$

组成相（F 和 Fe_3C）的质量分数分别为

$$w(F) = \frac{6.69 - 0.4}{6.69} \times 100\% = 94\%; \quad w(Fe_3C) = 1 - 94\% = 6\%$$

4.3.6 共析钢的结晶过程

$w(C)=0.77\%$ 的铁碳合金，其冷却曲线和平衡结晶过程如图 4-20 所示。合金溶液在 1~2 点温度区间结晶出 A 固溶体，在 2 点凝固完毕，合金为单相 A。冷至 3 点（727 ℃）时，A 发生共析反应，生成物为珠光体 P。P 是 F 和 Fe_3C 的层片状混合物。P 中的 Fe_3C 称为共析渗碳体。因此，共析钢的室温组织为 P。

P 中的 F 和 Fe_3C 的质量分数可用杠杆定律求得，即

$$w(F) = \frac{6.69 - 0.77}{6.69} \times 100\% = 88\%$$

$$w(Fe_3C) = 1 - w(F) = 12\%$$

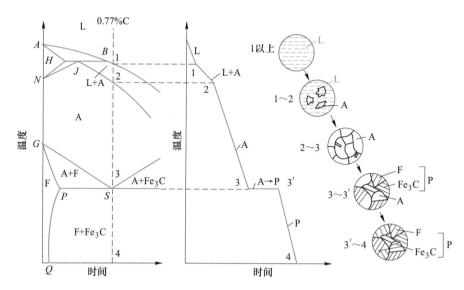

图 4-20 共析钢冷却曲线和平衡结晶过程示意图

4.3.7 过共析钢的结晶过程

以 $w(C) = 1.2\%$ 的铁碳合金为例,其冷却曲线和平衡结晶过程如图 4-21 所示。合金溶液在 1~2 点温度区间结晶出 A 固溶体,在 2 点凝固完毕,合金为单相 A。冷至 3 点开始从 A 中析出二次渗碳体 Fe_3C_{II},直到 4 点为止。这种先共析 Fe_3C_{II} 通常沿 A 晶界呈网状分布,量较多时还会在晶内呈针状分布。温度降到 4 点(727 ℃)时,剩余 A 中碳的质量分数达到 0.77%,在恒温下发生共析转变,形成珠光体。因此,室温平衡组织为 $Fe_3C_{II} + P$。在显微镜下,Fe_3C_{II} 以网状形态分布在层片状 P 周围。

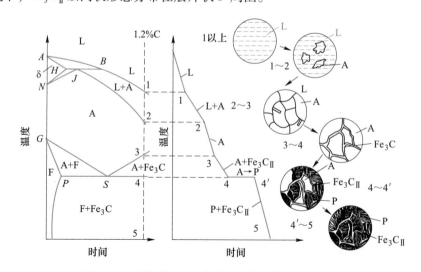

图 4-21 过共析钢冷却曲线和平衡结晶过程示意图

$w(\text{C})=1.2\%$ 的过共析钢的组成相为 F 和 Fe_3C_{II}；组织组成物为 Fe_3C_{II} 和 P，它们的质量分数分别为

$$w(\text{Fe}_3\text{C}_{II})=\frac{1.2-0.77}{6.69-0.77}\times100\%=7\%\ ;\ w(\text{P})=1-7\%=93\%$$

4.3.8　亚共晶白口铸铁的结晶过程

以 $w(\text{C})=3\%$ 的铁碳合金为例，其冷却曲线和平衡结晶过程如图 4-22 所示。合金溶液在 1~2 点温度区间结晶出 A 固溶体，此时液相成分沿 *BC* 线（铁碳相图中的线）变化，而 A 固溶体的成分沿 *JE* 线（铁碳相图中的线）变化。冷却至 2 点（1148 ℃）时，剩余液相的成分达到共晶成分，在恒温下发生共晶转变，形成 Ld。在 2 点以下，初晶 A 和共晶 A 中都析出二次渗碳体 Fe_3C_{II}。随着 Fe_3C_{II} 的析出，A 固溶体的成分沿 *ES* 线降低。温度降到 3 点（727 ℃）时，所有 A 都发生共析转变成为珠光体。因此，亚共晶白口铸铁的室温组织为 $Ld'+P+Fe_3C_{II}$。网状 Fe_3C_{II} 分布在粗大块状 P 的周围，Ld' 则由条状或粒状 P 和 Fe_3C 基体组成。

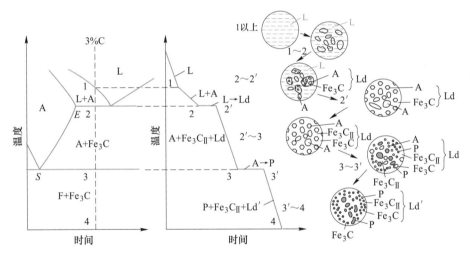

图 4-22　亚共晶白口铸铁冷却曲线和平衡结晶过程示意图

亚共晶白口铸铁的组成相为 F 和 Fe_3C。组织组成物为 P、Fe_3C_{II} 和 Ld'。它们的质量分数可以利用杠杆定律求出。

4.3.9　共晶白口铸铁的结晶过程

$w(\text{C})=4.3\%$ 的铁碳合金——共晶白口铸铁的冷却曲线和平衡结晶过程如图 4-23 所示。

合金溶液冷却至 1 点（1148 ℃）时，在恒温下发生共晶反应，由 L 转变为（高温）莱氏体 Ld（$A+Fe_3C$），其形态为短棒状的 A 分布在 Fe_3C 基体上。冷至 1 点以下，共晶 A 中不断析出二次渗碳体 Fe_3C_{II}，它通常依附于共晶 Fe_3C 上而不能分辨。温度降到 2

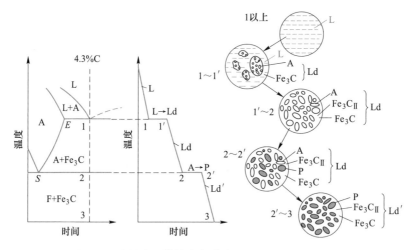

图 4-23 共晶白口铸铁冷却曲线和平衡结晶过程示意图

点（727 ℃）时，共晶 A 中碳的质量分数达到 0.77%，在恒温下发生共析转变形成珠光体。高温莱氏体 Ld 转变成低温莱氏体 Ld′（P+ Fe_3C_{II} + Fe_3C）。从 2′~3 点组织不变化，所以室温平衡组织仍为 Ld′，由黑色条状或粒状 P 和白色 Fe_3C 基体组成。

共晶白口铸铁的组织组成物全为 Ld′，而组成相还是 F 和 Fe_3C_{II}，它们的质量分数可用杠杆定律求出。

4.3.10 过共晶白口铸铁的结晶过程

过共晶白口铸铁的结晶过程与亚共晶白口铸铁大同小异，唯一的区别是：其先析出的相是一次渗碳体（Fe_3C_I），而不是 A。而且因为没有先析出 A，进而其室温组织中除 Ld′ 中的珠光体以外再没有珠光体，即室温下组织为 Ld′+Fe_3C_I，组成相也同样为 F 和 Fe_3C，它们的质量分数计算仍然用杠杆定律，方法同上。

任务 4.4 掌握铁碳合金相图的应用

随着含碳量的增加，合金的室温组织中不仅渗碳体的数量增加，其形态、分布也有变化。因此，合金的力学性能也随之发生变化。铁碳合金的成分、组织、相组成、组织组成、力学性能等变化规律如图 4-24 所示。

铁碳合金相图
的应用

4.4.1 碳对铁碳合金组织的影响

随含碳量的增加，钢的平衡组织中铁素体量减少，渗碳体量增加。在亚共析钢中，随碳含量增加，铁素体量减少，珠光体量增多，因而强度、硬度也升高，塑性、韧性不断下降。在过共析钢中，珠光体量减少，而网状二次渗碳体的数量相对增加，因而强度、硬度上升，塑性、韧性下降。但是，当钢中 $w(C) > 0.9\%$ 时，二次渗碳体沿晶界形成完整的网

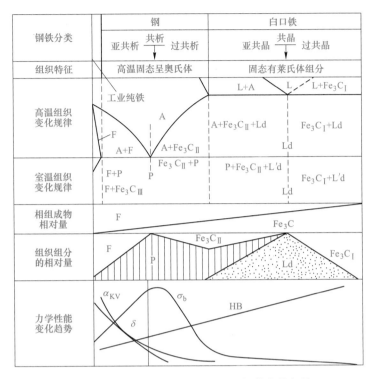

图 4-24 铁碳合金的成分、组织及性能变化规律

（α_{KV} 为 V 形缺口试验测得的冲击韧度，在 GB/T 229—2007 中已废止）

状形态，此时虽然硬度继续增高，但因网状二次渗碳体割裂基体，使钢的强度呈迅速下降趋势。随含碳量的增加，钢的塑性和韧性不断降低。实际生产中，为了保证碳钢具有足够的强度及一定的塑性和韧性，$w(C)$ 一般不应超过 1.3%~1.4%。

4.4.2 碳对铁碳合金性能的影响

由于铁素体（F）的性能是软而韧，硬度极低，渗碳体（Fe_3C）的性能是硬而脆。所以含碳量对钢的力学性能有如下影响：

（1）含碳量增加，硬度增加；塑性、韧性降低。

（2）含碳量增加，强度先增后降（0.9%最高）。当 $w(C) \leqslant 0.9\%$ 时，渗碳体含量越多，分布越均匀，铁碳合金强度越高；当 $w(C) > 0.9\%$ 时，渗碳体在钢的组织中呈网状分布在晶界上，而在白口铸铁的组织中作为基体存在，使强度降低。

同时，含碳量对钢的工艺性能也有一定的影响：

（1）可加工性。一般认为中碳钢的塑性比较适中，硬度在 200HBW 左右的时候，可加工性最好。含碳量过高或过低，都会降低其可加工性。

（2）铸造工艺性能。铸铁的流动性比钢好，容易铸造，尤其是靠近共晶成分的铸铁，其结晶温度低，流动性也好，并且具有良好的铸造性能。从相图来看，凝固温度区间越大，越容易形成分散缩孔和偏析，铸造工艺性能越差。

（3）可锻性。低碳钢比高碳钢的可锻性好。这是因为钢加热到单相奥氏体状态时，塑性好、强度低，便于塑性变形，因此一般锻造都是在单相奥氏体状态下进行。

（4）焊接性。通常，含碳量越低，钢的焊接性能越好，因此，低碳钢比高碳钢更容易焊接。

4.4.3　铁碳合金相图的应用

铁碳相图在客观上反映了钢铁材料的组织随成分和温度变化的规律，它在工程上为选材、用材及铸、锻、焊、热处理等热加工工艺提供了重要的理论依据，因此在生产中具有重大的实际意义，主要应用在以下方面。

（1）在钢铁材料选用方面的应用。由铁碳相图可知，铁碳合金中随着含碳量的不同，它的平衡组织也各不相同，从而导致其力学性能不同。因此，可以根据零件的不同性能要求来合理地选择材料。例如：建筑结构和各种型钢需用塑性、韧性好的材料，可选碳含量较低的钢材；机械零件需要强度、塑性及韧性都较好的材料，应选用碳含量适中的中碳钢；各种工具要用硬度高和耐磨性好的材料，应选用含碳量高的钢种。

（2）在铸造工艺方面的应用。参照 $Fe-Fe_3C$ 相图可以确定合金的浇注温度。浇注温度一般在液相线以上 $50 \sim 100 \ ℃$。在相图上可见，纯铁和共晶白口铸铁的铸造性能最好，因此，铸铁在生产上总是选在共晶成分附近。铸钢生产中，碳质量分数在 $0.15\% \sim 0.6\%$ 范围时，钢的结晶温度区间较小，铸造性能较好。

（3）在热锻、热轧工艺方面的应用。钢在室温时的组织为两相混合物，塑性较差，变形困难，只有将其加热到单相奥氏体状态，才具有较低的强度、较好的塑性和较小的变形抗力，易于成型。因此，锻造或轧制应选在单相奥氏体区内进行。

（4）在焊接生产上的应用。焊接时，局部区域被快速加热，从焊缝到母材各处的温度都不相同，铁碳相图为其提供了重要的理论依据。

（5）在热处理工艺方面的应用。铁碳合金在固态加热和冷却过程中均有相的变化，一些热处理工艺（如退火、正火、淬火）的加热温度都是依据 $Fe-Fe_3C$ 相图确定的。

实践与训练4.5　铁碳合金平衡组织观察

4.5.1　任务说明

通过教师讲解、现场操作演示、阅读实践与训练指导工作页等学习，熟悉掌握典型平衡组织的特征及识别的方法；掌握铁碳合金中成分、组织和性能之间的变化规律；规范操作，养成良好职业习惯。

铁碳合金
平衡组织与
非平衡组织

4.5.2　任务要求

（1）熟悉碳钢和白口铁平衡组织的特征及识别的方法。

（2）掌握铁碳合金中成分、组织和性能之间的变化规律。

4.5.3　任务分析及步骤说明

（1）实践任务的原理。根据铁碳合金状态图，铁碳合金随着含碳量及加热温度的变化，可出现十几种不同的固态组织，其中，奥氏体、铁素体、渗碳体、珠光体和莱氏体是最常遇到的基本组织，它们对确定碳钢和白口铁平衡状态（退火）和近平衡状态（正火）的组织和性能具有实际意义。

（2）实践步骤。观察分析表 4-3 所列碳钢和白口铁的组织，然后画出组织示意图。

表 4-3　碳钢和白口铁的组织

序号	样品名称	腐蚀剂	显微组织
1	工业纯铁	4%硝酸酒精	F+少量 Fe_3C
2	0.20%碳钢	4%硝酸酒精	F+P
3	0.45%碳钢	4%硝酸酒精	F+P
4	0.8%碳钢	4%硝酸酒精	P（用两种放大倍数）
5	1.2%碳钢	4%硝酸酒精	$P+Fe_3C_{II}$
6	1.2%碳钢	热苦酸钠酒精	$P+Fe_3C_{II}$（呈黑色）
7	未知碳钢	4%硝酸酒精	F+P
8	亚共晶白口铁	4%硝酸酒精	$P+Fe_3C_{II}+Ld'$
9	共晶白口铁	4%硝酸酒精	Ld'
10	过共晶白口铁	4%硝酸酒精	Fe_3C_I+Ld'

注：表中数值均为质量分数。

（3）铁碳合金平衡组织观察操作步骤。对表 4-3 中列举的一系列样品进行细致观察，研究每一个样品的组织特征，并联系铁碳相图了解其组织形成的过程。注意含碳量与金相组织之间的关系。

4.5.4　任务考核

布氏硬度试验（配分 50 分）、洛氏硬度试验（配分 50 分）考核要素及评分点记录表见表 4-4。

表 4-4　考核要素及评分点记录表

考核要素及评分点		布氏硬度 配分	洛氏硬度 配分	得分
试验基础原理	描述硬度试验基本原理及应用范围	5	5	
	能指出硬度计各组成部分及其作用	5	5	
试验操作数据处理	按步骤进行硬度测试（加载、观察、关机）	20	20	
	能按照要求测量、记录参数、进行计算	20	20	

课后思考题

4-1   简述相图与合金铸造性能的关系。

4-2   碳固溶于铁形成了哪些间隙固溶体？

4-3   铁碳合金相图中特性线有哪些？

4-4   铁碳合金分为哪几类？

4-5   碳对铁碳合金组织有哪些影响？

项目 5　钢的热处理原理

思政案例

世界首创！中国一重与河北宏润成功试制全奥氏体钢模锻泵壳，引领核电装备制造新篇章

近日，我国核电装备制造业迎来了一次历史性的突破。伴随着压力机的阵阵轰鸣，世界首件全奥氏体不锈钢模锻主泵泵壳在多家单位的现场见证下成功试制，这标志着中国一重与河北宏润核装备有限公司联合试制项目取得了重要阶段性进展，为我国核电装备制造领域树立了新的里程碑。

反应堆冷却剂循环泵作为核电站的核心设备，被喻为反应堆冷却系统的"心脏"。其可靠性直接关系到核反应堆的安全运行。然而，长期以来，由于材质特殊、形状复杂、钢液流动性差以及对型腔内壁的严重冲刷，主泵泵壳的制造一直困扰着国内各大主泵制造商。传统的铸造泵壳常因探伤不合格等缺陷问题而影响产品质量。

为从根本上解决铸造泵壳产品的质量问题，中国一重携手河北宏润核装备有限公司，依托一重在超大型锻件制造领域积累的丰富经验，借助河北宏润核装备的超大型压力机，共同进行了模锻泵壳的科研开发。在试制过程中，项目组与核安全监管部门、设计单位保持了密切的沟通与协作，长期驻厂了解河北宏润的设备及工况条件。经过多家企业的共同努力，项目组成功解决了模锻泵壳设计、选材、技术条件编制以及模锻成形工艺方案等多个技术难题。

经过长时间的酝酿和准备，项目组顺利完成了泵壳模锻成形这一关键工序，并成功通过了监管部门及上游设计方的现场见证。模锻泵壳的试制成功不仅解决了长期以来铸造泵壳质量的突出问题，而且采用模锻成形的制造方式还能最大限度地减小锻造余量，充分保留锻造纤维流线。这种制造方式在保证锻件力学性能的同时，真正实现了超大型锻件的近净成形和绿色制造，充分体现了国内大型锻件制造的高技术水平。

模锻泵壳的成功试制还为中国一重超大型多功能压力机的设计提供了宝贵的经验。这一突破性的技术成果将有力推动我国核电装备制造业的发展，提升我国在国际核电市场的竞争力。

任务 5.1　认识钢在加热时的转变

钢经热处理后性能之所以发生重大的变化，是由于经过不同的加热和冷却过程，钢的组织结构发生了变化。因此，要制定正确的热处理工艺规范，保证热处理质量，必须了解钢在不同加热和冷却条件下的组织变化规律，这就是热处理的原理。

钢为什么可以进行热处理，是不是所有的金属材料都能进行热处理？这个问题与合金相图有关。原则上只有在加热或冷却时发生固溶度显著变化或者发生类似纯铁的同素异构转变，即有固态相变发生的合金才能进行热处理。纯金属、某些单相合金等不能用热处理强化，只能采用加工硬化的方法。因为钢具有共析转变这一重要特性，像纯铁具有同素异构转变一样，所以能进行热处理。但是铁碳相图反映的是热力学上近于平衡时铁碳合金的组织状态与温度及合金成分之间的关系。A_1线、A_3线和A_{cm}线是钢在缓慢加热和冷却过程中组织转变的临界点。实际上，钢进行热处理时其组织转变并不按照铁碳相图上所示的平衡温度进行，通常都有不同程度的滞后现象。加热或冷却速度越快，则滞后现象越严重。图5-1所示为钢的加热和冷却速度对碳素钢临界温度的影响。通常把加热时的实际临界温度标以字母"c"，如A_{c_1}、A_{c_3}、$A_{c_{cm}}$；而把冷却时的实际临界温度标以字母"r"，如A_{r_1}、A_{r_3}、$A_{r_{cm}}$等。

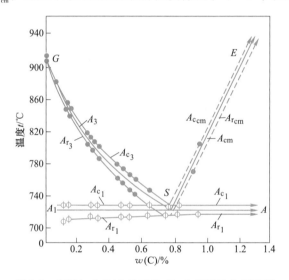

图5-1　实际加热和冷却时 Fe-Fe₃C 相图的临界温度

大多数热处理过程，首先必须把钢加热到奥氏体状态，然后以适当的方式冷却以获得所期望的组织和性能。通常把钢加热获得奥氏体的转变过程称为奥氏体化。加热时形成奥氏体的化学成分、均匀化程度及晶粒大小以及加热后溶入奥氏体中的碳化物等过剩相的数量和分布状况，直接影响钢在冷却后的组织和性能。因此，研究钢在加热时的组织转变规律，控制加热规范以改变钢在高温下的组织状态，对于充分挖掘钢材性能潜力、保证热处理产品质量具有重要意义。

5.1.1　共析钢奥氏体形成过程

共析钢中奥氏体的形成由下列4个基本过程组成：奥氏体形核、奥氏体长大、剩余渗碳体溶解和奥氏体成分均匀化，如图5-2所示。

（1）奥氏体形核。将钢加热到A_{c_1}以上某一温度保温时，珠光体处于不稳定状态，通常首先在铁素体和渗碳体相界面上形成奥氏体晶核，这是由于铁素体和渗碳体相界面上碳含量分布不均匀，原子排列不规

视频　共析钢奥氏体的形成过程

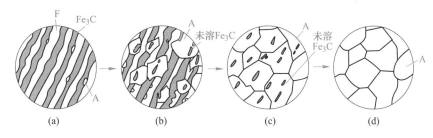

图 5-2　共析钢奥氏体形成过程示意图

（a）A 形核；（b）A 长大；（c）残余 Fe₃C 溶解；（d）A 均匀化

则，易于产生浓度和结构起伏区，为奥氏体形核创造了有利条件。珠光体群边界也可能成为奥氏体的形核部位。

（2）奥氏体长大。奥氏体晶核形成以后即开始长大。奥氏体晶粒长大是通过渗碳体的溶解、碳在奥氏体和铁素体中的扩散和铁素体继续向奥氏体转变而进行的。奥氏体形核后的长大，是新相奥氏体的相界面向着铁素体和渗碳体这两个方向同时推移的过程。通过原子扩散，铁素体晶格先逐渐改组为奥氏体晶格，然后通过渗碳体的连续不断分解和铁原子扩散而使奥氏体晶核不断长大。碳在奥氏体中扩散的同时，碳在铁素体中也进行着扩散。

由于铁素体与奥氏体相界面上的浓度差远小于渗碳体与奥氏体相界的浓度差，因而铁素体向奥氏体的转变速度比渗碳体溶解的速度快得多。因此，珠光体中的铁素体总是首先消失。当铁素体全部转变为奥氏体时，可以认为珠光体向奥氏体的转变基本完成，但是仍有部分剩余渗碳体未溶解，此时奥氏体的平均成分低于共析成分，说明奥氏体化过程仍在继续。

（3）剩余渗碳体溶解：铁素体消失后，在继续保温或继续加热时，随着碳在奥氏体中继续扩散，剩余渗碳体不断向奥氏体中溶解。

（4）奥氏体成分均匀化。当渗碳体刚刚全部溶入奥氏体后，奥氏体内碳含量仍是不均匀的，原来是渗碳体的地方碳含量较高，原来是铁素体的地方碳含量较低，只有经过长时间的保温或继续加热，让碳原子进行充分扩散才能获得成分均匀的奥氏体。

亚共析钢和过共析钢的奥氏体化过程同共析钢基本相同。但是加热温度仅超过 A_{c_1} 时，只能使原始组织中的珠光体转变为奥氏体，仍保留一部分先共析铁素体或先共析渗碳体。只有当加热温度超过 A_{c_3} 或 $A_{c_{cm}}$ 并保温足够时间后，才能获得均匀的单相奥氏体。

5.1.2　影响奥氏体形成速度因素

奥氏体的形成是通过形核与长大过程进行的，整个过程受原子扩散所控制。因此，凡是影响扩散的一切因素，都会影响奥氏体的形成速度。

5.1.2.1　加热温度、保温时间和加热速度的影响

图 5-3 所示为共析钢奥氏体的等温形成图，由图可见，在 A_{c_1} 以上某

视频　影响奥氏体形成速度因素

一温度保温时，奥氏体并不立即出现，而是保温一段时间后才开始形成。这段时间称为孕育期，这是由于形成奥氏体晶核需要原子的扩散，而扩散需要一定的时间。随着温度的升高，原子扩散速率急剧加快，相变驱动力迅速增加，同时奥氏体中碳的浓度梯度显著增大，因此奥氏体的形核率和长大速度大大增高，故转变的孕育期和转变完成所需时间也显著缩短，即奥氏体的形成速度加快。在影响奥氏体形成速度的诸多因素中，温度的作用最为显著。因此，控制奥氏体的形成，温度至关重要。但是，从图 5-3 也可以看到，在较低温度下长时间加热和较高温度下短时间加热都可以得到相同的奥氏体状态。因此，在制定加热工艺时，应当全面考虑加热温度和保温时间的影响。

在实际生产中采用连续加热的过程中，奥氏体等温转变的基本规律仍是不变的。图 5-3 所示的不同速度的加热曲线，可以定性地说明钢在连续加热条件下奥氏体形成的基本规律。加热速度越快（如 v_2），孕育期越短，奥氏体开始转变的温度和转变终了的温度越高，转变终了所需要的时间越短。加热速度较慢（如 v_1），转变将在较低温度下进行。当加热速度非常缓慢时，珠光体向奥氏体的转变在接近于 A_1 点温度下进行，这便符合 Fe-Fe$_3$C 相图所示平衡转变的情况。但是，与等温转变不同，钢在连续加热时的转变是在一个温度范围内进行的。

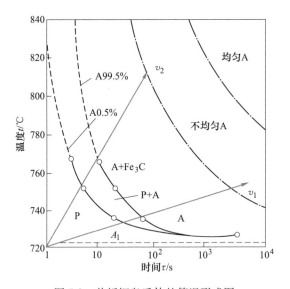

图 5-3 共析钢奥氏体的等温形成图

5.1.2.2 原始组织的影响

钢的原始组织为片状珠光体时，铁素体和渗碳体组织越细，它们的相界面越多，则形成奥氏体的晶核越多，晶核长大速度越快，因此可加速奥氏体的形成过程。若预先经球化处理，使原始组织中渗碳体为球状，因铁素体和渗碳体的相界面减少，则将减慢奥氏体的形成速度。如共析钢的原始组织为淬火马氏体、正火索氏体等非平衡组织时，则等温奥氏体化曲线如图 5-4 所示。每组曲线的左边一条是转变开始线，右边一条是转变终了线，由图 5-4 可见，奥氏体化最快的是淬火态的钢，其次是正火态的钢，最慢的是球化退火态的钢。这是因为淬火态的钢在 A_1 点以上升温过程中已经分解为微细粒状珠光体，组织最弥散，相界面最多，所以转变最快。正火态的细片状珠光体，其相界面也很多，所以转变也快。球化退火态的粒状珠光体，其相界面最少，因此奥氏体化最慢。

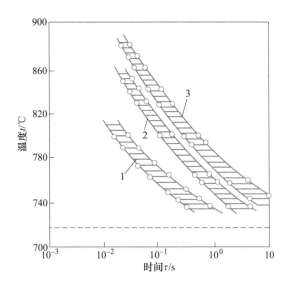

图 5-4　不同原始组织共析钢等温奥氏体化曲线
1—淬火态；2—正火态；3—球化退火态

5.1.2.3　化学成分的影响

（1）碳。钢中的含碳量越高，奥氏体形成速度越快。这是因为钢中的含碳量越高，原始组织中渗碳体数量越多，从而增加了铁素体和渗碳体的相界面，使奥氏体的形核率增大，此外含碳量增加又使碳在奥氏体中的扩散速度增大，从而加快了奥氏体长大速度。

（2）合金元素。合金元素主要从以下几个方面影响奥氏体的形成速度。首先是合金元素影响碳在奥氏体中的扩散速度。Co 和 Ni 能提高碳在奥氏体中的扩散速度，加快了奥氏体的形成速度。Si、Al、Mn 等元素对碳在奥氏体中扩散能力影响不大。Cr、Mo、W、V 等碳化物形成元素显著降低碳在奥氏体中的扩散速度，大大减慢奥氏体的形成速度。其次是合金元素改变了钢的临界点和碳在奥氏体中的固溶度，于是就改变了钢的过热度和碳在奥氏体中的扩散速度，从而影响奥氏体的形成过程。此外，钢中合金元素在铁素体和碳化物中的分布是不均匀的，在平衡组织中，碳化物形成元素集中在碳化物中，而非碳化物形成元素集中在铁素体中。因此，奥氏体形成后碳和合金元素在奥氏体中的分布都是极不均匀的。所以在合金钢中除了碳的均匀化之外，还有一个合金元素的均匀化过程。在相同条件下，合金元素在奥氏体中的扩散速度远比碳小得多。因此，合金钢的奥氏体均匀化时间要比碳素钢长得多。在制定合金钢的加热工艺时，和碳素钢相比，加热温度要高，保温时间要长。

5.1.3　奥氏体晶粒大小及其影响

钢在加热后形成的奥氏体组织，特别是奥氏体晶粒大小对冷却转变后钢的组织和性能有着重要的影响。一般说来，奥氏体晶粒越细小，钢热处理后的强度越高，塑性越好，冲击韧度越高。但是奥氏体化温度过高或在高温下保持时间过长，将使钢的奥氏体晶粒长大，显著降低钢的冲击韧度，减少裂纹扩展功和提高脆性转折温度。此外，晶粒粗大的钢件，淬火变形和开裂倾向增大。尤其当晶粒大小不均时，还会显著降低钢的结构强度，引起应力集中，易于产生脆性断裂。因此，在热处理过程中应当十分注意防止奥氏体晶粒粗化。为了获得所期望的合适的奥氏体晶粒尺寸，必须弄清奥氏体晶粒度的概念，了解影响奥氏体晶粒大小的各种因素以及控制方法。

5.1.3.1　奥氏体晶粒度的概念

奥氏体晶粒度是衡量奥氏体晶粒大小的尺度。奥氏体晶粒大小通常以单位面积内晶粒的数目或以每个晶粒的平均面积与平均直径来描述，这样可以建立实际晶粒大小的清晰概念。要测定这样的数据是很麻烦的，因此在实际生产中通常使用晶粒度级别数 G 来表示金属材料的平均晶粒度（参考 GB/T 6394—2017）。晶粒度级别数 G 常与标准系列评级图（见图 5-5）进行比较确定。它与晶粒尺寸有如下关系：

$$N_{100} = 2^{G-1}$$

式中　N——表示放大 100 倍时 645.16 mm² 面积内观察到的平均晶粒数。

晶粒度级别数 G 越大，单位面积内晶粒数越多，则晶粒尺寸越小。通常 $G<5$ 级为粗晶粒，$G \geqslant 5$ 级为细晶粒（其中 $G \geqslant 9$ 级为超细晶粒）。晶粒度级别也可以定为半级，如 2.5 级。

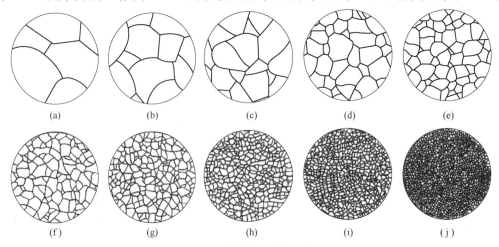

图 5-5　标准晶粒度等级示意图

（此图与标准图的比例为 1∶7）

（a）1 级；（b）2 级；（c）3 级；（d）4 级；（e）5 级；（f）6 级；（g）7 级；（h）8 级；（i）9 级；（j）10 级

5.1.3.2　影响奥氏体晶粒大小的因素

奥氏体晶粒长大基本上是一个奥氏体晶界迁移的过程，其实质是原子在晶界附近的扩散过程。因此，一切影响原子扩散迁移的因素都会影响奥氏体晶粒的长大。

（1）加热温度、保温时间和加热速度的影响。加热温度越高，保温时间越长，则奥氏体晶粒越粗大。图 5-6 所示为加热温度和保温时间对奥氏体晶粒长大过程的影响。由图可见，加热温度越高，晶粒长大速度越快，最终晶粒尺寸越大。而在每一加热温度下，都有一个加速长大期，当奥氏体晶粒长大到一定尺寸后再延长时间，晶粒将不再长大而趋于一个稳定尺寸。比较而言，加热温度对奥氏体晶粒长大起主要作用，因此生产上必须严加控制，防止加热温度过高，以避免奥氏体晶粒粗化。

加热速度越快，过热度越大，奥氏体的实际形成温度越高，形核率越大并大于长大速度，则奥氏体的晶粒越细小，如图 5-7 所示。生产上采用快速加热、短时保温工艺而获得超细晶粒。

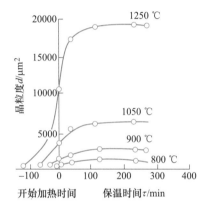

图 5-6　加热温度和保温时间对
奥氏体晶粒大小的影响
（$w(\mathrm{C})=0.48\%$，$w(\mathrm{Mn})=0.82\%$）

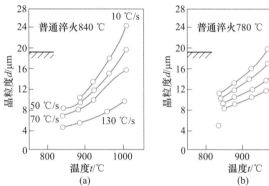

图 5-7　加热速度对奥氏体晶粒大小的影响
（a）40 钢；（b）T10 钢

（2）原始组织的影响。一般来说，钢的原始组织越细，碳化物弥散度越大，则奥氏体的起始晶粒越细小。和粗珠光体比，细珠光体总是易于获得细小而均匀的奥氏体晶粒度。在相同的加热条件下，与球状珠光体相比，片状珠光体在加热时奥氏体晶粒易于粗化，这是因为片状碳化物表面积大，溶解快，奥氏体形成速度也快，奥氏体形成后较早地进入晶粒长大阶段。对于原始组织为非平衡组织的钢，如果采用快速加热、短时保温的工艺方法，或者多次快速加热-冷却的方法，便可获得非常细小的实际奥氏体晶粒。

（3）化学成分的影响。在一定的含碳量范围内，随着奥氏体中碳含量的增加，碳在奥氏体中的扩散速度及铁的自扩散速度增大，晶粒长大倾向增大。但当含碳量超过一定量以后，碳能以未溶碳化物的形式存在，奥氏体晶粒长大受到第二相的阻碍作用，反使奥氏体晶粒长大倾向减小。

合金元素的影响如下：用铝脱氧或在钢中加入适量的 Ti、V、Zr、Nb 等强碳化物形成元素时，可以减小奥氏体晶粒长大倾向。而 Mn、P、C、N 等元素溶入奥氏体后削弱了铁原子结合力，加速铁原子的扩散，从而促进奥氏体晶粒的长大。

任务 5.2　认识钢在冷却时的转变

钢的加热转变是为了获得均匀、细小的奥氏体晶粒，然而得到奥氏体组织不是最终目的。因为大多数零件、构件都在室温下工作，所以高温奥氏体状态最终总是要冷却下来。钢从奥氏体状态的冷却过程是热处理的关键工序。因为钢的性能最终取决于奥氏体冷却转变后的组织。因此，研究不同冷却条件下钢中奥氏体组织的转变规律，对于正确制定钢的热处理冷却工艺，获得预期的性能具有重要的实际意义。钢在铸造、轧制、锻造、焊接以后，也要经历由高温到室温的冷却过程。这虽然不作为一个热处理工序，但实质上也是一个冷却转变过程，正确控制这些过程，有利于减小或防止热加工缺陷，改善组织和性能。

在热处理生产中，钢的奥氏体化通常有等温冷却和连续冷却两种冷却方式：等温冷却方式如图5-8中曲线1所示，将奥氏体状态的钢迅速冷却到临界点以下某一温度保温，让其发生恒温转变过程，然后再冷却下来；连续冷却方式如图5-8中曲线2所示，钢从高温奥氏体状态一直连续冷却到室温。

奥氏体在临界转变温度以上是稳定的，不会发生转变。奥氏体冷却至临界温度以下，在热力学上处于不稳定状态，冷却时要发生分解转变。这种在临界点以下存在且不稳定的、将要发生转

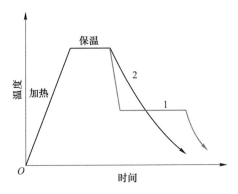

图 5-8　奥氏体不同冷却方式示意图
1—等温冷却；2—连续冷却

变的奥氏体，叫作过冷奥氏体。过冷奥氏体在连续冷却时的转变是在一个温度范围内发生的，其过冷度是不断变化的，因而可以获得粗细不同或类型不同的混合组织。虽然这种冷却方式在生产上广泛采用，但分析起来却比较困难。钢在等温冷却的情况下，可以控制温度和时间这两个因素，分别研究温度和时间对过冷奥氏体转变的影响，从而有助于弄清过冷奥氏体的转变过程及转变产物的组织和性能，并能方便地测定过冷奥氏体等温转变图。

5.2.1　共析钢过冷奥氏体等温转变图

过冷奥氏体的等温转变过程和转变速度，可用等温转变动力学曲线，即转变量和转变时间的关系曲线来描述。如果把各个等温温度转变开始和转变终了时间画在温度-时间坐标上，并将所有开始转变点（如 a、a_1、a_2、a_3 等）和转变终了点（如 b、b_1、b_2、b_3 等）分别连接起来，形成开始转变线和转变终了线，即得到共析钢过冷奥氏体等温转变（Temperature time transformation）图，如图5-9所示。

视频　钢的冷却
转变分析

奥氏体等温转变图上部的水平线 A_1 是奥氏体和珠光体的平衡温度。等温转变图下面还有两条水平线分别表示奥氏体向马氏体开始转变温度 Ms 点和转变终了温度 Mf 点。在 A_1

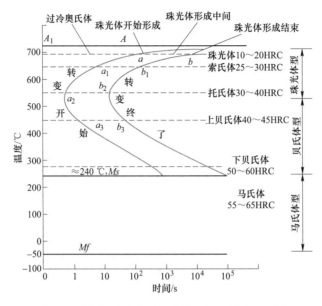

图 5-9　共析钢过冷奥氏体的等温转变图（TTT 图）

线以上钢处于奥氏体状态，A_1 线以下、Ms 线以上和开始转变线之间区域为过冷奥氏体区，开始转变线和转变终了线之间为过冷奥氏体正在转变区，转变终了线以右为转变终了区。根据转变温度和转变产物不同，共析钢等温转变图由上至下可分为三个区：$A_1 \sim 550\ ℃$ 为珠光体转变区；$550\ ℃ \sim Ms$ 为贝氏体转变区，$Ms \sim Mf$ 为马氏体转变区。从原点至开始转变线之间的线条长度表示不同过冷度下奥氏体稳定存在的时间，即孕育期。孕育期的长短表示过冷奥氏体稳定性的高低，反映过冷奥氏体的转变速度。由奥氏体等温转变图可知，共析钢约在 $550\ ℃$ 左右孕育期最短，过冷奥氏体最不稳定，转变速度最快，称为奥氏体等温转变图的"鼻子"。

5.2.2　过冷奥氏体等温转变产物和性能

5.2.2.1　珠光体转变

共析钢过冷奥氏体在等温转变图鼻温至 A_1 线之间较高温度范围内等温停留时，将发生珠光体转变，形成含碳量和晶体结构相差悬殊并和母相奥氏体截然不同的两个固态新相：铁素体和渗碳体。因此，奥氏体到珠光体的转变必然发生碳的重新分布和铁晶格的改组。由于相变在较高温度下发生，铁、碳原子都能进行扩散，所以珠光体转变是典型的扩散型相变，又称高温转变。根据奥氏体化温度和奥氏体化程度不同，过冷奥氏体可以形成片状珠光体和粒状珠光体两种组织形态。前者渗碳体呈片状，后者呈粒状。

　　A　片状珠光体的形成、组织和性能

由 $Fe\text{-}Fe_3C$ 相图可知，$w(C)=0.77\%$ 的奥氏体在近于平衡的缓慢冷却条件下形成的珠光体是由渗碳体和铁素体组成的片层相间的组织。在较高奥氏体化温度下形成的均匀奥氏

体于 $A_1 \sim 550$ ℃温度等温时也能形成片状珠光体。

珠光体中相邻的两片渗碳体（或铁素体）之间的距离（S_0）称为珠光体的片间距，它是用来衡量珠光体组织粗细程度的一个主要指标。珠光体片间距与奥氏体晶粒度和均匀性关系不大，主要取决于珠光体的形成温度。过冷度越大，珠光体的形成温度越低，片间距越小。

根据片间距的大小，可将珠光体分为三类。在 $A_1 \sim 650$ ℃较高温度范围内形成的珠光体比较粗，其片间距为 0.6~1.0 μm，称为珠光体，通常在光学显微镜下极易分辨出铁素体和渗碳体层片状组织形态，如图 5-10（a）所示。在 650~600 ℃温度范围内形成的珠光体，其片间距较细，为 0.25~0.3 μm，只有在高倍光学显微镜下才能分辨出铁素体和渗碳体的片层形态，这种细片状珠光体又称为索氏体，如图 5-10（b）所示。在 600~550 ℃温度下形成的珠光体，其片间距极细，只有 0.1~0.15 μm。在光学显微镜下无法分辨其层片状特征而呈黑色，只有在电子显微镜下才能区分出来。这种极细的珠光体又称为托氏体，如图 5-10（c）所示。由此可见，珠光体、索氏体和托氏体都属于珠光体类型的组织，都是铁素体和渗碳体组成的片层相间的机械混合物，它们之间的界限是相对的，其差别仅仅是片间距粗细不同而已。但是，与珠光体不同，索氏体和托氏体属于奥氏体在较快速度冷却时得到的不平衡组织。

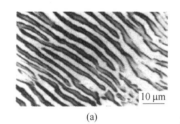 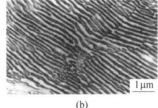 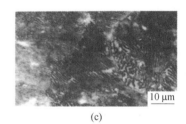

(a)　　　　　　　　　　　(b)　　　　　　　　　　　(c)

图 5-10　片状珠光体的组织形态

（a）珠光体（700 ℃等温）；（b）索氏体（650 ℃等温）；（c）托氏体（600 ℃等温）

片状珠光体的力学性能主要取决于珠光体的片间距。由图 5-11 可见，共析钢珠光体的硬度和断裂强度均随片间距的缩小而增大。这是由于珠光体在受外力拉伸时，塑性变形基本上在铁素体片内发生，渗碳体层则有阻止滑移的作用，滑移的最大距离就等于片间距。片间距越小，铁素体和渗碳体的相界面越多，对位错运动的阻碍越大，即塑性变形抗力越大，因而硬度和强度都增高。片状珠光体的塑性也随片间距的减小而增大（见图 5-12），这是由于片间距越小，铁素体片和渗碳体片越薄，从而使塑性变形能力增大。

片状珠光体组织在工业上的主要应用之一是铅浴淬火获得高强度的绳用钢丝、琴钢丝和某些弹簧钢丝。铅浴淬火使高碳钢获得细珠光体（即索氏体）组织，索氏

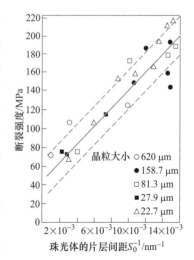

图 5-11　共析钢珠光体片层间距对断裂强度的影响

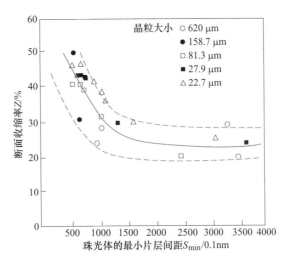

图 5-12 珠光体断面收缩率与最小片层间距的关系

体具有良好的冷拔性能，经深度冷拔，可获得高强度钢丝。

B 粒状珠光体的形成、组织和性能

粒状珠光体组织是渗碳体呈颗粒状分布在连续的铁素体基体中形成的，如图 5-13 所示。粒状珠光体组织既可以由过冷奥氏体直接分解而成，也可以由片状珠光体球化而成，还可以由淬火组织回火形成。

要由过冷奥氏体直接形成粒状珠光体，必须使奥氏体晶粒内形成大量均匀弥散的渗碳体晶核，这只有通过非均匀形核才能实现。控制钢加热时的奥氏体化

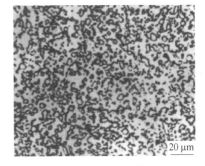

图 5-13 粒状珠光体组织

程度，使奥氏体中残留大量未熔的渗碳体颗粒，同时，使奥氏体的碳含量不均匀，存在许多高碳区和低碳区。此时，渗碳体已不是完整的片状，而变得凹凸不平、厚薄不均，有的地方已经熔解断开。保温时，未熔渗碳体逐渐球化。然后缓冷至 A_1 以下，在较小的过冷度时，加热时已经形成的颗粒状渗碳体质点将成为非自发晶核，促进渗碳体的析出和长大，每个渗碳体晶核在独立长大的同时，必然使其周围母相奥氏体贫碳转变为铁素体，同时，奥氏体中的富碳微区也可以成为渗碳体析出的核心，最终直接得到粒状珠光体组织。

在生产上，片状珠光体或片状珠光体+网状二次渗碳体可通过球化退火工艺得到粒状珠光体。球化退火工艺分两类：一类是利用上述原理，将钢奥氏体化，通过控制奥氏体化温度和时间，使奥氏体的碳含量分布不均匀或保留大量未熔渗碳体质点，并在 A_1 以下较高温度范围内缓冷，获得粒状珠光体；另一类是将钢加热至略低于 A_1 温度长时间保温，得到粒状珠光体。此时，片状珠光体球化的驱动力是铁素体和渗碳体之间相界面（或界面能）的减少。

与片状珠光体相比，粒状珠光体的硬度和强度较低，塑性和韧性较好，如图 5-14 所示。因此，许多重要的机器零件都要通过热处理，使之变成碳化物呈颗粒状的回火索氏体

组织，其强度和韧性都较高，具有优良的综合力学性能。此外，粒状珠光体的冷变形性能、可再加工性能以及淬火工艺性能都比片状珠光体好，而且钢中含碳量越高，片状珠光体工艺性能越差。因此，高碳钢具有粒状珠光体组织，才利于切削加工和淬火，进行冷挤压成型加工的中碳钢和低碳钢也要求具有粒状珠光体的原始组织。

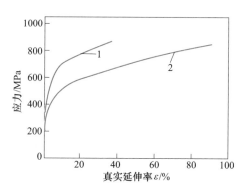

图 5-14 共析钢的应力-应变曲线
1—片状珠光体；2—粒状珠光体

5.2.2.2 马氏体转变

钢从奥氏体状态快速冷却，抑制其扩散型转变，在较低温度下（低于 Ms 点）发生的非扩散型相变称为马氏体转变，又称切变型相变或低温转变。马氏体转变通过类似塑性变形过程中的滑移和孪生那样，产生切变和转动而进行，新相马氏体和母相奥氏体保持一定的位向关系。由于马氏体转变温度低，又没有扩散，所以转变很快。马氏体转变是在一个温度范围内进行的，必须是在不断降温的连续过程中，等温转变不能使马氏体转变进行到底。而且马氏体转变一般不彻底，会保留一部分残余奥氏体。马氏体转变是强化金属的重要手段之一，各种钢件、机器零件加工、模具都要经过淬火和回火获得最终的使用性能。

A 马氏体的组织形态

马氏体有两种基本形态：板条马氏体和片状马氏体。

板条马氏体是低、中碳钢及马氏体时效钢、不锈钢等铁基合金中形成的一种典型马氏体组织。图 5-15 所示为低碳钢中的板条马氏体组织，由许多成群的、相互平行排列的板条组成。板条马氏体的空间形态是扁条状的。每个板条为一个单晶体，它们之间一般以小角晶界相间。相邻的板条之间往往存在薄壳状的残余奥氏体，残余奥氏体的含碳量较高，也很稳定，它们的存在对钢的力学性能产生有益的影响。许多相互平行的板条组成一个板条束，一个奥氏体晶粒内可以有几个板条束（通常 3~5 个）。采用选择性浸蚀时（如用溶液）在一个板条束内有时可以观察到若干个黑白相间的板条块，块间呈大角晶界，每个板条块由若干板条组成。图 5-16 所示为板条马氏体显微组织构成的示意图。透射电镜观察表

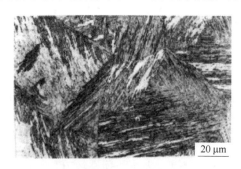

图 5-15 $w(C) = 0.2\%$ 钢的马氏体组织

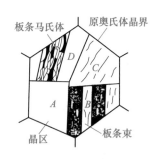

图 5-16 板条马氏体显微组织示意图

明，板条马氏体内有大量的位错，位错密度高达 $(0.3 \sim 0.9) \times 10^{12} \ cm^{-2}$。因此，板条马氏体又称为位错马氏体。

片状马氏体是在高碳钢（$w(C) > 0.6\%$）、$w(Ni) = 30\%$ 的不锈钢及一些有色金属和合金中淬火形成的一种典型马氏体组织。高碳钢中典型的片状马氏体组织如图5-17所示。片状马氏体的空间形态呈双凸透镜状，由于与试样磨面相截，在光学显微镜下则呈针状或竹叶状，故又称为针状马氏体。片状马氏体的显微组织特征是马氏体片互相不平行，在原奥氏体晶粒中首先形成的马氏体片贯穿整个晶粒，但一般不穿过晶界将奥氏体晶粒分割。以后陆续形成的马氏体片由于受到限制而越来越小，如图5-18所示。马氏体片的周围往往存在着残余奥氏体。片状马氏体的最大尺寸取决于原奥氏体晶粒大小，奥氏体晶粒越粗大，则马氏体片越大，当最大尺寸的马氏体片小到光学显微镜无法分辨时，便称其为隐晶马氏体。在生产中正常淬火得到的马氏体，一般都是隐晶马氏体。透射电镜观察表明，片状马氏体内部的亚结构主要是孪晶，因此片状马氏体又称为孪晶马氏体。

图5-17 高碳钢片状马氏体组织

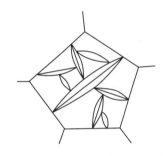

图5-18 高碳钢片状马氏体组织示意图

钢的马氏体形态主要取决于马氏体的形成温度，而马氏体的形成温度又主要取决于奥氏体的化学成分，即碳和合金元素的含量，其中碳的影响最大。对碳素钢来说，随着含碳量的增加，板条马氏体数量相对减少，片状马氏体的数量相对增加，奥氏体的含碳量对马氏体形态的影响如图5-19所示。由图可见，$w(C) < 0.2\%$ 的奥氏体几乎全部形成板条马氏体，而 $w(C) > 1.0\%$ 的奥氏体几乎只形成片状马氏体。$w(C) = 0.2\% \sim 1.0\%$ 的奥氏体则形成板条马氏体和片状马氏体的混合组织。一般认为板条马氏体大多在200 ℃以上形成，而片状马氏体主要在200 ℃以下形成。$w(C) = 0.2\% \sim 1.0\%$ 的奥氏体在较高温度先形成板条马氏体，然后在较低温度形成片状马氏体。碳含量越高，则板条马氏体的数量越少，而片状马氏体的数量越多。熔入奥氏体中的合金元素，大多使 Ms 下降，因而都促进片状马氏体的形成，其中 Cr、Mo 等影响较大，Ni 影响较小。Co 虽然提高 Ms，但也促进片状马氏体的形成。

B 马氏体的性能

钢中马氏体力学性能的显著特点是具有高硬度和高强度。马氏体的硬度主要取决于马氏体的含碳量。如图 5-20 所示，马氏体的硬度随含碳量的增加而升高，当碳质量分数达到 0.6% 时，淬火钢硬度接近最大值，含碳量进一步增加，虽然马氏体的硬度会有所提高，但由于残余奥氏体量增加，反而使钢的硬度有所下降。合金元素对马氏体的硬度影响不大，但可以提高其强度。

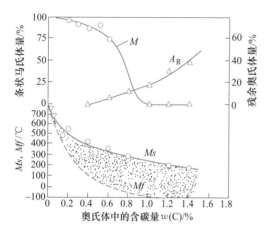

图 5-19　奥氏体中的含碳量对马氏体形态的影响　　图 5-20　淬火钢的最大硬度与含碳量的关系

1—高于 A_{c_3} 淬火；2—高于 A_{c_1} 淬火；3—马氏体的硬度

　　马氏体高强度、高硬度的原因是多方面的，其中主要包括碳原子的固溶强化、相变强化、时效强化以及细晶强化。固溶强化是由过饱和的间隙原子碳在 α 相晶格中造成晶格的正方畸变，形成一个强烈的应力场，与位错发生强烈的交互作用，阻碍位错的运动，从而提高马氏体的硬度和强度。相变强化是由于马氏体转变时，在晶体内造成晶格缺陷密度很高的亚结构，如板条马氏体中高密度的位错、片状马氏体中的孪晶等，这些缺陷都将阻碍位错的运动，使得马氏体强化。时效强化是马氏体形成以后，碳及合金元素的原子向位错或其他晶体缺陷处扩散偏聚或析出，钉扎位错，使位错难以运动，从而造成马氏体强化。细晶强化是通过得到细小的马氏体组织，利用马氏体相界而阻碍位错运动而造成的。

　　马氏体的塑性和韧性主要取决于它的亚结构。大量试验结果证明，在相同屈服强度条件下，位错马氏体比孪晶马氏体的韧性好得多。片状马氏体的亚结构是孪晶，具有高的强度，但韧性很差，其性能特点是硬而脆。板条马氏体的亚结构是位错，具有很高的强度和良好的韧性，同时还具有脆性转折温度低、缺口敏感性和过载敏感性小等优点。目前，力图得到尽量多的位错马氏体是提高结构钢以及高碳钢强韧性的重要途径。板条状马氏体和片状马氏体力学性能的比较见表 5-1。

表 5-1　板条状马氏体和片状马氏体力学性能的比较

$w(C)/\%$	马氏体形态	$R_{\mathrm{m}}/\mathrm{MPa}$	$R_{\mathrm{r0.2}}/\mathrm{MPa}$	HRC	$A/\%$
0.10~0.25	板条状	1020~1330	820~1330	30~50	9~17
0.77	片状	2350	2040	65	约1

此外，马氏体与钢的各种组织尤其与奥氏体相比，具有较大的比体积。因此，形成马氏体，造成钢的体积膨胀是淬火时产生较大内应力、引起工件变形甚至开裂的主要原因之一。淬火时钢的体积增加与马氏体的含碳量有关，当碳的质量分数从 0.4% 增加到 0.8% 时，钢的体积增加 1.13%~1.2%。

5.2.2.3 贝氏体转变

钢在珠光体转变温度以下、马氏体转变温度以上的温度范围内，过冷奥氏体将发生贝氏体转变，又称中温转变。贝氏体转变具有珠光体转变和马氏体转变某些共同的特点，又有某些区别于它们的独特之处。同珠光体转变相似，贝氏体也是由铁素体和碳化物组成的机械混合物，在转变过程中发生碳在铁素体中的扩散。和马氏体转变一样，奥氏体向铁素体的晶格改组是通过切变方式进行的，新相铁素体和母相奥氏体保持一定的位向关系。但贝氏体是两相组织，通过碳原子扩散，可以发生碳化物沉淀。

A 贝氏体的组织形态

由于奥氏体中含碳量、合金元素以及转变温度不同，钢中贝氏体组织形态有很大差异。通常在 $w(C)>0.4\%$ 的碳素钢中，在贝氏体区较高温度范围内（600~350 ℃）形成的贝氏体叫上贝氏体，较低温度范围内（350 ℃~Ms）形成的贝氏体称为下贝氏体，其分界温度约为 350 ℃。

中、高碳钢上贝氏体在光学显微镜下的典型特征呈羽毛状，如图 5-21（a）所示。在电子显微镜下，上贝氏体由许多从奥氏体晶界向晶内平行生长的条状铁素体和在相邻铁素体条间存在的不连续的、短杆状的渗碳体所组成，如图 5-21（b）所示。与片状珠光体不同，贝氏体中铁素体含过饱和的碳，存在位错缠结。铁素体的形态与亚结构和板条马氏体相似，但其位错密度比马氏体要低。

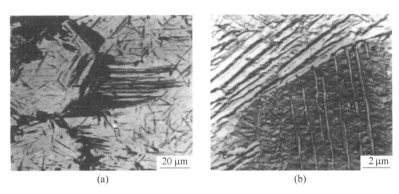

图 5-21 上贝氏体的显微组织

（a）光学显微镜下组织（羽毛状）；（b）透射电镜下组织

下贝氏体组织也是由铁素体和碳化物组成的。在光学显微镜下观察，下贝氏体呈黑色针状，如图 5-22（a）所示。在电子显微镜下，下贝氏体由含碳过饱和的片状铁素体和其内部析出的微细 ε-碳化物组成。其中，铁素体的含碳量高于上贝氏体中铁素体；其立体形态，同片状马氏体一样，呈双凸透镜状。亚结构为高密度位错，没有孪晶亚结构存在，其位错密度比上贝氏体中铁素体的高。ε-碳化物具有六方点阵，成分不固定，以 Fe_xC 表示，它们之间平行排列并与铁素体长轴呈 55°~66°取向，如图 5-22（b）所示。

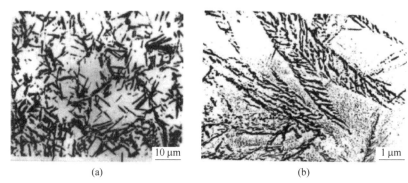

图 5-22　下贝氏体的显微组织

（a）光学显微镜下组织（黑色针状）；（b）电子显微镜下组织

B　贝氏体的性能

贝氏体的力学性能主要取决于其组织形态。贝氏体是铁素体和碳化物组成的双相组织，其各相的形态、大小和分布都影响贝氏体的性能。

上贝氏体形成温度较高，铁素体晶粒和碳化物颗粒较粗大，碳化物呈短杆状平行分布在铁素体板条之间，铁素体和碳化物分布有明显的方向性。这种组织状态使铁素体条间易产生脆断，铁素体条本身也可能成为裂纹扩展的路径。在 400~550 ℃温度区间形成的上贝氏体不但硬度低，而且冲击韧度也显著降低。因此，在工程材料中一般应避免上贝氏体组织的形成。

下贝氏体中铁素体细小而均匀分布，位错密度高，在铁素体内又沉淀析出细小、多量而弥散的 ε-碳化物。因此，下贝氏体不但强度高，而且韧性也好，即具有良好的综合力学性能。生产上广泛采用等温淬火工艺就是为了得到这种强、韧结合的下贝氏体组织。一些研究结果表明，下贝氏体比回火高碳马氏体具有更高的韧性、更低的缺口敏感性和裂纹敏感性。这可能是由于高碳马氏体有大量孪晶的缘故。在相同强度水平下，下贝氏体的断裂韧性不如板条型回火马氏体，但要高于孪晶型回火马氏体。显然，对于高碳孪晶型马氏体的钢种以及其他中碳结构零件，采用等温淬火工艺是适宜的。

5.2.3　影响过冷奥氏体等温转变的因素

过冷奥氏体等温转变的速度反映过冷奥氏体的稳定性，而过冷奥氏体的稳定性可在奥氏体等温转变图上反映出来。过冷奥氏体越稳定，孕育期越长，则转变速度越慢，奥氏体等温转变图越往右移；反之则往左移。因此，影响奥氏体等温转变图位置和形状的一切因素都影响过冷奥氏体等温转变。

视频　影响钢的
冷却转变组织
和性能因素

5.2.3.1　奥氏体成分的影响

过冷奥氏体等温转变速度在很大程度上取决于奥氏体的成分。

A 含碳量的影响

与共析钢奥氏体等温转变图不同，亚、过共析钢奥氏体等温转变图的上部各多出一条先共析相析出线（见图5-23），说明过冷奥氏体在发生珠光体转变之前，在亚共析钢中要先析出铁素体，在过共析钢中要先析出渗碳体。

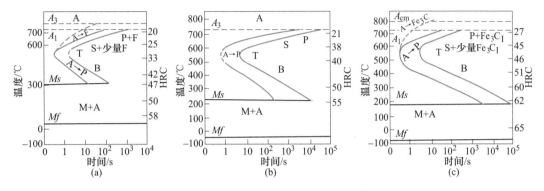

图5-23 含碳量对碳钢等温转变图的影响

亚共析钢随奥氏体含碳量增加，奥氏体等温转变图逐渐右移，说明过冷奥氏体稳定性提高，孕育期变长，转变速度减慢。这是由于在相同转变条件下，随着亚共析钢中碳含量的增加，铁素体形核的概率减小，铁素体长大需要扩散离开的碳含量增加，故减慢铁素体的析出速度。一般认为，先共析铁素体的析出可以促进珠光体的形成。因此，由于亚共析钢先共析铁素体孕育期析出速度减慢，珠光体的转变速度也随之减慢。过共析钢中含碳量越高，奥氏体等温转变图反而左移，说明过冷奥氏体稳定性减小，孕育期缩短，转变速度加快。这是由于过共析钢热处理加热温度一般为 $A_{c_1} \sim A_{c_{cm}}$，将过共析钢加热到 A_{c_1} 以上一定温度后进行冷却转变，随着钢中含碳量的增加，奥氏体中的含碳量并不增加，反而增加了未熔渗碳体的量，从而降低了过冷奥氏体的稳定性，使奥氏体等温转变图左移。只有当加热温度超过 $A_{c_{cm}}$ 使渗碳体完全熔解的情况下，奥氏体的含碳量才与钢的含碳量相同，随着钢中含碳量的增加，奥氏体等温转变图才向右移。所以，共析钢奥氏体等温转变图"鼻子"最靠右，其过冷奥氏体最稳定。

奥氏体的含碳量越高，贝氏体转变孕育期越长，贝氏体转变速度越慢。故碳素钢奥氏体等温转变图下半部的贝氏体转变开始线和终了线均随含碳量的增大一直向右移。奥氏体中含碳量越高，则马氏体开始转变的温度 Ms 点和马氏体转变终了温度 Mf 点越低。

B 合金元素的影响

总的来说，除 Co 和 Al（$w(Al) > 2.5\%$）以外的所有合金元素，当其熔解到奥氏体中后，都增大过冷奥氏体的稳定性，使奥氏体等温转变图右移，并使 Ms 点降低。其中 Mo 的影响最为强烈，W、Mn 和 Ni 的影响也明显，Si、Al 的影响较小。钢中加入微量的 B 可以显著提高过冷奥氏体的稳定性，但随着含碳量的增加，B 的作用逐渐减小。

Ni、Si、Cu 等非碳化物形成元素以及弱碳化物形成元素 Mn，只使奥氏体等温转变图的位置右移，不改变奥氏体等温转变图的形状。Cr、Mo、W、V、Ti 等碳化物形成元素不但使奥氏体等温转变图右移，而且改变奥氏体等温转变图的形状。例如，图 5-24 为 Cr 对 $w(C) = 0.5\%$ 的钢等温转变图的影响。由图 5-24 可见，奥氏体等温转变图分离成上下两个部分，形成了两个"鼻子"，中间出现一个过冷奥氏体较为稳定的区域。奥氏体等温转变图上面部分相当于珠光体转变区，下面部分相当于贝氏体转变区。应当指出，V、Ti、Nb、Zr 等强碳化物形成元素，只有熔入奥氏体才会使等温转变图右移，但当其含量较多时，能在钢中形成稳定的碳化物，在一般加热温度下不能熔入奥氏体而以碳化物形式

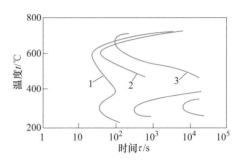

图 5-24   铬对 $w(C) = 0.5\%$ 的钢
等温转变图的影响

1—$w(Cr) = 2.2\%$；2—$w(Cr) = 4.2\%$；
3—$w(Cr) = 8.2\%$

存在，反而降低过冷奥氏体的稳定性，使奥氏体等温转变图左移。

5.2.3.2   奥氏体状态的影响

奥氏体晶粒越细小，单位体积内晶界面积越大，奥氏体分解时形核率越高，降低了奥氏体的稳定性，奥氏体等温转变图左移。铸态原始组织不均匀，存在成分偏析，而经轧制后，组织和成分变得均匀。因此在同样的加热条件下，铸锭形成奥氏体很不均匀，而轧材形成的奥氏体则比较均匀，不均匀的奥氏体分解，使奥氏体等温转变图左移。奥氏体化温度越低，保温时间越短，奥氏体晶粒越细，未熔第二相越多，奥氏体碳含量和合金元素浓度越不均匀，会促进奥氏体在冷却过程中分解，使奥氏体等温转变图左移。

5.2.3.3   应力和塑性变形的影响

在奥氏体状态承受拉应力将加速奥氏体的等温转变，而加等向压应力则会阻碍这种转变。这是因为奥氏体比体积最小，发生转变时总是伴随体积的增大，马氏体转变时表现尤为明显。因此，施加拉应力促进奥氏体转变，而在等向压应力作用下则减慢奥氏体的转变。对奥氏体进行塑性变形亦有加速奥氏体转变的作用。这是由于塑性变形使点阵畸变加剧并使位错密度增高，有利于 C 原子和 Fe 原子的扩散和晶格改组。同时形变还有利于碳化物弥散质点的析出，使奥氏体中碳和合金元素贫化，因而促进奥氏体的转变。

任务 5.3   淬火钢在回火时的转变

淬火钢的组织主要是马氏体或马氏体加残余奥氏体，而且有较大的淬火应力。马氏体和残余奥氏体在室温下都处于亚稳定状态，马氏体处于含碳过饱和状态，残余奥氏体处于过冷状态，它们都趋于向铁素体加渗碳体（碳化物）的稳定状态转化。但在室温下，原子扩散能力很低，这种转化很难进行，回火则促进这种组织转化。因此，淬火钢件必须立即回火，以消除或减少内应力，防止变形或开裂，并获得稳定的组织和需要的性能。为了保证淬火钢回火获得需要的组织和性能，必须研究淬火钢在回火过程中的组织转变规律，探讨回火钢性能和组织形态的关系，并为正确制定回火工艺提供理论依据。

5.3.1 淬火钢的回火转变及其组织

淬火钢回火时,随着回火温度升高和回火时间的延长,相应地要发生如下几种转变:

(1)马氏体中碳的偏聚。在 80 ℃ 以下很低的温度回火时,铁原子和合金元素难以进行扩散迁移,碳原子也只能作短距离的迁移。板条马氏体内存在的大量位错,碳原子倾向于偏聚在位错线附近的间隙位置,降低马氏体的弹性畸变能。片状马氏体的亚结构主要是孪晶。

(2)马氏体分解。当回火温度超过 80 ℃ 时,马氏体开始发生分解,碳化物从过饱和的 α 固溶体中析出。马氏体分解持续到 350 ℃ 以上,在高合金钢中甚至可持续到 600 ℃。回火温度对马氏体分解起决定作用。马氏体的含碳量随回火温度的变化规律如图 5-25 所示。马氏体的含碳量随回火温度升高不断降低,高碳钢的马氏体含碳量降低较快。回火时间对马氏体中含碳量影响较小,如图 5-26 所

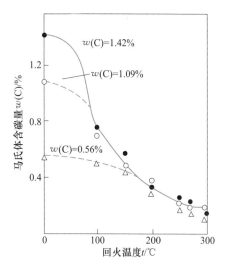

图 5-25 马氏体的含碳量与回火温度的关系

示。当回火温度高于 150 ℃ 后,在一定温度下,随回火时间延长,在开始 1~2 h 内,过饱和碳从马氏体中析出很快,然后逐渐减慢,随后再延长时间,马氏体中含碳量变化不大。因此,钢的回火保温时间常在 2 h 左右。回火温度越高,回火初期碳含量下降越多,最终马氏体碳含量越低。

高碳钢在 350 ℃ 以下回火时,马氏体分解后形成的低碳 α 相和弥散 ε-碳化物组成的双相组织称为回火马氏体。这种组织较淬火马氏体容易腐蚀,故在光学显微镜下呈黑色针状组织,如图 5-27 所示。回火马氏体中 α 相碳的质量分数为 $w(C) = 0.2\% \sim 0.3\%$,ε-碳化物具有密排六方晶格。

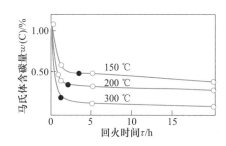

图 5-26 $w(C) = 1.09\%$ 的钢在不同温度回火时马氏体中含碳量与回火时间的关系

图 5-27 $w(C) = 1.3\%$ 的钢经 1150 ℃ 水淬、200 ℃ 回火 1 h 后金相显微组织

(3)残余奥氏体的转变。钢淬火后总是多少存在一些残余奥氏体。$w(C) > 0.5\%$ 的碳钢或低合金钢淬火后,有可观数量的残余奥氏体。高碳钢淬火后于 250~300 ℃ 回火时,将

发生残余奥氏体分解。淬火高碳钢在 200~300 ℃回火时，残余奥氏体分解为 α 相和 ε-Fe$_x$C 组成的机械混合物，也称为回火马氏体或下贝氏体。

（4）碳化物的转变。马氏体分解及残余奥氏体转变形成的 ε-碳化物是亚稳定的过渡相。当回火温度升高至 250~400 ℃时，ε-碳化物则向更稳定的碳化物转变。碳素钢中比 ε-碳化物稳定的碳化物有两种：一种是 χ-碳化物，化学式是 Fe$_3$C$_2$，具有单斜晶格；另一种是更稳定的 θ-碳化物，即渗碳体（Fe$_3$C）。碳化物的转变主要取决于回火温度，也与回火时间有关。随着回火时间的延长，发生碳化物转变的温度降低。

当回火温度升高到 400 ℃以后，淬火马氏体完全分解，但 α 相仍保持针状外形，先前形成的 ε-碳化物和 χ-碳化物此时已经消失，全部转变为细粒状 θ-碳化物，即渗碳体。这种由针状 α 相和细粒状渗碳体组成的机械混合物叫作回火托氏体。图 5-28 所示为淬火高碳钢 400 ℃回火时得到的回火托氏体的金相显微组织。在电子显微镜下可以清楚地看出回火托氏体中 α 相和细粒状渗碳体。

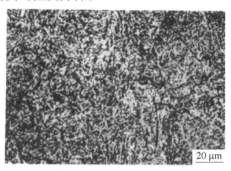

20 μm

图 5-28　$w(C)=0.8\%$ 的钢在 850 ℃淬火并经 400 ℃回火 1 h 后的金相显微组织

（5）渗碳体的聚集长大和 α 相再结晶。当回火温度升高到 400 ℃以上时，渗碳体开始明显地聚集长大。当回火温度高于 600 ℃时，细粒状碳化物将迅速聚集并粗化。在碳化物聚集长大的同时，α 相的状态也在不断发生变化。马氏体晶粒不呈等轴状，而是通过切变方式形成，因此和冷塑性变形金属相似，在回火过程中 α 相也会发生回复和再结晶。淬火钢在 500~650 ℃得到的回复或再结晶的铁素体和粗粒状渗碳体的机械混合物叫作回火索氏体。在光学显微镜下能分辨出颗粒状渗碳体（见图 5-28），在电子显微镜下可看到渗碳体颗粒明显粗化。

5.3.2　淬火钢在回火时性能的变化

淬火钢回火时，随回火温度的变化，力学性能将发生一定的变化，这种变化与显微组织的变化有密切的关系。

碳素钢随着回火温度的升高，其抗拉强度及屈服强度不断下降，而断后伸长率 A 和断面收缩率 Z 不断升高，如图 5-29 所示。但在 200~300 ℃较低温度回火时，由于内应力的消除，钢的强度和硬度都得到提高。对于一些工具材料，可采用低温回火以保证较高的强度和耐磨性，

视频　淬火钢在回火转变组织及性能的变化

如图 5-29（c）所示。但高碳钢低温回火后塑性较差，而低碳钢低温回火后具有良好的综合力学性能，如图 5-29（a）所示。在 300~400 ℃回火时，钢的弹性极限 σ_e 最高，因此一些弹簧钢件均采用中温回火。当回火温度进一步提高时，钢的强度迅速下降，但钢的塑性和韧性却随回火温度升高而提高。在 500~600 ℃回火时，塑性达到较高的数值，并且保留相当高的强度。因此，中碳钢采用淬火加高温回火（调质）可以获得良好的综合力学性能，如图 5-29（b）所示。

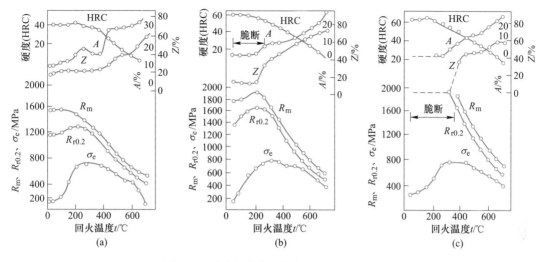

图 5-29　淬火钢拉伸性能与回火温度的关系

（a）$w(C) = 0.2\%$；（b）$w(C) = 0.41\%$；（c）$w(C) = 0.82\%$

淬火钢在回火时硬度变化的总趋势是：随着回火温度的升高，钢的硬度不断下降，如图 5-30 所示。$w(C) > 0.8\%$ 的高碳钢在 100 ℃ 左右回火时，硬度反而略有升高，这是由于马氏体中碳原子的偏聚及大量弥散的 ε-碳化物析出造成的。在 200～300 ℃ 回火，高碳钢硬度下降的趋势变得平缓。显然，这是由于残余奥氏体分解为回火马氏体使钢的硬度升高及马氏体大量分解使钢的硬度下降综合作用的结果。回火温度在 300 ℃ 以上时，由于 ε-碳化物转变为渗碳体，以及渗碳体的聚集长大，而使钢的硬度呈直线下降。

合金元素可使钢的各种回火转变温度范围向高温推移，可以减少钢在回火过程中硬度下降的趋势，

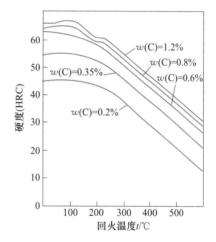

图 5-30　回火温度对淬火钢
回火后硬度的影响

说明合金钢回火稳定性高，比碳素钢具有更高的耐回火性，即回火抗力高。与相同含碳量的碳素钢相比，在高于 300 ℃ 回火时，在相同回火温度和回火时间情况下，合金钢具有较高的强度和硬度。反过来，为得到相同的强度和硬度，合金钢可以在更高温度下回火，这又有利于钢的韧性和塑性的提高。

5.3.3　回火脆性

淬火钢回火时的冲击韧度并不总是随回火温度的升高单调地增大，有些钢在一定的温度范围内回火时，其冲击韧度会显著下降，这种脆化现象叫作钢的回火脆性，如图 5-31 所示。钢在 250～400 ℃ 温度范围内出现的回火脆性叫作第一类回火脆性，也叫作低温回火

脆性，在450~650 ℃温度范围内出现的回火脆性叫作第二类回火脆性，也叫作高温回火脆性。

（1）第一类回火脆性。第一类回火脆性几乎在所有的工业用钢中都会出现。钢中含有合金元素一般不能抑制第一类回火脆性，但Si、Cr、Mn等元素可使脆化温度推向更高温度。到目前为止，还没有一种有效地消除第一类回火脆性的热处理或合金化方法。

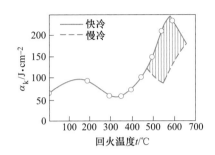

图5-31　$w(C) = 0.3\%$、$w(Cr) = 1.74\%$、$w(Ni) = 3.4\%$钢的冲击韧度与回火温度的关系

这类回火脆性一旦出现，便无法挽回，所以又称为不可逆回火脆性。为了防止第一类回火脆性，通常的办法是避免在脆化温度范围内回火。

（2）第二类回火脆性。第二类回火脆性主要在合金结构钢中出现，碳素钢一般不出现这类回火脆性。第二类回火脆性通常在550 ℃左右回火保温后缓冷的情况下出现，若快速冷却，脆化现象将消失或受到抑制。因此，这种回火脆性可以通过再次高温回火并快冷的办法消除，但是，若将已消除脆性的钢件重新高温回火并随后缓冷，脆化现象又再次出现。为此，第二类回火脆性又称可逆回火脆性。钢中含有Cr、Mn、P、As、Sb等元素时，会使第二类回火脆性倾向增大。如果钢中除Cr以外，还含有Ni或相当量的Mn时，则第二类回火脆性更为显著。W、Mo等元素能减弱第二类回火脆性产生的倾向。

防止或减轻第二类回火脆性的方法很多。采用高温回火后快冷的方法可抑制回火脆性，但这种方法不适用于对回火脆性敏感的较大工件。在钢中加入Mo、W等合金元素阻碍杂质元素在晶界上偏聚，也可以有效地抑制第二类回火脆性。此外，对亚共析钢可采用在A_1~A_3临界区亚温淬火的方法，使P等有害杂质元素熔入残留的铁素体中，从而减小这些杂质在原奥氏体晶界上的偏聚，也可以显著减弱第二类回火脆性。还有，选择含杂质元素极少的优质钢材以及采用形变热处理等方法，都可以减弱第二类回火脆性。

课后思考题

5-1　简述共析钢中奥氏体的形成过程。

5-2　影响奥氏体形成速度的因素有哪些，是如何影响的？

5-3　影响奥氏体晶粒大小的因素有哪些？

5-4　马氏体有几种组织形态，各有何特点？

5-5　什么是钢的回火脆性？

项目 6 钢的热处理工艺

淬火与刀剑的传奇：古代工艺中的智慧与奥秘

在古代，刀剑的锻造不仅仅是一项技术，更是一种艺术。而在所有锻造工序中，淬火无疑是最为关键的一环。它不仅决定了刀剑的锋利程度，更是刀剑品质的试金石。

淬火，这一术语背后蕴藏着深厚的工艺知识和智慧。简单来说，淬火是将加热到一定温度的刀坯迅速冷却的过程。但这一过程中蕴含的技术细节却远非如此简单。刀坯经过淬火后，其硬度会大幅提升，从而确保刀锋的锐利与坚固。然而，淬火的过程中存在着微妙的平衡。火候不足，刀锋便不够坚硬，容易卷刃；火候过度，刀锋则变得脆弱，稍受外力便可能折断。这种微妙的平衡，就如同刀剑匠人心中的艺术追求，既要有锋利的刀刃，又要保证刀剑的韧性。

古代文献中，不乏对淬火的精妙描述。《史记·天官书》中提到"水与火合为淬"，简洁而深刻地揭示了淬火的基本原理。《汉书·王褒传》中则有"巧冶干将之朴，清水淬其锋"的记载，展现了古代匠人对于淬火技术的精湛掌握。而《太平御览·蒲元传》中记载三国时期的蜀人蒲元在选择淬火用水时的挑剔，更是凸显了水质对于淬火效果的重要影响。

随着时间的推移，人们逐渐发现，不仅仅是水，含盐的水和油等不同的冷却介质，也会对淬火效果产生不同的影响。这些发现，不仅丰富了淬火技术的内涵，也为后来的刀剑锻造提供了更多的可能性。

一个典故生动地展现了这种转变。诸葛亮曾委托蒲元打造 3000 口刀。蒲元在造刀的过程中，特意派人前往蜀地取水以供淬火之用。他认为"汉水钝弱，不任淬用"，而"蜀江爽烈"，正是这种水质的不同，使得淬火效果有了显著的提升。这也是史书中关于"淬冷介质"影响淬火质量的最早记录。蒲元在 1700 多年前就发现了不同水质对淬火效果的影响，这无疑是一件了不起的事情。

淬火，作为古代刀剑锻造中的最后一道工序，承载着匠人的智慧与匠心。它不仅是一种技术，更是一种传承。在锋利的刀刃背后，是无数匠人日夜不懈地追求和探索。正是这种对工艺的执着与坚守，使得古代的刀剑成为了后人眼中的传奇。

任务 6.1 钢的退火与正火操作

退火和正火是生产上应用很广泛的预备热处理工艺。在机器零件加工工艺过程中，退火和正火是一种先行工艺，具有承上启下的作用。大部分机器零件加工、模具的毛坯经退火或正火后，不仅可以消除铸件、锻件及焊接件的内应力及成分和组织的不均匀性，而且也能改善和调整钢的力学性能和工艺性能，为下道工序做好组织性能准备。对于一些受力不大、性能要求不高的机器零件，退火和正火也可作为最终热处理。对于铸件，退火和正火通常就是最终热处理。

6.1.1 钢的退火操作

退火是将钢加热至临界点 A_{c_1} 以上或以下温度，保温后随炉缓慢冷却以获得近于平衡状态组织的热处理工艺。其主要目的是均匀钢的化学成分及组织，细化晶粒，调整硬度，消除内应力和加工硬化，改善钢的成型及可加工性，并为淬火做好组织准备。

视频 钢的退火和正火

退火工艺种类很多，按加热温度可分为在临界温度（A_{c_1} 或 A_{c_3}）以上或以下的退火。前者又称相变重结晶退火，包括完全退火、等温退火、均匀化退火、不完全退火和球化退火。后者包括再结晶退火及去应力退火。各种退火方法的加热温度范围如图6-1所示。按照冷却方式，退火可分为等温退火和连续冷却退火。

6.1.1.1 完全退火

完全退火是将钢件或钢材加热至 A_{c_3} 以上，保温足够长时间，使组织完全奥氏体化后进行缓慢冷却，以获得近于平衡组织的热处理工艺。它主要用于亚共析钢（$w(C) = 0.3\% \sim 0.6\%$），其目的是细化晶粒、均匀组织、消除内应力、降低硬度和改善钢的可加工性。低碳钢和过共析钢不宜采用完全退火。低碳钢完全退火后硬度偏低，不利于切削加工。过共析钢加热至 $A_{c_{cm}}$ 以上奥氏体状态缓冷退火时，有网状二次渗碳体析出，使钢的强度、塑性和冲击韧度显著降低。

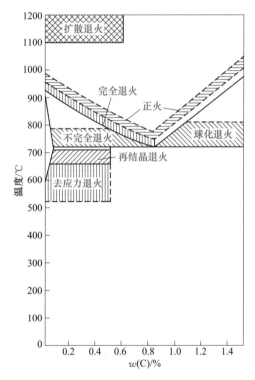

图6-1 退火、正火加热温度示意图

完全退火采用随炉缓冷，可以保证先共析铁素体的析出和过冷奥氏体在 A_{r_1} 以下较高温度范围内转变为珠光体，从而达到消除内应力、降低硬度和改善切削加工性的目的。

完全退火工艺参数的确定：

（1）加热温度。完全退火温度必须适当地高于 A_{c_3} 点，原则上是碳钢为 $A_{c_3} + (30 \sim 50 \, ℃)$，合金钢为 $A_{c_3} + (50 \sim 70 \, ℃)$。

（2）保温时间。工件在退火温度下的保温时间不仅要使工件"烧透"，即工件心部达到要求的加热温度，而且要保证全部得到均匀化的奥氏体。完全退火保温时间与钢材成分、工件厚度、装炉量和装炉方式等因素有关。

（3）冷却速度。冷却速度根据钢种和性能要求而定，总的原则是使其组织在珠光体区域进行转变。若冷却太快，会使生成的珠光体片层太薄，硬度过高，不利于切削加工；若冷速太慢，则会降低生产率，并出现粗大的块状铁素体。冷却速度大致可这样控制：碳素钢为 $100\sim200$ ℃/h，合金钢为 $50\sim100$ ℃/h。

6.1.1.2 等温退火

完全退火需要的时间很长，尤其是过冷奥氏体比较稳定的合金钢更是如此。如果将奥氏体化后的钢以较快的冷速冷却至稍低于 A_{r_1} 的温度等温，使奥氏体变为珠光体，再空冷至室温，则可大大缩短退火时间，这种退火方法叫作等温退火。等温退火适用于高碳钢、合金工具钢和高合金钢，它不但可以达到和完全退火相同的目的，而且有利于钢件获得均匀的组织和性能。但是对于大截面钢件和大批量炉料，却难以保证工件达到等温温度，故不宜采用等温退火。

6.1.1.3 不完全退火

不完全退火是将钢加热至 $A_{c_1}\sim A_{c_3}$（亚共析钢）或 $A_{c_1}\sim A_{c_{cm}}$（过共析钢），经保温后缓慢冷却以获得相近于平衡组织的热处理工艺。由于加热至两相区温度，因此基本上不改变先共析铁素体或渗碳体的形态及分布。如果亚共析钢原始组织中的铁素体已均匀细小，只是珠光体片间距小，硬度偏高，内应力较大，那么只要进行不完全退火即可达到降低硬度、消除内应力的目的。由于不完全退火的加热温度低、时间短，因此对于亚共析钢锻件来说，若其锻造工艺正常，钢的原始组织分布合适，则可采用不完全退火代替完全退火。

6.1.1.4 球化退火

不完全退火用于过共析钢主要是为了使钢中的碳化物球化，获得粒状珠光体，这种热处理工艺称为球化退火，它实际上是不完全退火的一种，主要用于共析钢、过共析钢和合金工具钢。其目的是降低硬度、均匀组织、改善可加工性，并为淬火做组织准备。

过共析钢锻件锻后组织一般为片状珠光体，如果锻后冷却不当，还存在网状渗碳体，不仅硬度高，难以进行切削加工，而且增大了钢的脆性，容易产生淬火变形及开裂。因此，锻后必须进行球化退火，获得粒状珠光体。

图 6-2 是碳素工具钢的几种球化退火工艺。图 6-2（a）是将钢在 A_{c_1} 以上 $20\sim30$ ℃保温后以极缓慢速度冷却，以保证碳化物充分球化，冷至 600 ℃时出炉空冷。这种一次加热球化退火工艺要求退火前的原始组织为细片状珠光体，不允许有网状渗碳体存在，因此在退火前要进行正火，以消除网状渗碳体。目前生产上应用较多的是等温球化退火工艺（见图 6-2（b）），即将钢加热到 A_{c_1} 以上 $20\sim30$ ℃保温 4 h 后，再快冷至 A_{r_1} 以下 20 ℃左右等温 $3\sim6$ h，以使碳化物达到充分球化的效果。为了加速球化过程，提高球化质量，可采用往复球化退火工艺（见图 6-2（c）），即将钢加热至略高于 A_{c_1} 点的温度，然后冷却至略低于 A_{r_1} 温度保温，并反复加热和冷却多次，最后空冷至室温，以获得更好的球化效果。但其工艺比较复杂，一般不建议采用。

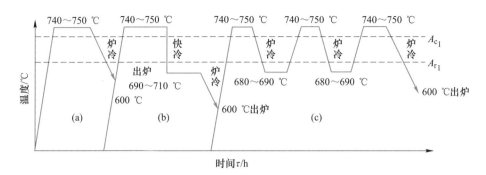

图 6-2 碳素工具钢的几种球化退火工艺

（a）一次加热球化退火；（b）等温球化退火；（c）往复球化退火

6.1.1.5 均匀化退火

均匀化退火是将钢锭、铸件或锻坯加热至略低于固相线的温度下长时间保温，然后缓慢冷却以消除化学成分不均匀现象的热处理工艺，曾称为扩散退火。其目的是消除铸锭或铸件在凝固过程中产生的枝晶偏析及区域偏析，使成分和组织均匀化。为使各元素在奥氏体中充分扩散，均匀化退火加热温度很高，通常为 A_{c_3} 或 $A_{c_{cm}}$ 以上 150~300 ℃，具体加热温度视偏析程度和钢种而定。碳钢一般为 1100~1200 ℃，合金钢多采用 1200~1300 ℃。保温时间也与偏析程度和钢种有关，通常可按最大有效截面或装炉量大小而定，一般均匀化退火时间为 10~15 h。

由于均匀化退火需要在高温下长时间加热，所以奥氏体晶粒十分粗大，需要再进行一次完全退火或正火，以细化晶粒。均匀化退火生产周期长，消耗能量大，工件氧化、脱碳严重，成本很高，因此只有一些优质合金钢及偏析较严重的合金钢铸件及钢锭才使用这种工艺。

6.1.1.6 去应力退火

为了消除铸件、锻件、焊接件及机械加工工件中的残余内应力，以提高尺寸稳定性，防止工件变形和开裂，在精加工或淬火之前将工件加热到 A_{c_1} 以下某一温度，保温一定时间，然后缓慢冷却，这种热处理工艺称为去应力退火。由于去应力退火温度较低，所以又称低温退火。

去应力退火加热温度较宽，但不超过 A_{c_1} 点，钢件去应力退火温度一般在 500~650 ℃；铸铁件去应力退火温度一般为 500~550 ℃，超过 550 ℃ 容易造成珠光体的石墨化；焊接工件的退火温度一般为 500~600 ℃。一些大的焊接构件，难以在加热炉内进行去应力退火，常常采用火焰或工频感应加热局部退火，其退火加热温度一般略高于炉内加热温度。去应力退火保温时间要根据工件的截面尺寸和装炉量决定。钢的保温时间为 3 min/mm，铸铁的保温时间为 6 min/mm。去应力退火后的冷却应尽量缓慢，以免产生新的应力。

6.1.1.7 再结晶退火

再结晶退火是将冷变形后的金属加热到再结晶温度以上，保温适当时间后，使变形晶粒重新转变为新的均匀等轴晶粒，同时消除加工硬化和残余内应力的热处理工艺。经过再结晶退火，钢的组织和性能恢复到冷变形前的形态。

再结晶退火既可作为钢材或其他合金多道冷变形之间的中间退火，又可作为冷变形钢材或其他合金成品的最终热处理。再结晶退火温度与金属的化学成分和冷变形量有关。当钢处于临界变形程度（2%～10%）时，应采用正火或完全退火来代替再结晶退火。一般钢材再结晶退火温度为 650～700 ℃，保温时间为 1～3 h，通常在空气中冷却。

6.1.2　钢的正火操作

正火是将钢加热到 A_{c_3}（或 $A_{c_{cm}}$）以上适当温度，保温以后在空气中冷却得到珠光体类组织（一般为索氏体）的热处理工艺。与完全退火相比，二者的加热温度相同，但正火冷却速度较快，转变温度较低。因此，相同钢材正火后，铁素体数量较少，珠光体组织较细，钢的强度、硬度也较高，塑性、韧性较好，综合力学性能较高，如图 6-3 和表 6-1 所示。

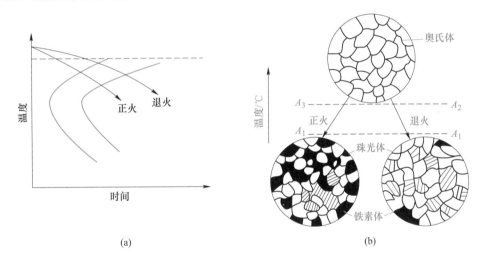

图 6-3　正火和退火的比较

（a）冷却速度的比较；（b）组织的比较

表 6-1　45 钢退火和正火后力学性能的比较

热处理状态	R_m/MPa	$R_{r0.2}$/MPa	Z/%	A/%	α_k/J·cm^{-2}	HB
退火	≥550	≥320	≥13	≥40	—	≤207
正火	≥620	≥360	≥17	≥40	≥80	≤229

正火过程的实质是完全奥氏体化加伪共析转变。当钢中 $w(C)=0.6\%\sim1.4\%$ 时，正火组织中不出现先共析相，只有伪共析珠光体或索氏体。$w(C)<0.6\%$ 的钢，正火后除了伪共析体外，还有少量铁素体。

正火可以作为预备热处理，为机械加工提供适宜的硬度，又能细化晶粒、消除应力、消除魏氏组织和带状组织，为最终热处理提供合适的组织状态。正火还可作为最终热处理，为某些受力较小、性能要求不高的碳素钢结构零件提供合适的力学性能。正火还能消除过共析钢的网状碳化物，为球化退火做好组织准备。对于大型工件及形状复杂或截面变化剧烈的工件，用正火代替淬火和回火可以防止变形和开裂。

正火处理的加热温度通常在A_{c_3}或$A_{c_{cm}}$以上30~50 ℃，高于一般的退火温度。对于含有V、Ti、Nb等碳化物形成元素的合金钢，可采用更高的加热温度，即为$A_{c_3}+(100~150 ℃)$。为了消除过共析钢的网状碳化物，也可适当提高加热温度，让碳化物充分溶解。正火保温时间和完全退火相同，应以工件"烧透"，即心部达到要求的加热温度为准，还应考虑钢材成分、原始组织、装炉量和加热设备等因素。通常根据具体工件尺寸和经验数据加以确定。正火冷却方式最常用的是将钢件从加热炉中取出，在空气中自然冷却。对于大件也可采用吹风、喷雾和调节钢件堆放距离等方法，控制钢件的冷却速度，达到要求的组织和性能。

正火工艺是较简单、经济的热处理方法，主要应用于以下几方面：

（1）改善低碳钢和低合金钢的切削加工性能；

（2）消除热加工缺陷；

（3）消除过共析钢的网状碳化物，便于球化退火；

（4）提高普通结构零件的力学性能；

（5）代替调质处理，作为零件的最终热处理。

任务6.2 钢的淬火与回火操作

钢的淬火与回火是热处理工艺中最重要，也是用途最广泛的工序。淬火可以显著提高钢的强度和硬度。为了消除淬火钢的残余内应力，得到不同强度、硬度和韧性配合的性能，需要配以不同温度的回火。因此，淬火和回火又是不可分割的、紧密衔接在一起的两种热处理工艺。淬火、回火作为各种机器零件加工、模具的最终热处理，是赋予钢件最终性能的关键性工序，也是钢件热处理强化的重要手段之一。

6.2.1 钢的淬火工艺

将钢加热至临界点A_{c_3}或A_{c_1}以上一定温度，保温以后以大于临界冷却速度的速度冷却得到马氏体（等温淬火时是下贝氏体）的热处理工艺叫作淬火。淬火的主要目的是使奥氏体化后的工件获得尽量多的马氏体，如并配以不同温度回火，则能获得各种需要的性能，例如，淬火加低温回火，可以提高工具、轴承、渗碳零件或其他高强度耐磨件的硬度和耐磨性，结构钢通过

视频 钢的
淬火

淬火加高温回火，可以得到强韧结合的优良综合力学性能；弹簧钢、热锻模具通过淬火加中温回火，可以显著提高钢的弹性极限和高温强度。

6.2.2 淬火加热温度的选择

6.2.2.1 加热温度的确定

淬火加热温度的选择应以得到细小均匀的奥氏体晶粒为原则，以便淬火后获得细小的

马氏体组织。碳钢的淬火加热温度如图 6-4 所示。淬火温度主要根据钢的临界点确定，亚共析钢通常加热至 A_{c_3} 以上 30~50 ℃；共析钢、过共析钢加热至 A_{c_1} 以上 30~50 ℃。亚共析钢淬火加热温度若在 A_{c_1}~A_{c_3}，则淬火组织中除马氏体外，还保留一部分铁素体，使钢的硬度和强度降低。但淬火温度也不能超过 A_{c_3} 过高，以防奥氏体晶粒粗化。对于低碳钢、低碳低合金钢，如果采用加热温度略低于 A_{c_3} 的亚温淬火，获得铁素体加马氏体（5%~20%）双相组织，既可保证钢的一定强度，又可保证钢具备良好的塑性、韧性和冲压成型性。过共析钢的加热温度限定在 A_{c_1} 以上 30~50 ℃是为了得到细小的奥氏

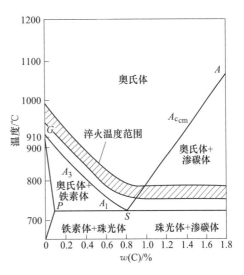

图 6-4　碳钢的淬火加热温度范围

体晶粒和保留少量渗碳体质点，淬火后得到隐晶马氏体和其上均匀分布的粒状碳化物，不但使钢具有更高的强度、硬度和耐磨性，而且也具有较好的韧性。

除了化学成分以外，淬火加热温度还与其他因素有关。首先是工件的尺寸和形状的影响，一般来说大尺寸的工件宜用较高的淬火温度，小尺寸工件则采用较低的淬火温度。从工件的形状来看，形状简单的，淬火温度高一些也无妨，而形状复杂的，则应尽可能采用较低的淬火温度。还有就是冷却介质的影响，对于冷却能力较强的冷却介质（水及水基溶液），应采用较低的淬火温度。而采用冷却能力较小的油及熔盐作为冷却介质，则宜采用较高的淬火温度。最后是原始组织的影响，在一般情况下，原始组织的弥散度较大（如细片状珠光体）时，淬火加热温度应低一些，若工件原始组织中有带状组织或断续网状碳化物，则淬火加热温度宜稍高一些。

6.2.2.2　淬火加热速度和保温时间的确定

淬火时加热速度力求尽量快，这是因为快速加热可以提高热处理车间的生产效率和降低成本，并能降低和消除氧化及脱碳。但是对于导热性差的合金钢或大型钢材，一定要经过预热，不能加热太快，否则将造成受热不均匀，会导致钢件变形或开裂。

所谓保温时间是指工件装炉后，从炉温上升到淬火温度算起到工件出炉为止所需要的时间。它包括工件的加热时间和内部组织充分转变所需要的时间。工件的加热时间与钢的化学成分、工件形状、尺寸或质量、加热介质、炉温等许多因素有关。

6.2.2.3　淬火冷却介质

钢从奥氏体状态冷至 Ms 以下所用的冷却介质叫作淬火介质。介质冷却能力越大，钢的冷却速度越快，越容易超过钢的临界淬火速度，则工件越容易淬透，淬透层的深度越深。但是，冷却速度过大将产生巨大的淬火应力，易于使工件产生变形或开裂。因此，理想淬火介质的冷却能力应当如图 6-5 所示。650 ℃以上应当缓慢冷却，以尽量降低淬火热应力，650~400 ℃应当快速冷却，以通过过冷奥氏体最不稳定的区域，避免发生珠光体或

贝氏体转变。但是在 400 ℃ 以下 Ms 附近的温度区域，应当缓慢冷却，以尽量减小马氏体转变时产生的组织应力。

常用淬火介质有水、盐水或碱水溶液及各种矿物油等。

水的冷却特性很不理想，在需要快冷的 650~400 ℃ 区间，其冷却速度较小，不超过 200 ℃/s，而在需要慢冷的马氏体转变温度区，其冷却速度又太大，在 340 ℃ 最大冷却速度高达 775 ℃/s，很容易造成淬火工件的变形或开裂。此外，水温对水的冷却特性影响很大，水温升高，高温区的冷却速度显著下降，而低温区的冷却速度仍然很高。因此，淬火时水温不应超过 30 ℃，加强水循环和工件的搅动可以加速工件在高温区的冷却速度。水虽然不是理想淬火介质，但其成本低，适用于尺寸不大、形状简单的碳钢工件淬火。

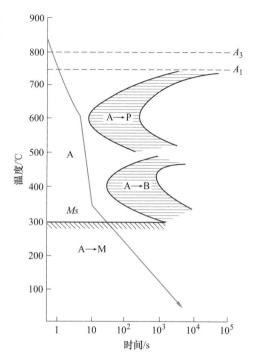

图 6-5   钢的理想淬火冷却曲线

浓度为 10% NaCl 或 10% NaOH 的水溶液可使高温区（500~650 ℃）的冷却能力显著提高，前者使纯水的冷却能力提高 10 倍以上，而后者的冷却能力更高。这两种水基淬火介质在低温区（200~300 ℃）的冷却速度也很快。

油也是一种常用的淬火介质。目前工业上主要采用矿物油，如锭子油、全损耗系统用油、柴油等。油的主要优点是低温区的冷却速度比水小得多，从而大大降低淬火工件的组织应力，减小变形和开裂倾向。油在高温区间冷却能力低是其主要缺点。但对于过冷奥氏体比较稳定的合金钢，油是合适的淬火介质。与水相反，提高油温可以降低黏度，增大流动性，故可提高高温区间的冷却能力。但是油温过高，容易着火，一般应控制在 60~80 ℃。

上述几种淬火介质各有优缺点，均不属于理想的冷却介质。水的冷却能力很大，但冷却特性不好；油冷却特性较好，但其冷却能力又低。因此，寻找冷却能力介于油、水之间，冷却特性近于理想淬火介质的新型淬火介质是努力的目标。由于水是价廉、容易获得、性能稳定的淬火介质，因此目前世界各国都在发展有机水溶液作为淬火介质。

6.2.3　淬火方法

选择适当的淬火方法同选用淬火介质一样，可以保证在获得所要求的淬火组织和性能条件下，尽量减小淬火应力，减少工件变形和开裂倾向。常用的淬火方法有：

（1）单液淬火法。单液淬火法是将加热至奥氏体状态的工件放入一种淬火介质中一直冷却到室温的淬火方法（见图 6-6 曲线 1）。这种淬火方法适用于形状简单的碳素钢和合金钢工件。一般来说，碳素钢临界淬火速度高，尤其是尺寸较大的碳素钢工件多采用水淬，而小尺寸碳钢件及过冷奥氏体较稳定的合金钢件则可采用油淬。

　　单液淬火法的优点是操作简便。但只适用于小尺寸且形状简单的工件，对尺寸较大的工件使用单液淬火法容易产生较大的变形或开裂。

　　（2）双液淬火法。双液淬火法是将加热至奥氏体状态的工件在冷却能力强的淬火介质中冷却至接近 Ms 温度时，再立即转入冷却能力较弱的淬火介质中冷却，直至完成马氏体转变（见图 6-6 曲线 2）。一般用水作为快冷淬火介质，用油作为慢冷淬火介质。有时也可以采用水淬、空冷的方法。这种淬火方法充分利用了水在高温区冷却速度快

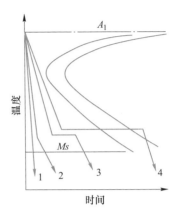

图 6-6　各种淬火方法冷却
曲线示意

和油在低温区冷却速度慢的优点，既可以保证工件得到马氏体组织，又可以降低工件变形或开裂。尺寸较大的碳素钢工件适宜采用这种淬火方法。

　　（3）分级淬火法。分级淬火法是将奥氏体状态的工件首先淬入略高于钢的 Ms 的盐浴或碱浴炉中保温，当工件内外温度均匀后，再从浴炉中取出空冷至室温，完成马氏体转变（见图 6-6 曲线 3）。这种淬火方法由于工件内外温度均匀并在缓慢冷却条件下完成马氏体转变，不仅减小了热应力（比双液淬火小），而且显著降低组织应力，因而有效地减小或防止了工件淬火变形和开裂，同时还克服了双液淬火出水入油时间难以控制的缺点。但这种淬火方法由于冷却介质温度较高，工件在浴炉冷却速度较慢，而等温时间又有限制，大截面零件难以达到其临界淬火速度。因此，分级淬火只适用于尺寸较小的工件，如刀具、量具和要求变形很小的精密工件。

　　（4）等温淬火法。等温淬火法是将奥氏体化后的工件淬入 Ms 以上某温度（一般在 $Ms \sim Mf+30$ ℃）的盐浴中等温保持足够长的时间，使之转变为下贝氏体组织，然后于空气中冷却的淬火方法（见图 6-6 曲线 4）。等温淬火实际上是分级淬火的进一步发展，所不同的是等温淬火获得下贝氏体组织。等温淬火法可以显著减小工件变形和开裂倾向，适宜处理形状复杂、尺寸要求精密的工具和重要的机器零件，如模具、刀具、齿轮等。同分级淬火法一样，等温淬火法一般也只能适用于尺寸较小的工件。

　　（5）冷处理。高碳钢及一些合金钢，Mf 位于零度以下，淬火后组织中有大量残余奥氏体。把淬冷到室温的钢继续冷却到 $-70 \sim -80$ ℃，保温一段时间，使残留过冷奥氏体在继续冷却过程中转变为马氏体，提高硬度和耐磨性，稳定尺寸，这种操作称为冷处理。冷处理主要应用于重要的精密零件、量具，如游标卡尺、螺旋尺、钢尺、砝码等。冷处理温度的确定主要是根据钢的 Mf 确定，同时还需要考虑工件的性能要求和设备条件等因素。冷处理以后务必进行回火或时效，以获得更稳定的回火马氏体组织，并使残余奥氏体进一步转变和稳定化，同时使淬火应力充分消除。

6.2.4 淬火缺陷及防止措施

6.2.4.1　氧化和脱碳及其防止措施

淬火加热时，钢件与周围加热介质相互作用往往会产生氧化和脱碳等缺陷。氧化使工件尺寸减小，表面光洁度增大，并严重影响淬火冷却速度，进而使淬火工件出现软点或硬度不足等新的缺陷。工件表面脱碳会降低淬火后钢的表面硬度、耐磨性，并显著降低其疲劳强度。因此，淬火加热时，在获得均匀化奥氏体的同时，必须注意防止氧化和脱碳现象。在空气介质炉中加热时，防止氧化和脱碳最简单的方法是在炉子升温加热时向炉内加入无水分的木炭，以改变炉内气氛，减少氧化和脱碳。此外，采用盐浴炉加热、用铸铁屑覆盖工件表面，或是在工件表面热涂硼酸等方法都可有效地防止或减少工件的氧化和脱碳。采用真空加热或可控气氛加热，是防止氧化和脱碳的根本办法。

6.2.4.2　过热和过烧及其防止措施

工件在淬火加热时，由于温度过高或者时间过长造成奥氏体晶粒粗大的缺陷叫作过热。由于过热不仅在淬火后得到粗大马氏体组织，而且易于引起淬火裂纹。因此，淬火过热的工件强度和韧性降低，易于产生脆性断裂。轻微的过热可用延长回火时间来补救。严重的过热则需进行一次细化晶粒退火，然后再重新淬火。淬火加热温度太高，使奥氏体晶界出现局部熔化或者发生氧化的现象叫作过烧。过烧是严重的加热缺陷，工件一旦过烧就无法补救，只能报废。为了防止过热和过烧，淬火加热温度不宜过高。

6.2.4.3　淬火应力的控制和淬火变形、开裂的防止措施

工件在淬火过程中会发生形状和尺寸的变化，有时甚至要产生淬火裂纹。工件变形或开裂的原因是由于淬火过程中在工件内产生的内应力造成的。淬火内应力主要有热应力和组织应力两种。工件最终变形或开裂是这两种应力综合作用的结果。

工件加热或冷却时由于内外温差导致热胀冷缩不一致而产生的内应力叫作热应力。工件淬火冷至室温时，由热应力引起的残留应力为表面受压应力，心部受拉应力，一般的变形趋势呈腰鼓形，如图 6-7（b）所示。立方体各面凸起，棱角变圆；长圆柱体长度缩短，直径变粗；扁平圆板高度增大，直径缩小。热应力是由于快速冷却时工件截面温差造成的。因此，冷却速度越大，截面温差越大，则热应力越大。在相同冷却介质条件下，工件加热温度越高，截面尺寸越大，钢材导热系数和线膨胀系数越大，工件内外温差越大，则热应力越大。

工件在冷却过程中，由于内外温差造成组织转变不同时，引起内外比体积的不同变化而产生的内应力叫作组织应力。钢淬火时，由奥氏体转变为马氏体，将造成显著的体积膨胀。组织应力引起的残余应力与热应力正好相反，表面为拉应力，心部为压应力，组织应力引起的变形情况恰好也与热应力相反，表现为工件沿最大尺寸方向伸长，力图使平面内凹，棱角突出，如图 6-7（c）所示。组织应力大小与钢的化学成分、冶金质量、钢件结构尺寸、钢的导热性及在马氏体温度范围的冷却速度和钢的淬透性等因素有关。

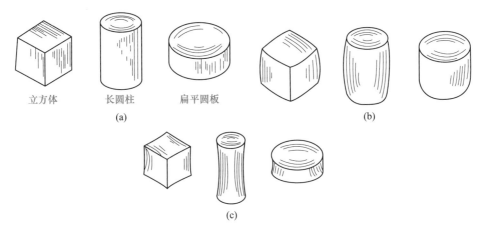

图 6-7　简单形状工件在热应力和组织应力作用下的变形趋势

（a）原始形状；（b）热应力作用；（c）组织应力作用

为了减少淬火应力，防止淬火变形和开裂，首先要提出合理的要求，设计工件时要注意结构形状的对称性，并要制定合理的热处理工艺；其次要严格执行热处理工艺规范，并在容易变形的工艺环节采取必要的预防措施。在热处理方面必须注意下述问题。

（1）控制加热速度，尽可能做到加热均匀，减少加热时的热应力。对于大截面、高合金钢、形状复杂、变形要求高的工件，一般都应经过预热，或限制加热速度。

（2）合理选择加热温度。在保证淬透的前提下，一般应尽量选择低一些的淬火温度，以减少冷却时的热应力。但也存在适当提高淬火温度防止变形开裂的情况，特别是对于高碳合金钢工件，可以通过对加热温度的调整来改变钢的 Ms 点，从而达到使工件变形最小的目的。

（3）正确选择淬火介质和淬火方法。尽可能选用冷却能力较小的淬火介质，并采用分级淬火、等温淬火、预冷淬火和双液淬火等淬火方法。

6.2.4.4　淬火软点及其防止措施

工件淬火后表面硬度不均，个别地方出现低于技术要求的硬度值，称为淬火软点。产生淬火软点的主要原因大致如下：

（1）原始组织过于粗大及不均匀，如有严重的组织偏析、大块碳化物或自由铁素体。

（2）淬火介质被污染，如水中有油珠悬浮。

（3）局部冷却速度太低。当工件表面附有气泡、渣子，工件之间互相接触或在淬火液中没有适当运动时，可使工件在淬火冷却时局部区域未达到临界冷却速度，从而发生珠光体型组织转变。

（4）局部脱碳或氧化。局部脱碳或氧化后，该部位含碳量易降低，淬火后得到硬度不高的低碳马氏体或非马氏体组织。

（5）淬火加热工艺不当。例如亚共析碳钢加热温度偏低，保温时间过短，势必造成先共析铁素体溶解不充分或奥氏体成分没有均匀化，使淬火组织不可能得到均匀一致的马氏体。

要防止淬火软点的出现，必须针对产生原因采取相应措施。如加大冷却速度，将工件表面清洗干净，防止工件氧化和脱碳，严格执行加热、保温和冷却等工艺规范。对已产生软点的工件，在一般情况下，除因局部脱碳形成外，均可返修，方法是通过正火及重新加热淬火，这时采用的淬火加热温度比正常淬火加热温度高些，并要加大淬火剂的冷却能力。

6.2.5 钢的回火

视频 钢的回火

回火是将淬火钢在 A_1 以下温度加热，使其转变为稳定的回火组织，并以适当方式冷却到室温的工艺过程。回火的主要目的是减少或消除淬火应力，保证相应的组织转变，提高钢的韧性和塑性，获得硬度、强度、塑性和韧性的适当配合，以满足各种用途工件的性能要求。决定工件回火后的组织和性能的最重要因素是回火温度。根据工件的组织和性能要求，回火可分为低温回火、中温回火和高温回火等。

（1）低温回火。低温回火温度为 150~250 ℃，回火组织主要为回火马氏体。和淬火马氏体相比，回火马氏体既保持了钢的高硬度、高强度和良好耐磨性，又适当提高了韧性。因此，低温回火特别适用于刀具、量具、滚动轴承、渗碳件及高频表面淬火工件。低温回火钢大部分是淬火高碳钢和高碳合金钢，经淬火并低温回火后得到隐晶回火马氏体和细粒状碳化物组织，具有很高的硬度（回火后硬度可达 58~64HRC）和耐磨性，同时显著降低了钢的淬火应力和脆性。淬火获得低碳马氏体的钢，经低温回火后可以减少内应力，并进一步提高钢的强度和塑性，保持其优良的综合力学性能。

（2）中温回火。中温回火温度一般在 350~500 ℃，回火组织为回火托氏体。中温回火后，淬火应力基本消失。因此，钢具有高的弹性极限，较高的强度（包括高温强度）和硬度，良好的塑性和韧性。中温回火主要用于各种弹簧零件及热锻模具，回火后硬度可达 35~50HRC。为避免发生第一类回火脆性，一般中温回火温度不宜低于 350 ℃。

（3）高温回火。高温回火温度为 500~650 ℃，回火组织为回火索氏体。淬火和随后的高温回火叫作调质处理。经调质处理后，钢具有优良的综合力学性能。因此，高温回火主要适用于中碳结构钢或低合金结构钢，如发动机曲轴、连杆、连杆螺栓、汽车半轴、机床主轴及齿轮等。这些机器零件在使用中要求具有较高的强度，并能承受冲击和交变负荷。

必须指出，一些高碳合金钢（如高速工具钢、高铬钢）的回火处理温度一般高达 500~600 ℃，在此温度范围内回火，将促使残余奥氏体转变，并使马氏体回火，这样就可以在硬度不下降或反而稍有上升的情况下，得到回火马氏体，改善力学性能。这与结构钢的调质处理在本质上是不同的，不能称为调质处理。

回火保温时间应保证工件各部分温度均匀，同时保证组织转变充分进行，并尽可能降低或消除内应力。生产上常以硬度来衡量淬火钢的回火转变程度。图 6-8 所示为回火温度

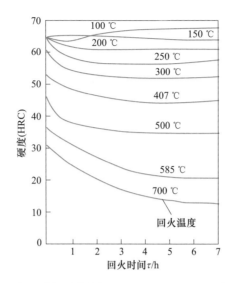

图 6-8　回火温度和时间对淬火钢（$w(C) = 0.98\%$）回火后硬度的影响

和回火时间对 $w(C) = 0.98\%$ 的钢硬度的影响。由图 6-8 可见，在各个回火温度下，一般在最初的 0.5 h 内硬度变化最快，回火时间超过 2 h 后，硬度变化很小。因此，生产上一般工件的回火时间均为 1~2 h。

6.2.6　钢的淬透性

钢的淬透性是指奥氏体化后的钢在淬火时获得马氏体的能力，其大小用钢在一定条件下淬火获得淬透层的深度表示，它是钢的固有属性。一定尺寸的工件在某介质中淬火，其淬透层的深度与工件截面各点的冷却速度有关。如果工件截面中心的冷却速度高于钢的临界淬火速度，工件就会淬透。然而工件淬火时表面冷却速度最大，心部冷却速度最小，由表面至心部冷却速度逐渐降低。只有冷却速度大于临界淬火速度的工件外层部分才能得到马氏体（图 6-9 中阴影部分），这就是工件的淬透层。而冷却速度小于临界淬火速度的心部只能获得非马氏体组织，这就是工件的未淬透区。因此，当工件尺寸与淬火规范一定时，不同钢材淬火后得到的淬透层深度将不同，如图 6-9 所示。

在研究淬透性时，应当注意以下两对概念的本质区别：一是钢的淬透性和淬硬性的区别；二是淬透性和实际条件下淬透层深度的区别。

淬透性表示钢淬火时获得马氏体的能力，它反映钢的过冷奥氏体稳定性，即与钢的临界冷却速度有关。过冷奥氏体越稳定，临界淬火速度越小，钢在一定条件下淬透层深度越深，则钢的淬透性越好。

对钢进行淬火希望获得马氏体组织，但一定尺寸和化学成分的钢件在某种介质中淬火能否得到全部马氏体则取决于钢的淬透性。淬透性是钢的重要工艺性能，也是选材和制定热处理工艺的重要依据之一。

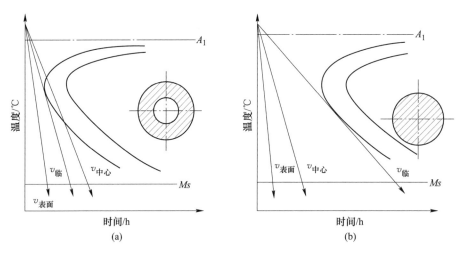

图 6-9　不同钢材的临界冷却速度和淬透层深度示意图

（a）部分淬透；（b）全淬透

　　钢的淬透性是钢的热处理工艺性能，在生产中有重要的实际意义。工件在整体淬火条件下，从表面至中心是否淬透，对其力学性能有重要影响。在拉压、弯曲或剪切载荷下工作的零件，如各类齿轮、轴类零件，希望整个截面都能被淬透，从而保证这些零件在整个截面上得到均匀的力学性能。选择淬透性较高的钢，即能满足这一性能要求。而淬透性较低的钢，零件截面不能全部淬透，表面到心部力学性能不同，尤其心部的冲击韧度很低。钢的淬透性越高，能淬透的工件截面尺寸越大。对于大截面的重要工件，为了增加淬透层的深度，必须选用过冷奥氏体很稳定的合金钢，工件越大，要求的淬透层越深，合金化程度越高。因此，淬透性是机器零件选材的重要参考数据。从热处理工艺性能考虑，对于形状复杂、要求变形很小的工件，如果钢的淬透性较高，如合金钢工件，可以在冷却速度较缓慢的冷却介质中淬火。如果钢的淬透性很高，甚至可以在空气中冷却淬火，淬火变形更小。

6.2.7　钢的淬硬性

　　淬硬性表示钢淬火时的硬化能力，用淬成马氏体可能得到的最高硬度表示。它主要取决于马氏体中的含碳量。马氏体中含碳量越高，钢的淬硬性越高。显然，淬透性和淬硬性并无必然联系，例如，高碳工具钢的淬硬性高，但淬透性很低；而低碳合金钢的淬硬性不高，但淬透性却很好。实际工件在具体淬火条件下的淬透层深度与淬透性也不是一回事。淬透性是钢的一种属性，相同奥氏体化温度下的同一钢种，其淬透性是确定不变的。其大小用规定条件下的淬透层深度表示。而实际工件的淬透层深度是指具体条件下测定的淬透层深度（一般取半马氏体区深度），它与钢的淬透性、工件尺寸及淬火介质的冷却能力等许多因素有关。淬透性是不随工件形状、尺寸和介质冷却能力而变化的。

任务6.3 钢的表面热处理工艺操作

6.3.1 钢的表面淬火

表面淬火是将工件快速加热到淬火温度，然后迅速冷却，仅使表面层获得淬火组织的热处理方法。齿轮、凸轮、曲轴及各种轴类等零件在扭转、弯曲等交变载荷下工作，并承受摩擦和冲击，其表面要比心部承受更高的应力。因此，要求零件表面具有高的强度、硬度和耐磨性，要求心部具有一定的强度、足够的塑性和韧性。采用表面淬火工艺可以达到这种"表硬心韧"的性能要求。根据工件表面加热热源的不同，钢的表面淬火有很多种，例如感应加热、火焰加热、电接触加热、电子束加热、电解液加热以及激光加热等表面淬火工艺。这里仅介绍常用的火焰淬火和感应淬火。

（1）火焰淬火。火焰淬火是用乙炔-氧或煤气-氧的混合气体燃烧的火焰，喷射在零件表面上，快速加热，当达到淬火温度后，立即喷水或用乳化液进行冷却的一种方法，如图6-10所示。火焰淬火适用于 $w(C) = 0.3\% \sim 0.7\%$ 的钢，常用的有35钢、45钢，以及合金结构钢，如40Cr、65Mn等。如果含碳量太低，则淬火后硬度低；若碳和合金元素含量过高，则容易淬裂。火焰淬火的淬透层深度一般为 $2 \sim 6$ mm。火焰淬火的设备简单，淬火速度快，变形小，适用于局部磨损的工件，如轴、齿轮、轨道、行车走轮等，用于特大件，更为经济有利。但火焰淬火容易过热，淬火效果不稳定，因而在使用上有一定的局限性。

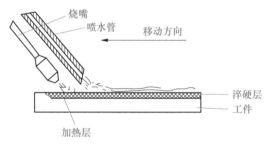

图6-10 火焰加热表面淬火示意图

（2）感应淬火。感应淬火是利用电磁感应原理，在工件表面产生密度很高的感应电流，产生表面效应或趋肤效应，并使之迅速加热至奥氏体状态，随后快速冷却（通常采用喷射冷却法）获得马氏体组织的淬火方法，如图6-11所示。感应圈用紫铜管制作，内通冷却水。当工件表面在感应圈内加热到相变温度时，立即喷水或浸水冷却，实现表面淬火工艺。感应淬火和普通加热淬火相比具有加热速度快、加热效率高、淬火变形小、工件质量好、经济环保等优点，因此得到广泛应用。

根据电流频率，可将感应加热表面淬火分为三类：高频感应淬火，常用电流频率为 $80 \sim 1000$ kHz，可获得的表面硬化层深度为 $0.5 \sim 2$ mm，主要用于中小模数齿轮和小轴的表面淬火；中频感应淬火，常用电流频率为 $2500 \sim 8000$ Hz，可获得 $3 \sim 6$ mm深的硬化层，主要用于要求淬硬层较深的零件，如发动机曲轴、凸轮轴、大模数齿轮、较大尺寸的轴和钢轨；工频感应淬火，电流频率为 50 Hz，可获得 10 mm 以上的硬化层，适用于大直径钢材的穿透加热及要求淬硬层深的大工件的表面淬火。

6.3.2   钢的化学热处理

视频   钢的
化学热处理

将金属工件放入含有某种活性原子的化学介质中，通过加热使介质中的原子扩散渗入工件一定深度的表层，改变其化学成分和组织并获得与心部不同性能的热处理工艺叫作化学热处理。和表面淬火不同，化学热处理后的工件表面不仅有组织的变化，而且也有化学成分的变化。可以说，钢的化学热处理就是改变钢的表层化学成分和性能的一种热处理工艺。化学热处理后的钢件表面可以获得比表面淬火更高的硬度、耐磨性和疲劳强度，心部在具有良好的塑性和韧性的同时，还可获得较高的强度。通过适当的化学热处理还可使钢件表层具有减摩、耐腐蚀等特殊性能。因此，化学热处理工艺已获得越来越广泛的应用。化学热处理种类很多，根据渗入元素的不同，可分为渗碳、渗氮（氮化）、碳氮共渗（氰化）、多元共渗、渗硼、渗金属等。

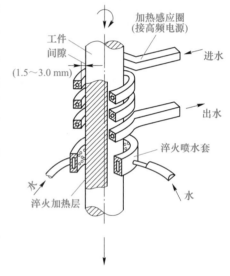

图 6-11   感应加热表面淬火示意图

6.3.2.1   钢的渗碳

将低碳钢件放入渗碳介质中，在 900~950 ℃加热保温，使活性碳原子渗入钢件表面并获得高碳渗层的工艺方法叫作渗碳。齿轮、凸轮、活塞、轴类等许多重要的机器零件经过渗碳及随后的淬火并低温回火后，可以获得很高的表面硬度、耐磨性以及高的接触疲劳强度和弯曲疲劳强度。而心部仍保持低碳，具有良好的塑性和韧性。因此，渗碳可使同一材料制作的机器零件兼有高碳钢和低碳钢的性能，从而使这些零件既能承受磨损和较高的表面接触应力，同时又能承受弯曲应力及冲击负荷的作用。根据渗碳剂的不同，渗碳方法有固体渗碳、气体渗碳和液体渗碳。常用的是前两种，尤其是气体渗碳应用最为广泛。

为了充分发挥渗碳层的作用，使零件表面获得高硬度和高耐磨性，心部保持足够的强度和韧性，零件在渗碳后必须进行热处理。对于本质细晶粒钢，通常渗碳后可预冷至淬火温度直接淬火，然后进行 180~220 ℃ 低温回火。预冷的主要目的是减少零件与淬火介质温差，减小淬火应力和变形。对于固体渗碳零件、本质粗晶粒钢渗碳后不能直接淬火的零件，也可从渗碳温度立即空冷后再次加热淬火，然后进行低温回火。

6.3.2.2   钢的渗氮

向钢件表面渗入氮元素，形成富氮硬化层的化学热处理称为渗氮，通常也称为氮化。和渗碳相比，钢件渗氮后具有更高的表面硬度和耐磨性。氮化后，钢件的表面硬度高达

950~1200HV，相当于 65~72HRC。这种高硬度和高耐磨性可保持到 560~600 ℃而不降低，故氮化钢件具有很好的热稳定性。由于氮化层体积胀大，在表层形成较大的残余压应力，因此可以获得比渗碳更高的疲劳强度、抗咬合性能和低的缺口敏感性。渗氮后由于钢件表面形成致密的氮化物薄膜，因而具有良好的耐腐蚀性能。此外，渗氮温度低（500~600 ℃），渗氮后钢件不需热处理，因此渗氮件变形很小。由于上述性能特点，渗氮在机械工业中获得了广泛应用，特别适宜许多精密零件的最终热处理，如磨床主轴、镗床镗杆、精密机床丝杠、内燃机曲轴以及各种精密齿轮和量具等。

目前常用的是气体渗氮，即将氨气通入加热到渗氮温度的密封渗氮罐中，使其分解出活性氮原子并被钢件表面吸收、扩散形成一定深度的渗氮层。氮和许多合金元素都能形成氮化物，如 CrN、Mo_2N、AlN 等，这些弥散的合金氮化物具有高的硬度和耐磨性，同时具有高的耐蚀性。因此，Cr-Mo-Al 钢得到了广泛应用，其中最常用的渗氮钢是 38CrMoAl。钢件渗氮后一般不进行热处理。为了提高钢件心部的强韧性，渗氮前必须进行调质处理。

由于氨气分解温度较低，故通常的渗氮温度为 500~580 ℃。在这种较低的处理温度下，氮原子在钢中扩散速度很慢，渗氮所需时间很长，渗氮层也较薄。例如 38CrMoAl 钢制压缩机活塞杆为获得 0.4~0.6 mm 的渗氮层深度，渗氮保温时间需 60 h 以上。

为了缩短渗氮周期，目前广泛采用等离子渗氮工艺。等离子渗氮工艺适用于所有钢种和铸铁，渗氮速度快，渗氮层及渗氮组织可控，变形极小，而且降低了渗氮层的脆性，显著提高了钢的韧性、表面硬度和疲劳强度。

6.3.2.3　钢的碳氮共渗

向钢件表层同时渗入碳和氮的过程称为碳氮共渗，俗称氰化。碳氮共渗方法有液体和气体两种。液体碳氮共渗使用的介质氰盐是剧毒物质，污染环境，故逐渐为气体碳氮共渗所替代。根据共渗温度不同，碳氮共渗可分为高温（900~950 ℃）、中温（700~880 ℃）及低温（500~570 ℃）三种。目前工业上广泛应用的是中温和低温气体碳氮共渗。其中，低温气体碳氮共渗主要是提高耐磨性及疲劳强度，而硬度提高不多，故又称为软氮化，多用于工模具。中温气体碳氮共渗多用于结构零件。

6.3.2.4　钢的渗硼

用活性硼原子渗入钢件表层并形成铁的硼化物的化学热处理工艺称为渗硼。渗硼能显著提高钢件的表面硬度（1300~2000HV）和耐磨性，同时具有良好的耐热性和耐蚀性，因此近年来渗硼工艺得到了迅速发展。

6.3.3　典型零件的热处理工艺

6.3.3.1　齿轮类零件选材要求

机床、汽车、拖拉机中，速度的调节和功率的传递主要靠齿轮，因此齿轮在机床、汽车和拖拉机中是一种十分重要、使用量很大的零件。

齿轮工作时的一般受力情况如下：（1）齿部承受很大的交变弯曲应力；（2）换挡、启动或啮合不均匀时承受冲击力；（3）齿面相互滚动、滑动，并承受接触压应力。

视频　典型机械
零件的选材及
工艺分析

因此，齿轮的损坏形式主要是齿的折断和齿面的剥落及过度磨损。据此，要求齿轮材料具有以下主要性能：（1）高的弯曲疲劳强度和接触疲劳强度；（2）齿面有高的硬度和耐磨性；（3）齿轮心部有足够高的强度和韧性。此外，还要求有较好的热处理工艺性，如变形小，并要求变形有一定的规律等。

6.3.3.2　齿轮类零件工艺分析

下面以机床和汽车、拖拉机两类齿轮为例进行分析。

机床中的齿轮担负着传递动力、改变运动速度和运动方向的任务。一般机床中的齿轮精度大部分是 7 级精度，只是在分度传动机构中要求较高的精度。

机床齿轮的工作条件比起矿床机械、动力机械中的齿轮来说还算是运转平稳、负荷不大、条件较好。实践证明，一般机床齿轮选用中碳钢制造，并经高频感应热处理，所得到的硬度、耐磨性、强度及韧性能满足要求，而且高频淬火具有变形小、生产率高等优点。

（1）以 C616 机床中齿轮为例加以分析。

高频淬火齿轮的选材：高频淬火齿轮通常用 $w(C) = 0.40\% \sim 0.50\%$ 的碳钢或低合金钢（40、45、40Cr、45Mn2、40MnB 等）制造。大批量生产时，一般要求精选含碳量以保证质量。45 钢限制 $w(C) = 0.42\% \sim 0.47\%$，40Cr 钢限制 $w(C) = 0.37\% \sim 0.42\%$。经高频淬火并低温回火后，淬硬层应为中碳回火马氏体，而心部则为毛坯热处理（正火或调质）后的组织。

高频淬火齿轮的工艺路线：下料→锻造→正火→粗加工→调质→精加工→高频淬火及回火→（推孔）→精磨。

热处理工序的作用：正火处理对锻造成毛坯是必需的热处理工序，它可以使同批坯料具有相同的硬度，便于切削加工，并使组织均匀，消除锻造应力。对于一般齿轮，正火处理也可作为高频淬火前的最后热处理工序。

调质处理可以使齿轮具有较高的综合力学性能，提高齿轮心部的强度和韧性，使齿轮能承受较大的弯曲应力和冲击力。调质后的齿轮由于组织为回火索氏体，在淬火时变形更小。

高频淬火及低温回火是赋予齿轮表面性能的关键工序，通过高频淬火提高了齿轮表面硬度和耐磨性，并使齿轮表面有压应力存在而增强了抗疲劳破坏的能力。为了消除淬火应力，高频淬火后应进行低温回火，这对防止研磨裂纹的产生和提高抗冲击能力极为有利。

汽车、拖拉机齿轮主要分装在变速箱和差速器中。在变速箱中，通过它改变发动机、曲轴和主轴齿轮的速比；在差速器中，通过齿轮来增加扭转力矩并调节左右两车轮的转速，通过齿轮将发动机的动力传到主动轮，驱动汽车、拖拉机运行。汽车、拖拉机齿轮的工作条件比机床齿轮要繁重得多，因此在耐磨性、疲劳强度、心部强度和冲击韧性等方面的要求均比机床齿轮为高。实践证明，汽车、拖拉机齿轮选用渗碳钢制造并经渗碳处理后使用是较为合适的。

（2）以 JN-150 型载重汽车（载重量为 8000 kg）变速箱中第二轴的二、三挡齿轮（见

图 6-12）为例进行分析。

20CrMnTi 钢的热处理工艺性较好，有较好的淬透性。由于合金元素钛的影响，对过热不敏感，故在渗碳后可直接降温淬火。此外还有渗碳速度较快，过渡层较均匀，渗碳淬火后变形小等优点，这对制造形状复杂、要求变形小的齿轮零件来说是十分有利的。

20CrMnTi 钢可制造直径在 30 mm 以下，承受高速中等载荷以及冲击、摩擦的重要零件，如齿轮、齿轮轴等各种渗碳零件。当含碳量在上限时，可用于制造直径在 40 mm 以下、模数大于 10 的齿轮等。

根据 JN-150 型载重汽车变速箱中第二轴的二、三挡齿轮的规格和工作条件，选用 20CrMnTi 钢制造是比较合适的。

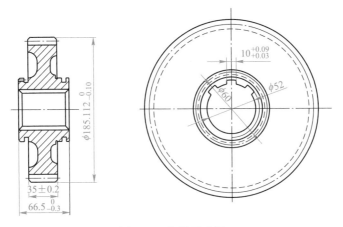

图 6-12　齿轮示意图

制造二轴齿轮的工艺路线：下料→锻造→正火→机械加工→渗碳、淬火及低温回火→喷丸→磨内孔及换挡槽→装配。

热处理工序的作用：渗碳后表面含碳量提高，保证淬火后得到高的硬度，提高耐磨性和接触疲劳强度。喷丸处理可提高齿轮表层的压应力使表层材料强化，还可提高材料的抗疲劳能力。

除高频淬火齿轮与渗碳齿轮外，还有碳氮共渗齿轮。根据受力情况和性能要求不同，齿轮可采用中碳合金钢进行调质并经氮化处理后使用；还可采用铸铁、铸钢制造齿轮。

任务 6.4　钢材质量控制热处理

6.4.1　钢的形变热处理

为进一步提高零件的使用性能和加工零件的质量，降低制造成本，有时还把两种或几种加工工艺混合在一起，构成复合加工工艺。形变热处理是将塑性变形和热处理有机结合在一起的一种复合工艺。该工艺既能提高钢的强度，又能改善钢的塑性和韧性，同时还能简化工艺，节省能源。因此，形变热处理是提高钢的强韧性的重要手段之一。形变热处理虽有很大优点，但增加了变形工序，设备和工艺条件受到限制，对于形状复杂的工件、大工件、变形后需要进行切削加工或焊接的工件不宜采用形变热处理。因此，此工艺的应用具有很大的局限性。

根据形变的温度以及形变所处的组织状态，形变热处理分很多种，这里仅介绍高温形变热处理和低温形变热处理。

6.4.1.1 高温形变热处理

高温形变热处理是将钢加热至 A_{c_3} 以上，在稳定的奥氏体温度范围内进行变形，然后立即淬火，使之发生马氏体转变并回火，得到所需要的性能，如图 6-13 所示。由于形变温度远高于钢的再结晶温度，形变强化效果易于被高温再结晶所削弱，故应严格控制变形后至淬火前的停留时间，形变后要立即淬火冷却。高温形变热处理和一般热处理相比，在提高钢的抗拉强度和屈服强度的同时，还能改善钢的塑性和韧性。

高温形变热处理适用于一般碳素钢、低合金钢结构零件以及机械加工量不大的锻件或轧材，如连杆、曲轴、弹簧、叶片及各种农机具零件。锻轧余热淬火是用得较成功的高温形变热处理工艺，我国的柴油机连杆等调质件已在生产上采用此种工艺。

形变温度和形变量显著影响高温形变热处理的强化效果。形变温度高，形变至淬火停留时间长，容易发生再结晶软化过程，减弱变形强化效果，故一般终轧温度以 900 ℃左右为宜。形变量增加，强度增加，塑性下降。但当形变量超过 40% 以后，反而强度降低，塑性增加。这是由于明显的变形热效应使钢温度升高，加快再结晶软化过程，故高温形变热处理的形变量控制在 20% ~ 40% 时具有最佳的拉伸、冲击、疲劳性能及断裂韧性。

6.4.1.2 低温形变热处理

低温形变热处理是将钢加热至奥氏体状态，迅速冷却至 A_{c_1} 以下、Ms 以上过冷奥氏体亚稳温度范围进行大量塑性变形，然后立即淬火并回火至所需的性能，如图 6-14 所示。

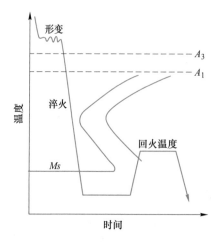
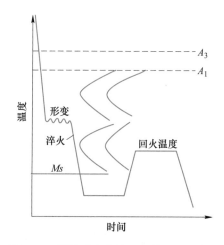

图 6-13 高温形变热处理工艺过程示意图　　图 6-14 低温形变热处理工艺过程示意图

塑性变形可采用锻造、轧制或拉拔等加工方法。该工艺仅适用于珠光体转变区和贝氏体转变区之间（400~550 ℃）有很长孕育期的某些合金钢。在该温度区间进行变形，可防止珠光体或贝氏体相变。低温形变热处理在钢的塑性和韧性不降低或降低不多的情况下，可以显著提高钢的强度和疲劳极限，提高钢抗磨损和抗回火的能力，故低温形变热处理比高温形变热处理具有更高的强化效果，而塑性并不降低。

低温形变热处理使钢显著强化的原因主要是钢经低温形变后，亚晶细化，位错密度大大提高，从而强化了马氏体。形变使奥氏体晶粒细化，进而又细化了马氏体片，对强度也有贡献；对于含有强碳化物形成元素的钢，奥氏体在亚稳区形变时，促使碳化物弥散析出，使钢的强度进一步提高。由于奥氏体内合金碳化物析出使其碳及合金元素量减少，提高了钢的 Ms，大大减少了孪晶马氏体的量，因而低温形变热处理钢又具有良好的塑性和韧性。

低温形变热处理可用于结构钢、弹簧钢、轴承钢及工具钢。经低温形变热处理后，结构钢强度和韧性显著提高，弹簧钢疲劳强度、轴承钢强度和塑性、高速工具钢切削性能和模具钢耐回火性均得到提高。

6.4.2　钢的控制轧制与控制冷却

目前在轧钢生产中广泛采用的控制轧制与控制冷却技术从本质上讲也属于形变热处理，即轧制和热处理相结合的复合加工工艺。

控制轧制和控制冷却工艺是一项节约合金、简化工序、节约能源消耗的先进轧钢技术。它能通过工艺手段充分挖掘钢材潜力，大幅度提高钢材综合性能。由于它具有形变强化和相变强化的综合作用，所以既能提高钢材强度，又能改善钢材的韧性和塑性。

控制轧制（Controlled rolling）是在热轧过程中通过对金属加热制度、变形制度和温度制度的合理控制，使热塑性变形与固态相变结合，以获得细小晶粒组织，使钢材具有优良的综合力学性能的轧制新工艺。对于低碳钢、低合金钢来说，采用控制轧制工艺主要是通过控制工艺参数，细化变形奥氏体晶粒，经过奥氏体向铁素体和珠光体的相变，形成细化的铁素体晶粒和较为细小的珠光体球团，从而达到提高钢的强度、韧性和焊接性能的目的。

控制冷却（Controlled cooling）是控制轧后钢材的冷却速度，达到改善钢材组织和性能的新工艺。由于热轧变形的作用，促使变形奥氏体向铁素体转变温度 A_{r_3} 提高，相变后的铁素体晶粒容易长大，造成力学性能降低。为细化铁素体晶粒，减小珠光体片层间距，阻止碳化物在高温下析出，以提高析出强化效果，因而采用控制冷却工艺。控制轧制与控制冷却相结合，能将热轧钢材的两种强化效果（细晶强化和析出强化）相结合，进一步提高钢材的强韧性和获得合理的综合力学性能。

6.4.2.1　控制轧制

钢组织的再结晶对钢的控制轧制起决定性作用，尤其是控制轧制时变形温度更为重要。因此，根据钢在控制轧制时所处的温度范围，将控制轧制分为以下三个阶段。

（1）奥氏体再结晶区控制轧制（又称Ⅰ型控制轧制）。如图6-15（a）所示，奥氏体再结晶区控制轧制是将钢加热到奥氏体再结晶温度以上进行轧制，使变形与再结晶（动态再结晶）同时进行，经过变形和再结晶不断交替发生，使奥氏体晶粒逐步细化，变形后急冷至室温，以固定变形时形成的组织，然后进行回火或时效。为了不使再结晶后的奥氏体晶粒长大，要严格控制临近终轧的几个道次压下量、轧制温度和道次间隙时间，终轧温度应临近相变点。一般终轧温度控制在900 ℃以下，终轧压下量达到20%~30%。

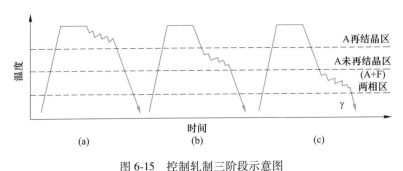

图6-15　控制轧制三阶段示意图

（a）奥氏体再结晶区控制轧制；（b）奥氏体未再结晶区控制轧制；（c）两相区控制轧制

（2）奥氏体未再结晶区控制轧制（又称Ⅱ型控制轧制）。奥氏体未再结晶区控制轧制是将钢加热到奥氏体再结晶温度和 A_{r_3} 之间进行轧制，随着变形量的增加，奥氏体晶粒被破碎或拉长，并在晶内形成变形带，在奥氏体向铁素体转变时，增加了铁素体的形核率，使铁素体晶粒细化，变形后进行急冷，然后回火，如图6-15（b）所示。一般要求钢具有一定的化学成分，以阻止或延迟奥氏体再结晶，并提高再结晶温度。

（3）两相区控制轧制（又称Ⅲ型控制轧制）。两相区控制轧制是将钢加热到奥氏体加铁素体的两相区（A_{r_3}以下）进行轧制（见图6-15（c）），不但奥氏体晶粒发生了变形而后转变成细小的铁素体晶粒，而且相变后的铁素体晶粒也发生了变形而形成亚晶，进一步细化了晶粒，伴随着加工硬化和珠光体析出的硬化而提高了钢的强度，降低脆性转变温度。但是由于产生了织构，板厚方向上的强度和冲击韧性有所下降。

实际控制轧制工艺是这三个阶段的合理组合，常选择以下几种方案：一是完全再结晶型控制轧制工艺；二是完全再结晶型与未再结晶型配合的控制工艺，完全再结晶进行一定的变形，部分再结晶区进行待温或快速冷却，而在奥氏体的未再结晶区继续变形，并在未再结晶区结束轧制；三是完全再结晶型、未再结晶型和奥氏体与铁素体两相区轧制的三阶段控制轧制，在奥氏体再结晶区轧制一些道次，接近部分再结晶区时进行待温或快冷，进入未再结晶区温度后继续轧制，在奥氏体和铁素体两相区轧制一定道次，达到一定变形量后终止轧制。

控制轧制的核心是对轧制过程工艺参数进行严格而适宜的控制，以获得钢材的良好强韧性能，其基本内容包括坯料加热制度、轧制温度制度、变形制度、各道次间停留时间等几个方面的控制。

6.4.2.2 控制冷却

一般可把轧后控制冷却过程分为三个阶段，即一次冷却、二次冷却和三次冷却（空冷）。

（1）一次冷却。一次冷却是指从终轧温度开始到变形奥氏体向铁素体开始转变温度 A_{r_3}，或二次碳化物开始析出温度 $A_{r_{cm}}$ 这个温度范围内的冷却控制。一次冷却控制包括控制开始快冷温度、冷却速度和快冷终止温度。冷却的目的是控制变形奥氏体的组织状态，阻止奥氏体晶粒的长大，阻止碳化物析出，固定因变形而引起的位错，降低相变温度，为相变做组织准备。开始快冷温度越接近终轧温度，细化变形奥氏体和增大有效晶界面积的效果越明显。

（2）二次冷却。二次冷却是指相变开始温度到相变结束温度范围内的冷却控制。目的是控制钢材相变时的冷却速度和停止控冷的温度，保证钢材快冷后得到所要求的金相组织和力学性能。

（3）三次冷却（空冷）。三次冷却（空冷）是指相变后至室温范围内的冷却控制。低碳钢相变全部结束后，冷却速度对组织没有影响。含 Nb 钢在空冷过程中会发生碳氮化物析出，对生成的贝氏体产生轻微的回火效果。高碳钢或高碳合金钢相变后，空冷时将使快冷时来不及析出的过饱和碳化物继续弥散析出。如相变完成后仍采用快速冷却工艺，可以阻止碳化物析出，保持其碳化物固溶状态，达到固溶强化的目的。

常用的控制冷却的方式有喷水冷却、喷射冷却、雾化冷却、层流冷却、浸水冷却、管内流水冷却和强制风冷等。

实践与训练 6.5　钢的热处理工艺操作

6.5.1　任务说明

通过教师讲解、现场操作演示、阅读实践与训练指导工作页等学习，了解热处理操作的流程，熟悉掌握实践中各种设备的原理及操作规程，规范操作，养成良好职业习惯。

6.5.2　任务要求

（1）学习热处理加热炉、硬度计、金相显微镜等设备的原理、结构以及操作规范。

（2）学习 45 钢淬火、回火热处理规范、硬度测试规范、金相试样加工规范、组织测试规范。

（3）深入理解钢的成分、加热温度和冷却速度对淬火后钢性能的影响。

（4）深入理解不同回火温度对钢的性能的影响。

6.5.3　任务分析及步骤说明

6.5.3.1　钢的热处理简介

热处理是通过加热、保温、冷却的三个过程，使钢的内部组织发生变化，以获得所需要性能的一种加工工艺。由于加热温度、冷却速度和处理目的的不同，钢的热处理种类很多，其中常用的普通热处理方法有淬火、回火、退火和正火等。钢经热处理后的性能取决于热处理后的组织，热处理后的组织又取决于钢的成分、加热温度和冷却速度。

A　加热温度的确定（淬火、正火和退火）

碳钢的淬火、正火、完全退火和不完全退火的正常加热温度由于含碳量和热处理方法的不同而不同。亚共析钢的淬火与完全退火温度为 A_{c_3} 以上 30~50 ℃，使钢的组织完全奥氏体化；共析与过共析钢的淬火和不完全退火温度为 A_{c_3} 以上 30~50 ℃，这时钢的组织为奥氏体和渗碳体。加热温度过低，相变不能完全；加热温度低于 A_{c_1} 以下，则不发生相变。加热温度过高，将造成奥氏体晶粒粗化（冷却后的组织也粗大），氧化脱碳严重，淬火后残余奥氏体数量增加（使淬火后钢的硬度降低）。

合金钢的加热温度一般比相同含碳量的碳钢高。一方面，合金元素能提高 A_{c_1} 的温度；另一方面，合金元素扩散速度较慢。为促使合金元素熔入奥氏体中，需提高加热温度。

B　保温时间的确定

淬火保温时间是指工件装炉后，从炉温上升到淬火温度时算起，直到出炉位置所需要的时间。保温时间包括工件透热时间和组织转变所需要的时间。保温时间的影响因素比较多，与钢的成分、工件的形状尺寸、所需的加热介质及加热方法等因素有关，一般可按照经验公式来估算，碳钢在电炉中加热时间的计算见表 6-2。

表 6-2　碳钢在电炉中加热时间计算

加热温度/℃	工件形状		
	圆柱形	方形	板形
	保温时间		
	min/mm（直径）	min/mm（厚度）	min/mm（厚度）
700	1.5	2.2	3
800	1.0	1.5	2
900	0.8	1.2	1.6
1000	0.4	0.6	0.8

C　冷却速度

冷却是淬火的关键工序，它直接影响到钢淬火后的组织和性能。冷却时应使冷却速度大于临界冷却速度，以保证获得马氏体组织；在这个前提下又应尽量缓慢冷却，以减少钢中的内应力，防止变形和开裂。为此，可根据等温转变图（见图 6-16），使淬火工作在过冷奥氏体最不稳定的温度范围（650~550 ℃）进行快冷（即与 C 形曲线的"鼻尖"相切），而在较低温度（300~100 ℃）时冷却速度则尽可能小些。

本实验将加热温度定在 790 ℃，保温 30 min 后进行水冷。为了保证淬火效果，应选用合适的冷却方法（如双液淬火法、分级淬火法等）。不同的冷却介

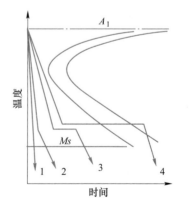

图 6-16　各种淬火方法冷却曲线示意图
1—单液淬火法；2—双液淬火法；
3—分级淬火法；4—等温淬火法

质在不同的温度范围内的冷却速度有所差别。几种常用冷却介质的冷却能力见表6-3。

表6-3 几种常用冷却介质的冷却能力

冷却介质	在下列温度范围内的冷却速度/℃·s⁻¹	
	650~550 ℃	300~200 ℃
18 ℃的水	600	270
50 ℃的水	100	270
10%NaCl 水溶液（18 ℃）	1100	300
10%NaOH 水溶液（18 ℃）	1200	300
10%NaOH 水溶液（18 ℃）	800	270
蒸馏水（50 ℃）	250	200
硝酸盐（200 ℃）	350	10
菜籽油（50 ℃）	200	35
矿物机油（50 ℃）	150	30
变压器油（50 ℃）	120	25

经正常加热，并用不同的速度冷却后，钢的性能不同。冷却速度不同，所获得的组织不同。45钢经860℃加热后，用不同的冷却速度获得的组织不同。空冷后组织为铁素体和索氏体；油冷后组织为屈氏体和极少数铁素体；水冷后组织为淬火马氏体（板条和片状马氏体混合物）和极少量残余奥氏体。

索氏体和屈氏体都是铁素体与片状渗碳体的机械混合物，不同的是它们的层片间距比珠光体小，屈氏体中层片间距又比索氏体小，故其硬度关系是：屈氏体>索氏体>珠光体。马氏体是碳（也可以是其他合金元素）在体心立方体中的过饱和固溶体，因此它的硬度比前几种组织都高，而且随着过饱和程度的增加，其硬度也增高。经正常加热并大于临界冷却速度冷却后，马氏体的硬度取决于含碳量（马氏体的含碳量和加热时奥氏体的含碳量基本相同）。

在相同冷却速度下，相同含碳量的合金钢比碳钢的硬度大。有些高合金钢甚至在空气中冷却，就能获得淬火马氏体组织。

D 回火温度对钢的性能的影响

回火是将淬火后的零件加热到低于 A_1 的某一温度并保温，然后以适当的方式冷却到室温的热处理工艺。钢经淬火后得到的马氏体组织硬而脆，并且工件内部存在很大的内应力，如果直接进行磨削加工往往会出现龟裂；一些精密的零件在使用过程中将会由于变形引起尺寸变化而失去精度，甚至开裂。因此钢淬火后必须进行回火处理。不同的回火工艺可以使钢获得所需的性能。表6-4为45钢淬火后经不同温度回火后的组织及性能。

表6-4 45钢淬火后经不同温度回火后的组织及性能

类型	回火温度/℃	回火后的组织	回火后硬度（HRC）	性能特点
低温回火	150~250	回火马氏体+残余奥氏体+碳化物	60~57	硬度高，内应力小
中温回火	350~500	回火屈氏体	35~45	硬度适中，有较高的弹性
高温回火	500~650	回火索氏体	20~33	具有良好塑性、韧性和一定强度相配合的综合性能

对碳钢来说，回火工艺的选择主要是考虑回火温度和保温时间这两个因素，也可以采用经验公式近似地估算回火温度。例如 45 钢回火温度的经验公式为

$$t \approx 200 + K(60 - \chi)$$

式中　K——系数，当回火后要求的硬度值大于 30HRC 时，$K = 11$；回火后要求的硬度值小于等于 30HRC 时，$K = 12$；

　　　χ——所要求的硬度值，HRC。

在实际生产中通常以图纸上所要求的硬度要求作为选择回火温度的依据。碳钢回火时，一般采用在空气中冷却。

碳钢在 250 ℃以下回火时，淬火组织中只有淬火马氏体转变为回火马氏体，其他组成物不发生变化，故钢基本上保持淬火态的温度。

当回火温度升高到 350~500 ℃时，淬火马氏体和残余奥氏体都分解为回火屈氏体组织（是铁素体和极细颗粒渗碳体的机械混合物），因此钢的硬度下降。当回火温度进一步提高，渗碳体颗粒发生长大，得到铁素体和较细颗粒渗碳体的机械混合物——回火索氏体组织，钢的硬度进一步下降。当回火温度为 650 ℃~A_{c_1} 时，渗碳体颗粒继续长大，形成球状珠光体组织，钢的硬度比回火索氏体硬度还要低。

合金钢（特别是高合金钢）回火时，其硬度下降的趋势比碳钢慢，亦即在相同的回火温度下，合金钢的硬度比碳钢高。这是由于含有合金元素的淬火马氏体和残余奥氏体比较稳定，要达到更高温度时才能分解；另外，合金钢中往往有合金碳化物或特殊碳化物存在，它们聚集长大的倾向较小。

45 钢为优质碳素结构用钢，硬度不高易切削加工，模具中常用来做模板、销子、导柱等，但需进行热处理。45 钢主要成分为 Fe（铁元素），且含有表 6-5 中所列少量元素。

表 6-5　45 钢的成分（质量分数）　　　　　　　　　　（%）

C	Si	Mn	P	S	Cr	Ni	Cu
0.42~0.50	0.17~0.37	0.50~0.80	≤0.040	≤0.045	≤0.25	≤0.25	≤0.25

6.5.3.2　钢的热处理的操作技能

（1）热处理前硬度测试。对工件进行略微打磨，目的是去除工件表面的氧化物，使测量结果更准确。测量试样的硬度，一共 5 次。

（2）对 45 钢进行淬火。打开加热炉，使其温度上升 790 ℃，将试样置于加热炉中，待温度上升到 850 ℃开始计时，保温 30 min；保温后取出放入水中进行水冷；待试样完全冷却，用磨砂纸将其表面打磨平整、光滑。对试样进行抛光、腐蚀后观察金相组织；测量试样的硬度，一共测量 5 次。并计入表格中。

（3）对 45 钢进行回火。打开加热炉，使其温度上升到 500 ℃，将试样置于加热炉中，待温度上升到 500 ℃开始计时，保温时间 30 min；保温后断开开关使得试样随炉冷却到 340 ℃以下，取出空冷至室温；待试样完全冷却，用磨砂纸将其表面打磨平整、光滑。对试样进行抛光、腐蚀后观察金相；测量试样的硬度，一共测量 5 次。并计入表格中。

6.5.4 任务考核

（1）测量淬火前的硬度并记录在表 6-6 中（配分 15 分）。

表6-6　淬火前的硬度记录表

测量次数	1	2	3	4	5
硬度（HRC）					

分析：试样中心和边沿的硬度明显不同，测量时尽量选择中心处测量，可以减小因测量点不同或人为操作失误造成的误差。

（2）淬火后的硬度并记录在表 6-7 中（配分 15 分）。

表6-7　淬火后的硬度记录表

测量次数	1	2	3	4	5
硬度（HRC）					

分析：与淬火前相比，淬火后的硬度明显增大。说明适当的淬火可以增大材料的硬度。

（3）回火后的硬度并记录在表 6-8 中（配分 15 分）。

表6-8　回火后的硬度记录表

测量次数	1	2	3	4	5
硬度（HRC）					

分析：与淬火前相比，回火后钢的硬度明显大于钢的原始硬度，但比淬火后的硬度小些，说明回火后钢的硬度降低了。

（4）45 钢工艺照片（配分 40 分）。

1）淬火后在显微镜观察到的组织。

2）回火后在显微镜观察到的组织。

（5）实验结果分析（配分 15 分）。

课后思考题

6-1　淬火方法有哪些？

6-2　淬火的缺陷有哪些？

6-3　什么是淬透性，什么是淬硬性？

6-4　简述钢的化学热处理方法。

6-5　什么是钢的控制轧制、控制冷却？

项目 7 工 业 用 钢

 思政案例

绿色新动能、钢铁新发展

我国提出力争2030年前实现碳达峰，2060年前实现碳中和。这一目标的提出，不仅彰显了中国作为全球大国的环保责任，也为中国各行各业，特别是钢铁工业，指明了绿色化转型的方向。

中国钢铁工业历经数十年的发展，已经形成了规模庞大的钢铁集团，稳居全球第一大钢铁生产国和消费国的地位。面对新的环保目标，钢铁行业积极响应，逐步推进绿色化进程。从减少污染物排放、提高能源利用效率，到研发环保型新材料、应用先进工艺，钢铁企业在绿色化转型的道路上不断探索，努力降低自身对环境的负面影响。

与此同时，中国钢铁企业间的兼并重组效率也非常高。这不仅有助于优化资源配置，提高产业集中度，还有利于提高重组企业的生产效率和盈利水平。兼并重组的推进，进一步促进了整个钢铁行业的转型升级和高质量发展，为中国钢铁工业的绿色发展提供了有力支撑。

值得一提的是，中国钢铁工业的发展优势正在发生质的改变。全球众多超高层建筑中，都留下了中国钢铁的印记。从高楼大厦的骨架，到桥梁隧道的构建，中国钢铁以其卓越的品质和稳定的性能，赢得了国际市场的广泛认可，不仅展示了中国钢铁工业的技术实力，也体现了中国钢铁企业不断追求卓越、勇于创新的精神。

在绿色化转型的道路上，中国钢铁工业正以前所未有的速度和力度，推动自身的创新与发展。未来，随着环保技术的不断进步和钢铁企业兼并重组的深入推进，我们有理由相信，中国钢铁工业将为实现碳中和目标作出更大贡献，同时也将推动全球钢铁行业的绿色转型，共同构建人类命运共同体。

任务 7.1 碳钢

7.1.1 认识常存杂质元素对非合金钢性能的影响

钢是通过铁矿石、生铁或废铁冶炼而来的，由于原料和冶炼工艺的原因，碳钢中除铁与碳两种元素外，不可避免地还存在杂质元素。对钢的性能影响较大的杂质元素有锰、硅、硫、磷等，称为常存杂质。它们对钢的性能有一定影响，尤其是后两种，是生产中需

要严格控制、经常检查的杂质。

（1）锰的影响。非合金钢中的锰主要来自炼钢时用锰铁给钢水脱氧时残余。锰有较强的脱氧能力，可以清除 FeO，降低钢的脆性。锰还可以与钢中有害杂质硫形成 MnS，从而降低硫对钢的危害，提高热加工的工艺性。大部分锰熔入铁素体，形成置换固溶体，也能部分溶入 Fe_3C 中，形成合金渗碳体，它们都能起强化作用。但是含锰量过高易使钢的晶粒粗大。总的说来，锰对钢是有益的。在一般非合金钢中，锰的含量（质量分数）控制在 0.25%~0.8% 范围内。对于某些碳素钢，为提高其性能将杂质锰的含量提高到 0.7%~1.2%，这种材料称为含锰量较高的非合金钢。

（2）硅的影响。硅主要来自原料生铁及硅铁脱氧剂。硅比锰的脱氧能力强，可使钢水中 FeO 变成炉渣脱离出来，从而提高钢的品质。硅能溶入铁素体，提高钢的强度、硬度，但会降低钢的塑性和韧性。

另外，硅使 Fe_3C 稳定性下降，促进 Fe_3C 分解生成石墨。若钢中出现石墨会使钢的韧性严重下降，产生所谓的"黑脆"。因此，作为有益杂质，硅在非合金钢中一般控制在 0.4% 以内，特殊需要可降至 0.03%。

（3）硫的影响。杂质硫主要来源于矿石和燃料。硫不能溶入铁中，它主要与铁形成熔点为 1190 ℃ 的 FeS，FeS 又与 γ-Fe 形成共晶体（Fe+FeS），其熔点仅是 985 ℃，这一温度低于钢的热变形加工温度（1000~1200 ℃），在进行热变形加工时，分布在晶界处的共晶体处于熔融状态，易使钢在热变形加工中沿晶界开裂，表现出所谓"热脆性"。如果钢水脱氧不良，含有较多的 FeO，还会形成（Fe + FeO + FeS）三相共晶体，熔点更低（940 ℃），危害性更大。因此，钢中的硫含量越少，钢的品质越好。硫的含量常被用作衡量钢材质量等级的重要指标之一。一般情况下，钢中的硫含量低于 0.045%，如果要求更好的质量，则含量限制更严格。

（4）磷的影响。磷是矿石带到钢中的。磷可以固溶到铁素体（溶解度<0.1%）中起强化作用，提高钢在室温时的强度。但是，磷也易与铁形成极脆的化合物 Fe_3P，使钢的塑性和韧性显著下降，且温度越低、脆性越大，这种现象通常称为钢的"冷脆性"。此外，磷还使钢的焊接性降低。因此，磷也是衡量钢材品质的指标之一。若无特殊需要，钢中的磷含量（质量分数）最多不超过 0.055%。有时候硫和磷含量也被适当增加，用于提高某些合金钢的切削加工性能。此外，炮弹钢中加入一定量的磷，可使炮弹爆炸时产生更多弹片，使之有更大的杀伤力。磷与铜共存还可以提高钢的抗大气腐蚀能力。

除了这些常存杂质元素之外，在炼钢过程中，还有少量非金属杂质（O、H、N 等）进入钢水中，都会降低钢的力学性能。因此，也要加以严格控制。

7.1.2 认识非合金钢的分类与牌号

根据 GB/T 13304.1—2008，钢按化学成分分为非合金钢、低合金钢和合金钢。其中，

视频 认识
非合金钢

非合金钢就是原国标中的碳素钢。非合金钢有许多品种，为了生产、使用和管理的方便，必须对非合金钢进行分类，然后确定钢的牌号。

根据 Fe-Fe$_3$C 相图中内部组织的不同，将非合金钢分为共析钢、亚共析钢和过共析钢三类。在实际使用过程中，非合金钢的分类方法很多，常见的方法有以下几种。

（1）按钢中碳含量分。

1）低碳钢：$w(C) \leqslant 0.25\%$。

2）中碳钢：$0.25\% < w(C) \leqslant 0.6\%$。

3）高碳钢：$w(C) > 0.6\%$。

（2）按钢的质量分。

1）普通钢：$w(S) \leqslant 0.035\% \sim 0.050\%$，$w(P) \leqslant 0.035\% \sim 0.045\%$。

2）优质钢：$w(S) \leqslant 0.035\%$，$w(P) \leqslant 0.035\%$。

3）高级优质钢：$w(S) \leqslant 0.02\%$，$w(P) \leqslant 0.03\%$。

（3）按钢的用途分。

1）碳素结构钢：用于建筑、桥梁、船舶等工程构件和机器零件。

2）碳素工具钢：用于刀具、模具、量具。

（4）按炼钢时的脱氧程度或方式分。

1）沸腾钢：是脱氧不彻底的钢，代号 F。

2）镇静钢：是脱氧彻底的钢，代号 Z。

3）半镇静钢：脱氧程度介于沸腾钢和镇静钢之间，代号为 b。

4）特殊镇静钢：比镇静钢脱氧程度更充分彻底的钢，代号为 TZ。

生产中还有其他多种分类方法，在此，不一一列举。一般使用时会将其综合命名。

7.1.3　了解碳素结构钢

碳素结构钢包括用于建筑、桥梁、船舶等工程构件的普通碳素结构钢和用于制造机械零件的优质碳素结构钢两种。

7.1.3.1　普通碳素结构钢的性能、应用及牌号

普通质量的碳素结构钢简称为碳素结构钢。普通碳素结构钢主要保证力学性能，化学成分要求一般不是很严格。它是工程上使用最多的钢种，其产量占钢总产量的 70%~80%。按国家标准（GB/T 700—2006），普通碳素结构钢分为五类。

碳素结构钢一般做成热轧钢板、钢带、钢管、盘条、型材、棒料等，供焊接、铆接、栓接等构件使用。其中：Q195、Q215、Q235 钢的含碳量较低、塑性好、强度低，一般用于螺钉、螺母、垫片、钢窗等强度要求不高的工件；Q235C、Q235D 质量好，用作重要的焊接构件；Q275 钢的含碳量较前几种要高一些，强度较高，塑性、韧性较好，可作为建筑工程中质量要求较高的焊接构件，也可用作受力较大的机械零件。碳素结构钢中，以 Q235 应用最广泛。

　　碳素结构钢的牌号由代表钢材屈服点"屈"字的汉语拼音首位字母"Q"、屈服强度数值（单位为 MPa）和质量等级符号、脱氧方法符号等四个部分按顺序组成。普通碳素结构钢的牌号与新旧标准见表 7-1。

表 7-1　普通碳素结构钢的牌号与新旧标准

项目	新标准（GB/T 700—2006）			旧标准（GB/T 700—1988）		旧标准（GB 700—1979）
牌号意义	Q275 — AF 表示沸腾钢（脱氧方法）　质量等级　屈服强度值(MPa)　屈服点，汉语拼音第一个字母			Q235 — AF 表示沸腾钢（脱氧方法）　质量等级　屈服强度值(MPa)　屈服点，汉语拼音第一个字母		A1~A7—甲类钢（按力学性能供应） 1~7—强度由低到高，伸长率由高到低（下同） B1~B7—乙类钢（按化学成分供应） C2~C5—特类钢，均保证力学性能及化学成分
牌号	统一数字代号①	质量等级	牌号	等级		牌号
Q195	U11952	—	Q195	不分等级，化学成分及力学性能必须保证（见右）		A1（力学性能同 Q195） B1（化学成分同 Q195）
Q215	U12152	A	Q215	A 级 B 级（做常温冲击试验，V 形缺口）		A2 C2
	U12155	B				
Q235	U12352	A	Q235	A 级（不做冲击试验） B 级（做常温冲击试验，V 形缺口） C 级、D 级做重要焊接结构		A3（附加保证常温冲击试验，V 形缺口） C3（附加保证常温或 20 ℃冲击试验，U 形缺口）
	U12355	B				
	U12358	C				
	U12359	D				
Q275②	U12752	A	Q255③	A 级 B 级（做常温冲击试验，V 形缺口） 不分等级，化学成分和力学性能均须保证		A4 C4（附加保证冲击试验，U 形缺口）
	U12755	B				
	U12758	C				
	U12759	D				

　　注：F—沸腾钢"沸"字汉语拼音首位字母；Z—镇静钢"镇"字汉语拼音首位字母；TZ—特殊镇静钢"特镇"两字汉语拼音首位字母。在牌号组成表示方法中，"Z"与"TZ"符号可以省略。

① 表中为镇静钢、特殊镇静钢牌号的统一数字，沸腾钢牌号的统一数字代号如下：
　　Q195F—U11950；Q215AF—U12150，Q215BF—U12153；Q235AF—U12350，Q235BF—U12353；Q275AF—U12750。

② Q275 牌号由 ISO 630：1995 中 E275 牌号改得。

③ Q255 牌号在 GB/T 700—2006 中取消。

7.1.3.2　优质碳素结构钢的性能、应用及牌号

优质碳素结构钢中硫和磷含量较低，非金属夹杂物也较少，因此力学性能比碳素结构钢优良，被广泛用于制造机械产品中较重要的结构零件。优质碳素结构钢使用前一般都要进行热处理。优质碳素结构钢不仅要保证力学性能，也要保证化学成分。不同含碳量的优质碳素结构钢，可用来制作各种不同力学性能要求的机械零件。

08F、10F、15F 这 3 个沸腾钢表面质量好，塑性好，有良好的焊接和冲压性能，一般制造成薄板，做冷冲压件、焊接件，用于拖拉机箱、汽车壳体等。

15、20、25 钢强度较低，但塑性和韧性较高，焊接性能及冷冲压性能较好，可以制造各种用作冷冲压件和焊接件以及一些受力不大但要求高韧性的零件。这三个牌号的钢经渗碳淬火及低温回火后，表面硬度可达 60HRC 以上，耐磨性好，而心部仍具有一定的强度和韧性，可用来制作要求表面耐磨并能承受冲击载荷的零件。因此，这三个牌号的钢也称为渗碳钢。

30、35、40、45、50、55 钢属于调质钢，经淬火及高温回火后，具有良好的综合力学性能，主要用于要求强度、塑性和韧性都较高的机械零件，如齿轮、轴类零件，这类钢在机械制造中应用最广泛，其中以 45 钢更为突出。

60、65、70 钢属于弹簧钢，经淬火及中温回火后可获得高的弹性极限、高的屈强比，主要用于制造弹簧等弹性零件和耐磨零件。

优质碳素结构钢牌号表示方法，是采用两位阿拉伯数字（以万分之一为一个计量单位表示平均碳的质量分数）或阿拉伯数字和元素符号表示。

（1）根据化学成分不同，部分优质碳素结构钢又分为正常锰含量和较高锰含量优质碳素结构钢两类。例如 20 钢，表示平均碳的质量分数为 0.20% 的钢；20Mn 钢，表示平均碳的质量分数为 0.20%、锰的质量分数为 0.7%~1.0% 的钢；65Mn 钢，表示平均碳的质量分数为 0.65%、锰的质量分数为 0.9%~1.2% 的钢。

（2）高级优质碳素结构钢（$w(S)$、$w(P)$ 分别不高于 0.030%），在牌号后加符号"A"。例如，平均碳的质量分数为 0.45% 的高级优质碳素结构钢，其牌号表示为"45A"。

（3）特级优质碳素结构钢（$w(S) < 0.020\%$，$w(P) < 0.025\%$），在牌号后加符号"E"。例如：平均碳的质量分数为 0.45% 的特级优质碳素结构钢，其牌号表示为"45E"。优质碳素结构钢牌号与新旧标准见表 7-2。

表 7-2　优质碳素结构钢牌号与新旧标准

项目	新标准（GB/T 699—2015）	旧标准（GB 699—1999）
牌号意义	15Mn └ $w(Mn)=0.7\%~1.2\%$ └─ 以平均万分数表示的碳的质量分数 └─── 取消了沸腾钢、半镇静钢	08F └ 表示沸腾钢，无F为镇静钢 └─ 以平均万分数表示的碳的质量分数

续表 7-2

标准	新标准（GB/T 699—2015）				旧标准（GB 699—1999）	
	统一数字代号	牌号	统一数字代号	牌号		
牌号	U20082	08	U21152	15Mn	05F	75
	U20102	10	U21202	20Mn	08F	80
	U20152	15	U21252	25Mn	08	85
	U20202	20	U21302	30Mn	10F	以下为较高含锰量的钢
	U20252	25	U21352	35Mn	10	15Mn
	U20302	30	U21402	40Mn	15F	20Mn
	U20352	35	U21452	45Mn	15	25Mn
	U20402	40	U21502	50Mn	20F	30Mn
	U20452	45	U21602	60Mn	20	35Mn
	U20502	50	U21652	65Mn	25	40Mn
	U20552	55	U21702	70Mn	30	45Mn
	U20602	60			35	50Mn
	U20652	65			40	60Mn
	U20702	70			45	65Mn
	U20752	75			50	70Mn
	U20802	80			55	
	U20852	85			60	
					65	

7.1.4　了解碳素工具钢

碳素工具钢主要用于制作各种小型工具。它的含碳量为 0.65%～1.35%。经过淬火及低温回火处理后可获得高硬度、高耐磨性。碳素工具钢分为优质级（$w(S) \leqslant 0.03\%$，$w(P) \leqslant 0.035\%$）和高级优质级（$w(S) \leqslant 0.02\%$，$w(P) \leqslant 0.03\%$）两大类。

这类钢号命名的方法是"碳"的汉语拼音"T"加上含碳量的千分数。如 T10，表示碳的质量分数千分之十即 1.0% 的碳素工具钢。对于高级优质的碳素工具钢需在钢号尾部加"A"，如 T10A。优质级的不加质量等级符号。碳素工具钢中锰的含量严格控制在 0.4% 以下。个别钢为了提高其淬透性，锰的含量上限扩大到 0.6%，这时，该钢号尾部要标出元素符号"Mn"。如 T8Mn，以有别于 T8 钢。

碳素工具钢在机械加工前一般进行球化退火，硬度不高于 220HBW。最终热处理为淬火及低温回火，组织为回火马氏体+粒状渗碳体。其硬度可达 60～64HRC，具有很高的耐磨性，价格又便宜，生产上得到广泛应用。

碳素工具钢做刀具的缺点是红硬性差（红硬性是指钢在高温下保持高硬度的能力），当刃部温度高于 250 ℃时，其硬度和耐磨性会显著降低。此外，这类钢的淬透性也低，并容易产生淬火变形和开裂。因此，碳素工具钢大多用于制造刃部受热程度较低的手用工具和低速、小进给量的机用工具，亦可制作形状简单、尺寸较小的模具以及量具。

任务 7.2　合金钢

在碳钢的基础上，有目的地在冶炼的过程中加入一定量的合金元素。含有合金元素的钢叫作合金钢。常用的合金元素有锰（$w(Mn) > 1.0\%$）、硅（$w(Si) > 0.5\%$）、铬、镍、钼、钨、钒、钛、锆、铝、硼、稀土（RE）等。合金钢与碳素钢相比，具有较高的综合力学性能、良好的热处理工艺性能，并具有特殊的物理、化学性能。虽然合金钢的生产工艺过程复杂、成本较高，但由于其具有优良的性能，能够满足不同工作条件下的产品要求，因此应用范围不断扩大，重要的工程结构和机械零件均使用合金钢制造。

视频 认识
合金钢

7.2.1 认识合金元素在钢中的存在形式及对铁-渗碳体相图、 热处理的影响

7.2.1.1 合金元素对钢中基本相的影响

铁素体和渗碳体是碳钢中的两个基本相，当合金元素加入钢中时，合金元素可以熔于铁素体内，也可以溶于渗碳体内。与碳亲和力弱的非碳化物形成元素，如镍、硅、铝、钴等，主要熔于铁素体中形成合金铁素体，而与碳亲和力强的碳化物形成元素，如锰、铬、钼、钨、钒、钛、锆、铌等，则主要与碳结合形成合金渗碳体或碳化物。合金元素对钢的基体的强化作用提高了钢的力学性能和使用性能。

A 形成合金铁素体，产生固溶强化

溶入铁素体中的合金元素，形成合金铁素体。原子直径较小的合金元素（如氮、硼等）与铁素体形成间隙固溶体；原子直径较大的合金元素（如锰、镍、钴等）与铁素体形成置换固溶体。当合金元素溶入铁素体后，必然引起铁素体的晶格畸变，产生固溶强化，使铁素体的强度、硬度提高，但塑性、韧性却有下降趋势。图 7-1 和图 7-2 为常见合金元素对铁素体硬度和韧性的影响。

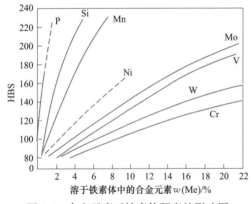

图 7-1 合金元素对铁素体硬度的影响图

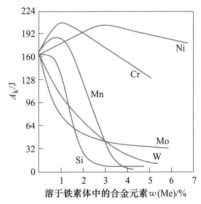

图 7-2 合金元素对铁素体韧性的影响图

由图 7-1 和图 7-2 可知，硅、锰能显著地提高铁素体的强度和硬度，但当 $w(Si) > 0.6\%$，$w(Mn) > 1.5\%$ 时，合金的韧性显著下降。而铬、镍这两种合金元素，在含量适当时（$w(Cr) \leqslant 2\%$，$w(Ni) \leqslant 5\%$），不仅能提高铁素体的强度和硬度，同时也能提高其韧性。

B 形成合金碳化物，产生第二相强化

在钢中能形成碳化物的元素有钛、锆、铌、钒、钨、钼、铬、锰、铁等。在周期表中，碳化物形成元素都是位于铁左边的过渡族金属元素，离铁越远，则该合金元素与碳的亲和力越强，形成碳化物的能力越大，形成的碳化物越稳定，越不容易分解。一般认为，钛、锆、铌、钒是强碳化物形成元素；钨、钼、铬是中强碳化物形成元素；锰为弱碳化物形成元素。合金钢中形成合金碳化物的类型主要有以下两类。

（1）合金渗碳体：合金渗碳体是合金元素溶入渗碳体所形成的化合物。合金渗碳体的稳定性略高于渗碳体，硬度也较高，是一般低合金钢中碳化物的主要存在形式。

（2）特殊碳化物：特殊碳化物是与渗碳体晶格完全不同的合金碳化物。通常是由中强或强碳化物形成元素所构成的碳化物。特殊碳化物有两种类型：一类是具有简单晶格的间隙相碳化物，如 WC、Mo_2C、VC 、TiC 等；另一类是具有复杂晶格的碳化物，如 $Cr_{23}C_6$、Cr_7C_3、Fe_3W_3C 等。特殊碳化物特别是间隙相碳化物，比合金渗碳体具有更高的熔点、硬度与耐磨性，并且更为稳定，不易分解。合金碳化物的种类、性能和在钢中的分布状态会直接影响到钢的性能及热处理时的相变温度。当钢中存在弥散分布的特殊碳化物时，产生第二相强化，将显著提高钢的强度、硬度与耐磨性，而不降低韧性，这对提高工具的使用性能非常有利。

C　形成非金属夹杂物

大多数元素与钢中的氧、氮、硫也可以形成简单的或复合的非金属夹杂物，如 Al_2O_3、AlN、TiN、FeO 等。非金属夹杂物的存在会降低钢的质量。

7.2.1.2　合金元素对铁-渗碳体相图的影响

钢中加入合金元素后，由于合金元素与铁和碳的作用，Fe-Fe_3C 相图将会发生变化。

A　改变奥氏体相区，形成稳定的单相平衡组织

铬、钨、钼、钒、钛、铝、硅等合金元素加入钢中，会使奥氏体相区缩小，随其含量的增加，Fe-Fe_3C 相图中的 GS 线向左上方移动，使 A_3、A_1 温度升高，如图 7-3 所示。当钢中含有大量能缩小奥氏体相区的元素时，会在室温下获得单相的铁素体组织，这种钢称为铁素体钢。镍、钴、锰等合金元素的加入，会使奥氏体区扩大，随其含量的增加，Fe-Fe_3C 相图中 GS 线向左下方移动，使 A_3 及 A_1 温度下降。锰对 Fe-Fe_3C 相图中奥氏体相区及 A_1、A_3 的温度影响如图 7-4 所示。当钢中含有大量扩大奥氏体区的合金元素时，会在室

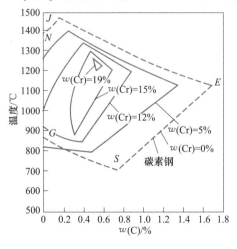

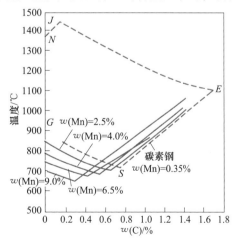

图 7-3　铬对 Fe-Fe_3C 相图的影响图　　　　图 7-4　锰对 Fe-Fe_3C 相图的影响

温下获得单相的奥氏体组织，这种钢称为奥氏体钢。奥氏体钢和铁素体钢具有抗蚀、耐热等性能，是不锈、耐蚀、耐热钢中常见的组织。

B　使 S、E 点左移

凡能扩大奥氏体相区的元素，均使 S、E 点向左下方移动；凡能缩小奥氏体相区的元素，均使 S、E 点向左上方移动。因此所有合金元素都会使 S、E 点向左移动，如图7-5和图7-6所示。合金元素降低了共析点的碳的质量分数，使碳的质量分数相同的碳钢与合金钢具有不同的显微组织。如 $w(C) = 0.4\%$ 的碳钢具有亚共析组织，但加入 $w(Cr) = 14\%$ 后，因 S 点左移，使该合金钢具有过共析钢的平衡组织。从图7-6可以看出，合金元素使 E 点向左移动，使出现莱氏体的碳的质量分数降低。如高速工具钢 $W_{18}Cr_4V$ 中 $w(C) < 1\%$，但在铸态组织中却出现了合金莱氏体，因此称这种钢为莱氏体钢。

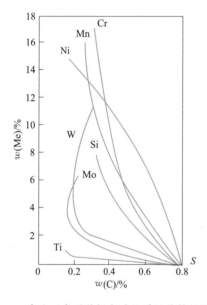
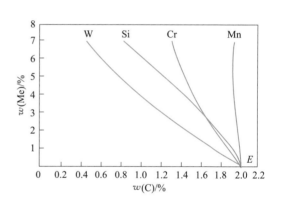

图7-5　合金元素对共析点碳的质量分数的影响　　图7-6　合金元素对 E 点碳的质量分数的影响

由此可见，要判断合金钢是亚共析钢还是过共析钢，以及确定其热处理加热或冷却时的相变温度，就不能单纯地直接根据 Fe-Fe$_3$C 相图，而应根据多元铁基合金系相图来进行分析。

7.2.1.3　合金元素对钢热处理的影响

钢在加热、冷却时所发生的相变与原子扩散速度有关。合金钢中由于合金元素的存在使其对原子的扩散速度产生相应的影响，它使碳的扩散速度减慢，碳化物形成元素不易析出，析出后也较难聚集长大。合金元素在固溶体中的扩散速度比碳的扩散速度低得多。因此，在其他条件相同时，合金钢扩散型的相变过程比碳钢缓慢，热处理时应引起注意。

A　合金元素对钢加热过程的影响

（1）合金元素对奥氏体形成速度的影响：合金钢在加热时，合金元素会改变碳的扩散速度，影响奥氏体的形成速度。除镍、钴外，大多数合金元素减缓钢的奥氏体化过程。碳化物形成元素铬、钨、钼、钒、钛等，由于它们与碳有较强的亲和力，显著减慢了碳在奥氏体中的扩散速度，因而使奥氏体形成速度减慢；部分非碳化物形成元素或弱碳化物形成元素（如硅、铝、锰等），对碳在奥氏体中扩散速度影响不大，故对奥氏体的形成速度影响也不大。

（2）合金元素对奥氏体化温度的影响：为了充分发挥合金元素在钢中的作用，必须使合金元素更多地溶入奥氏体中。但是合金钢中碳化物要比碳钢中的渗碳体稳定，要使这些碳化物分解，并通过扩散均匀地分布于奥氏体中，往往需要将合金钢加热到更高的温度并保温更长的时间。尤其是含有大量强碳化物形成元素的高合金钢，其奥氏体化温度往往要超过相变点数百度，才能保证奥氏体化过程的充分进行。

（3）合金元素对奥氏体晶粒大小的影响：除锰以外，大多数合金元素都不同程度地阻碍奥氏体晶粒长大。特别是强碳化物形成元素如钛、钒、铌等作用更显著，它们形成的特殊碳化物在高温下比较稳定，且以弥散质点分布在奥氏体晶界上，起到了阻止奥氏体晶粒长大的作用，因此，合金钢热处理后具有比相同碳的质量分数的碳钢更细小、更均匀的晶粒，从而有效提高了钢的强度和韧性。除锰钢外，合金钢在加热时不易过热，这样有利于在淬火后获得细小的马氏体组织，也有利于适当提高淬火加热温度，使奥氏体中熔入更多的合金元素，以增加淬透性及钢的力学性能，同时也可减少淬火时变形与开裂的倾向。

B　合金元素对钢冷却转变的影响

（1）合金元素对过冷奥氏体等温转变曲线的影响：大多数合金元素（除钴外）均能溶入奥氏体，使原子的扩散速度降低，奥氏体稳定性增加，使 C 曲线位置右移，临界冷却速度减小，钢的淬透性提高。通常对于合金钢可以采用冷却能力较低的淬火介质淬火，如油冷就可得到马氏体组织，从而减少零件的淬火变形和开裂倾向。合金元素不仅使 C 曲线位置右移，而且对 C 曲线形状也有影响。非碳化物形成元素及弱碳化物形成元素，使 C 曲线右移。含有这类合金元素的低合金钢，其 C 曲线形状与碳钢相似，具有一个"鼻尖"，如图 7-7（a）所示。当碳化物形成元素熔入奥氏体后，由于它们对推迟珠光体转变与贝氏体转变的作用不同，使 C 曲线明显地分为珠光体和贝氏体两个独立的转变区，而两个转变区之间形成了一个稳定的奥氏体区，如图 7-7（b）所示。

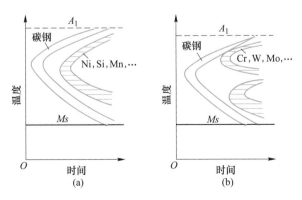

图 7-7　合金元素对 C 曲线的影响

（a）一个"鼻尖"的 C 曲线；（b）两个"鼻尖"的 C 曲线

（2）合金元素对过冷奥氏体向马氏体转变的影响：除钴、铝外，合金元素溶入奥氏体后，使马氏体转变温度 Ms 及 Mf 降低，其中锰、铬、镍作用较强，其次是钒、钼、钨、硅。硅单独加入钢中时对 Ms 无影响，但它与其他元素共同加入时，可以起到降低 Ms 的作用。合金元素对 Ms 的影响如图 7-8 所示。凡促使 Ms 降低的合金元素也能降低 Mf，只是降低程度较小。Ms 越低淬火后钢中残余奥氏体的数量就越多。钢中的碳的质量分数越高，合金元素降低 Ms 作用越显著。随着合金元素含量的增加，由于 Ms 的不断下降，使得室温下残余奥氏体量增多。图 7-9 为不同合金元素对 $w(C)=1.0\%$ 的钢在 1150 ℃淬火后残余奥氏体量的影响。

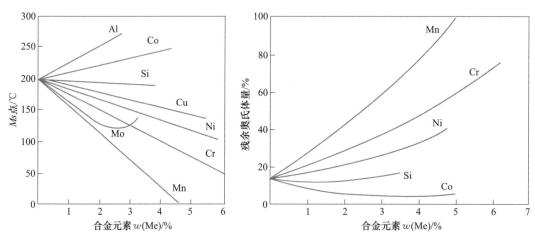

图 7-8　合金元素对 Ms 点的影响图　　　　图 7-9　合金元素对残余奥氏体量的影响

（3）合金元素对淬火钢回火转变的影响：钢经淬火后，其内部组织是不稳定的，在不同的回火温度下，将发生不同的组织转变，如马氏体的分解，碳化物的析出、聚集和长大，残余奥氏体的分解及 α 相的再结晶等，合金元素对这些转变都会产生影响。

1）提高淬火钢的回火稳定性：回火稳定性是指淬火钢在回火时，抵抗强度、硬度下降的能力。不同的钢在相同温度回火后，强度、硬度下降少的，其回火稳定性较高。由于合金元素溶入马氏体，使原子扩散速度减慢，因而在回火过程中马氏体不易分解，碳化物不易析出，析出后也较难聚集长大，特别是强碳化物形成元素，使合金钢在相同温度回火后强度、硬度下降较少，即比碳钢具有较高的回火稳定性。因此，在相同的回火温度下合金钢的硬度要比相同碳的质量分数的碳钢高，即合金钢的回火稳定性高（或称抗回火软化能力高）。合金钢回火稳定性较高，一般是有利的。在达到相同硬度的情况下，合金钢的回火温度要比碳钢高，回火时间也应适当增长，可进一步消除残余应力，因而合金钢的塑性、韧性较碳钢好。

2）回火时产生二次硬化现象：在含有碳化物形成元素铬、钨、钼、钒、铌、钛等的合金钢中，在 500~600 ℃回火时，会从马氏体中析出特殊碳化物，如 Mo_2C、W_2C、VC 等，这些碳化物呈高度弥散状态，分布在马氏体基体上，且与马氏体保持共格关系，阻碍位错运动使钢的硬度不但不降低，反而有所回升，在硬度-回火温度曲线上出现"二次硬化峰"，这种现象称为二次硬化，如图 7-10 所示。某些高合金钢淬火组织中残余奥氏体量较多，且十分稳定，当加热到 500~600 ℃ 时仍不分解，仅是析出一些特殊碳化物，由于特殊碳化物的析出，使残余奥氏体中碳及合金元素浓度降低，提高了 Ms 温度，故在随后冷却时就会有部分残余奥氏体转变为马氏体，使钢的硬度提高。

3）回火时产生第二类回火脆性：与碳钢一样，合金钢在回火时，其总的规律是随着回火温度的升高，冲击韧性升高。但某些合金钢淬火后在 450~650 ℃ 范围内回火后缓慢冷却，会出现冲击韧性下降的现象，如果在这一温度范围内回火后快速冷却，则不出现上述情况。人们将这类回火脆性称为第二类回火脆性（或高温回火脆性），如图 7-11 所示。

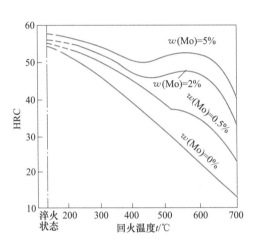
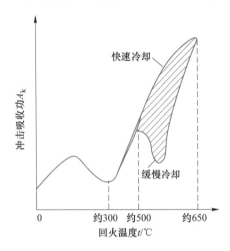

图 7-10　$w(C)=0.35\%$ 钢回火后的硬度变化　　图 7-11　回火温度对合金钢冲击韧性影响的示意图

第二类回火脆性的特点是：在脆性温度范围内回火后缓冷，才出现脆性。出现这类回火脆性后，重新加热并快速冷却，回火脆性可以消除。已经消除了回火脆性的钢，如果重新加热到脆性区温度进行回火，随后缓慢冷却，则脆性又会出现。由于这种回火脆性具有可逆性，因此也称为可逆回火脆性。

产生第二类回火脆性的原因，一般认为与杂质及某些合金元素向晶界偏聚有关。实践证明，各类合金结构钢都有第二类回火脆性的倾向，只是程度不同而已。目前，减轻或消除第二类回火脆性的方法有：提高钢的纯洁度，降低杂质元素的含量；加入适量的钼和钨，可延缓杂质元素的偏聚；回火后快速冷却。

7.2.2　认识合金钢的分类与牌号

7.2.2.1　合金钢的分类

合金钢的分类方法很多，最常用的方法有以下几种。

（1）按合金元素总的质量分数分类。

1）低合金钢：钢中全部合金元素总的质量分数 $w(Me)<5\%$。

2）中合金钢：钢中全部合金元素总的质量分数 $w(Me)=5\%~10\%$。

3）高合金钢：钢中全部合金元素总的质量分数 $w(Me)>10\%$。

（2）按冶金质量和钢中有害杂质元素的含量分类。

1）优质钢：$w(P)<0.035\%$，$w(S)<0.035\%$。

2）高级优质钢：$w(P)<0.025\%$，$w(S)<0.025\%$。

3）特级优质钢：$w(P)<0.025\%$，$w(S)<0.015\%$。

（3）按主要用途分类。

1）合金结构钢：主要用于制造重要工程结构和机器零件，是工业上应用最广、用量最大的钢种，可分为工程用结构钢和机械制造用结构钢。

2）合金工具钢：主要用于制造重要工具的钢，包括刃具钢、模具钢和量具钢等。

3）特殊性能钢：具有特殊的物理、化学、力学性能的钢种，主要用于制造有特殊要求的零件或结构，包括不锈钢、耐热钢、耐磨钢等。

7.2.2.2 合金钢的编号

每一种钢都有一个简明的编号，世界各国钢的编号方法不一样。我国合金钢牌号的命名原则（根据 GB/T 221—2000）是由钢中碳的质量分数（$w(C)$）及合金元素的种类和合金元素的质量分数（$w(Me)$）的组合来表示。

A　合金结构钢的编号

合金结构钢编号的方法，以"两位数字+合金元素符号+数字"的方法表示。牌号前面两位数字表示钢中碳的平均质量分数的万分数（$w(C)\times10000$）；中间用合金元素的化学符号表明钢中主要合金元素，质量分数由其后面的数字标明，一般以百分数表示（$w(Me)\times100$）。凡合金元素的平均含量小于1.5%时，只标明元素符号而不标明其含量。如果平均质量分数为 1.5%~2.49%、2.5%~3.49%、3.5%~4.49% 等时，相应地标以数字2、3、4 等。质量等级的标注，优质钢不加标注；高级优质钢牌号后加"A"；特级优质钢牌号后加"E"。例如 40Cr，表示平均含碳量为 0.40%，主要合金元素 Cr 含量小于 1.5%的优质合金钢；又如 20Cr2Ni4A，表示平均含碳量为 0.20%，主要合金元素 Cr 平均含量为2.0%，Ni 平均含量为 4.0%的高级优质钢。

滚动轴承钢在牌号前标"滚"字的汉语拼音字首"G"，后面数字表示 Cr 质量分数的千分数。如 GCr15，表示 Cr 平均含量为 1.5%。滚动轴承钢都是高级优质钢，但牌号后不加"A"。合金结构钢的牌号与标准见表 7-3，高级优质钢的牌号与标准见表 7-4。

表 7-3　合金结构钢的牌号与标准

项目	新标准（GB/T 3077—2015）	旧标准（GB 3077—1999）
牌号意义	20MnV └─ $w(V)=0.07\%\sim0.12\%$ └─ $w(Mn)=1.30\%\sim1.60\%$ └─ 以平均万分数表示的碳的质量分数 A—高级优质钢 其余—优质钢	20MnV └─ $w(V)=0.07\%\sim0.12\%$ └─ $w(Mn)=1.30\%\sim1.60\%$ └─ 以平均万分数表示的碳的质量分数 A—高级优质钢 其余—优质钢

续表 7-3

项目	新标准（GB/T 3077—2015）				旧标准（GB 3077—1999）	
	钢组	序号	统一数字代号	牌号	钢组	牌号
牌号	Mn	1	A00202	20Mn2	Mn	20Mn2
	MnV	2	A01202	20MnV	MnV	20MnV
	SiMn	3	A10272	27SiMn	SiMn	27SiMn
	SiMnMoV	4	A14202	20SiMn2MoV	SiMnMoV	20SiMn2MoV
	B	5	A70402	40B	B	40B
	MnB	6	A71402	40MnB	MnB	40MnB
	MnMoB	7	A72202	20MnMoB	MnMoB	20MnMoB
	MnVB	8	A73152	15MnVB	MnVB	15MnVB
	MnTiB	9	A74202	20MnTiB	MnTiB	20MnTiB
	Cr	10	A20152	15Cr	Cr	15Cr
	CrSi	11	A21382	38CrSi	CrSi	38CrSi
	CrMo	12	A30122	12CrMo	CrMo	12CrMo
	CrMoV	13	A31122	12CrMoV	CrMoV	12CrMoV
	CrMoAl	14	A33382	38CrMoAl	CrMoAl	38CrMoAl
	CrV	15	A23402	40CrV	CrV	40CrV
	CrMn	16	A22202	20CrMn	CrMn	15CrMn
	CrMnSi	17	A24202	20CrMnSi	CrMnSi	20CrMnSi
	CrMnMo	18	A34202	20CrMnMo	CrMnMo	20CrMnMo
	CrMnTi	19	A26202	20CrMnTi	CrMnTi	20CrMnTi
	CrNi	20	A40202	20CrNi	CrNi	20CrNi
	CrNi	21	A42122	12CrNi3	CrNi	12CrNi3
	CrNiMo	22	A50202	20CrNiMo	CrNiMo	20CrNiMo
	CrMnNiMo	23	A50182	18CrMnNiMo	CrMnNiMo	18CrMnNiMoA
	CrNiMoV	24	A51452	45CrNiMoV	CrNiMoV	45CrNiMoVA
	CrNiW	25	A52182	18Cr2Ni4W	CrNiW	18Cr2Ni4WA

表 7-4　高级优质钢的牌号与标准

项目	新标准（GB/T 3077—2015）	旧标准（GB 3077—1999）
牌号意义	20MnV └─ $w(V)=0.07\%\sim0.12\%$ └─ $w(Mn)=1.30\%\sim1.60\%$ └─ 以平均万分数表示的碳的质量分数 A—高级优质钢 其余—优质钢	20MnV └─ $w(V)=0.07\%\sim0.12\%$ └─ $w(Mn)=1.30\%\sim1.60\%$ └─ 以平均万分数表示的碳的质量分数 A—高级优质钢 其余—优质钢

续表 7-4

项目	新标准（GB/T 3077—2015）				旧标准（GB 3077—1999）	
	钢组	序号	牌号		钢组	牌号
牌号	Mn	1	20Mn2		Mn	20Mn2
	Mn	2	45Mn2		Mn	45Mn2
	MnV	3	20MnV		MnV	20MnV
	SiMn	4	27SiMn		SiMn	27SiMn
	SiMnMoV	5	20SiMn2MoV		SiMnMoV	20SiMn2MoV
	B	6	40B		B	40B
		7	45B			45B
		8	50B			50B
	MnB	9	40MnB		MnB	40MnB

B　合金工具钢的编号

合金工具钢的编号与合金结构钢大体相同，区别在于含碳量的表示方法，钢号前面数字表示平均含碳量的千分数。当含碳量 $w(C)<1.0\%$ 时，则在钢号前用一位数表示平均含碳量的千分数，当平均含碳量 $w(C)\geqslant1.0\%$ 时，不标数字。如 9SiCr 钢，表示平均碳质量分数为 0.9%，主要合金元素 Cr、Si 的质量分数均在 1.5% 以下；又如 CrWMn 钢，平均含碳量大于等于 1.0%，牌号前不标数字。高速工具钢例外，含碳量 $w(C)<1.0\%$ 时，钢号中也不标数字。例如 W18Cr4V 钢，平均含碳量为 0.7%～0.8%，牌号前不标数字。合金工具钢、高速工具钢都是高级优质钢，但牌号后不加"A"。合金工具钢的牌号与标准见表 7-5，弹簧钢的牌号与标准见表 7-6，高速工具钢的牌号与标准见表 7-7。

表 7-5　合金工具钢的牌号与标准

项目	新标准（GB/T 1299—2014）			旧标准（GB/T 1299—2000）
牌号意义	9Mn2V —— $w(V)=0.10\%\sim0.25\%$ —— 锰元素的最高质量分数(%) —— 锰元素 —— 以名义千分数表示的碳的质量分数			9Mn2V —— $w(V)=0.10\%\sim0.25\%$ —— 锰元素的最高质量分数(%) —— 锰元素 —— 以名义千分数表示的碳的质量分数
	钢组	统一数字代号	牌号	牌号
牌号	量具、刀具用钢	T31219	9SiCr	9SiCr
		T30108	8MnSi	8MnSi
		T30200	Cr06	Cr06
		T31200	Cr2	Cr2
	耐冲击工具用钢	T40294	4CrW2Si	4CrW2Si
		T40295	5CrW2Si	5CrW2Si
		T40296	6CrW2Si	6CrW2Si
		T40356	6CrMnSi2Mo1	—

续表 7-5

项目	新标准（GB/T 1299—2014）			旧标准（GB/T 1299—2000）
	钢组	统一数字代号	牌号	牌号
牌号	冷作模具用钢	T21200	Cr12	Cr12
		T21310	Cr12Mo1V1	Cr12Mo1V
		T21319	Cr12MoV	Cr12MoV
		T21318	Cr5Mo1V	Cr5Mo1V
		T20019	9Mn2V	—
	热作模具用钢	T22345	5CrMnMo	5CrMnMo
		T22505	5CrNiMo	5CrNiMo
		T23273	3Cr2W8V	3Cr2W8V
		T23355	5Cr4Mo3SiMnVA1	5Cr4Mo3SiMnVA1
		T23323	3Cr3Mo3W2V	3Cr3Mo3W2V
	塑料模具钢	T25303	3Cr2Mo	3Cr2Mo
		T25533	3Cr2MnNiMo	—

表 7-6　弹簧钢的牌号与标准

项目	新标准（GB/T 1222—2016）	旧标准（GB/T 1222—1984）	旧标准（GB 1222—2007）
牌号意义	60Si2Mn：$w(\text{Mn})=0.6\%\sim0.9\%$；以名义百分数表示的硅的质量分数；硅的元素符号；以平均万分数表示的碳的质量分数	60Si2Mn：$w(\text{Mn})=0.6\%\sim0.9\%$；以名义百分数表示的硅的质量分数；硅的元素符号；以平均万分数表示的碳的质量分数	60Si2Mn：$w(\text{Mn})=0.6\%\sim0.9\%$；以名义百分数表示的硅的质量分数；硅的元素符号；以平均万分数表示的碳的质量分数

序号	统一数字代号	牌号	牌号	牌号
1	U20652	65	65	65
2	U20702	70	70	70
3	U20852	85	85	85
4	U21653	65Mn	65Mn	65Mn
5	A77552	55SiMnVB	55SiMnVB	55SiMnVB
6	A11602	—	60Si2Mn	60Si2Mn
7	A11603	60Si2Mn	60Si2MnA	60Si2MnA
8	A21603	60Si2Cr	60Si2CrA	—

表 7-7 高速工具钢的牌号与标准

项目	新标准（GB/T 9943—2008）	旧标准①	旧标准②
牌号意义	W9Mo3Cr4V └─w(V)=1.30%～1.70% 铬的平均质量分数(%) 铬元素 钼的平均质量分数(%) 钼元素 钨的平均质量分数(%) 钨元素	W9Mo3Cr4V └─w(V)=1.30%～1.70% 铬的平均质量分数(%) 铬元素 钼的平均质量分数(%) 钼元素 钨的平均质量分数(%) 钨元素	W9Mo3Cr4V └─w(V)=1.30%～1.70% 铬的平均质量分数(%) 铬元素 钼的平均质量分数(%) 钼元素 钨的平均质量分数(%) 钨元素

序号	统一数字代号	牌号	牌号（简写代号）	牌号
1	T63342	W3Mo3Cr4V2	—	9W18Cr4V
2	T64340	W4Mo3Cr4VSi③	W4Mo3Cr4VSi	W12Cr4V4Mo
3	T51841	W18Cr4V①	W18Cr4V[18-4-1]	W18Cr4V
4	T62841	W2Mo8Cr4V①	—	W14Cr4VMnRE
5	T62942	W2Mo9Cr4V2	W2Mo9Cr4V2[2-9-4-2]	W6Mo5Cr4V2Al
6	T66541	W6Mo5Cr4V2③	W6Mo5Cr4V2[6-5-4-2]	W6Mo5Cr4V2
7	T66542	CW6Mo5Cr4V2	CW6Mo5Cr4V2[高碳6-5-4-2]	W6Mo5Cr4V5SiNbAl
8	T66642	W6Mo6Cr4V2	—	W10Mo4Cr4V3Al
9	T69341	W9Mo3Cr4V②	W9Mo3Cr4V[9-3-4-1]	W12Mo3Cr4V3Co5Si
10	T66543	W6Mo5Cr4V3	W6Mo5Cr4V3[6-5-4-3]	—
11	T66545	CW6Mo5Cr4V3	CW6Mo5Cr4V3[高碳6-5-4-3]	—
12	T66544	W6Mo5Cr4V4	9W18Cr4V[高碳18-4-1]	9W18Cr4V[高碳18-4-1]
13	T66546	W6Mo5Cr4V2Al	W6Mo5Cr4V2Al[501]	W6Mo5Cr4V2Al
14	T71245	W12Cr4V5Co5	W12Cr4V5Co5[12-4-5-5]	—
15	T76545	W6Mo5Cr4V2Co5	W6Mo5Cr4V2Co5[6-5-4-2-5]	—
16	T76438	W6Mo5Cr4V3Co8	W14Cr4VMnRE	W14Cr4VMnRe
17	T77445	W7Mo4Cr4V2Co5	W7Mo4Cr4V2Co5[7-4-4-2-5]	—
18	T72948	W2Mo9Cr4VCo8	W2Mo9Cr4VCo8[2-9-4-1-8]	—
19	T71010	W10Mo4Cr4V3Co10	W12Cr4V4Mo③[12-4-4-1]	W12Cr4V4Mo[12-4-4-1]

注：GB/T 9943—2008 中牌号 W18Cr4V、W12Cr4V5Co5 为钨系高速工具钢，其他牌号为钨钼系高速工具钢。

①GB/T 3080—2001；② GB/T 9941—1988；③GB/T 9942—1988。

C 特殊性能钢的牌号

特殊性能钢牌号的表示方法与合金工具钢的表示方法基本相同，即钢号前数字表示平均含碳量的千分数。如 9Cr18 表示钢中碳的平均质量分数 w(C)= 0.90%，铬的平均质量分数为 18%。

当不锈钢、耐热钢中碳的质量分数较低时，表示方法则不同。碳的平均质量分数 w(C)<0.08% 时，在钢号前冠以"0"；碳的平均质量分数 w(C)≤0.03% 时，在钢号前冠以"00"。如 0Cr18Ni9 钢，表示碳质量分数小于 0.08%；00Cr18Ni10 钢，表示碳质量分数

小于 0.03%。

高锰耐磨钢零件经常是铸造成型后使用，高锰钢牌号前标"铸钢"的汉语拼音前缀"ZG"，其后是元素锰的符号和质量分数，横杠后数字表示序号。如 ZGMn13-1，表示铸造高锰钢，碳的平均质量分数 $w(C)>1.0\%$，含锰量平均为 13%，序号为 1。不锈钢和耐热钢的牌号依据 GB/T 20878—2007。奥氏体型不锈钢和耐热钢的牌号与标准见表 7-8。

表 7-8　奥氏体型不锈钢和耐热钢的牌号与标准

	12Cr17Ni7
	┌─ 镍的平均质量分数(%)
	├─ 镍元素
	├─ 铬元素的平均质量分数(%)
	├─ 铬元素
	└─ $w(C)\leqslant0.112\%$

序号	钢类	统一数字代号	新牌号	旧牌号
1	奥氏体型不锈钢和耐热钢	S35350	12Cr17Mn6Ni5N	1Cr17Mn6Ni5N
2		S35950	10Cr17Mn9Ni4N	—
3		S35450	12Cr18Mn9Ni5N	1Cr18Mn8Ni5N
4		S35020	20Cr13Mn9Ni4	2Cr13Mn9Ni4
67	奥氏体-铁素体型不锈钢	S21860	14Cr18Ni11Si4AlTi	1Cr18Ni11Si4AlTi
68		S21953	022Cr19Ni5Mo3Si2N	00Cr18Ni5Mo3Si2
69		S22160	12Cr21Ni5Ti	1Cr21Ni5Ti
70		S22253	022Cr22Ni5Mo3N	—
71		S22053	022Cr23Ni5Mo3N	—
78	铁素体型不锈钢和耐热钢	S11348	06Cr13Al[①]	0Cr13Al[①]
79		S11168	06Cr11Ti	0Cr11Ti
80		S11163	022Cr11Ti[①]	—
81		S11173	022Cr11NbTi[①]	—
96	马氏体型不锈钢和耐热钢	S40310	12Cr12[①]	1Cr12[①]
97		S41008	06Cr13	0Cr13
98		S41010	12Cr13[①]	1Cr13[①]
134	沉淀硬化型不锈钢和耐热钢	S51380	04Cr13Ni8Mo2Al	—
135		S51290	022Cr12Ni9Cu2NbTi[①]	—
136		S51550	05Cr15Ni5Cu4Nb	—

①可作为耐热钢使用。

7.2.3　了解合金结构钢

普通低合金钢属于结构钢类，低合金高强度结构钢是在碳素结构钢的基础上加入少量合金元素（合金元素总量 $w(Me)<3\%$）而得到的钢。这类钢比碳素结构钢的强度要高10%~30%。这类钢一般是在热轧或正火状态下使用，冶炼工艺和加工工艺与普通碳钢相

近，一般都不需要采取特殊工艺措施，因此十分适合大量生产，并且成本低廉。这类钢规定的含硫、含磷量也都与普通碳钢相仿，对非金属夹杂、气体和低倍组织不做特殊要求。

普通低合金钢广泛应用于制造桥梁、船舶、车辆、工业或民用建筑、石油管道、起重机械等。使用普低钢代替碳素钢可节约钢材 20%～30%，减轻运输机械自重，增加有效载重，可以使一些机械的结构得到改善，并增加使用寿命。

合金元素在低合金高强度结构钢中起的作用有：固溶强化、细化铁素体晶粒、析出高度弥散的碳氮化物，产生弥散强化、改变铁素体和珠光体两种组织的相对含量、改善焊接性、耐蚀性、耐低温性等。因此，普通低合金钢结构钢具有以下性能特点。

（1）足够高的屈服点及良好的塑性、韧性：采用普通低合金结构钢的主要目的是，减轻金属结构的质量，提高可靠性。因此，要求其有较高的屈服强度、较低的脆性转变温度、良好的室温冲击韧性和塑性。合金元素（主要是锰、硅）强化铁素体，铝、钒、钛等细化铁素体晶粒，增加珠光体数量，以及加入能形成碳化物、氮化物的合金元素（钒、铌、钛），使细小化合物从固溶体中析出，产生弥散强化作用。因此，低合金高强度结构钢在热轧或正火后具有高的强度，其屈服点一般在 300 MPa 以上，当锰的质量分数低于 1.5% 时，仍具有良好的塑性与韧性。一般低合金高强度结构钢伸长率 A 为 17%～23%，室温下冲击吸收功 $A_{KV} > 34$ J，并且韧脆转变温度较低，约为 -30 ℃（碳素结构钢为 -20 ℃）。

（2）良好的工艺性能：普通低合金结构钢在生产过程中，往往需要经过冷热轧制而制成各种板材、管材、线材、型材等，也经过如剪切、冲压、冷弯、焊接等工艺过程，同时还需要适合火焰切割，因此，要求其具有良好的工艺性能。

（3）良好的焊接性能：由于焊接是制造大的钢结构的主要工艺方法，在焊接前，需要对钢材进行切割、冷弯冷卷、冲孔等工序，并且钢结构在焊接后不易进行热处理，因此，特别要求普通低合金结构钢具有良好的塑变性能和焊接性能。低合金高强度结构钢的碳的质量分数低，合金元素少，塑性好，不易在焊缝区产生淬火组织及裂纹，且加入铌、钛、钒还可抑制焊缝区的晶粒长大，故具有良好的可焊性。

（4）较好的耐蚀性：普通低合金结构钢生产制造的零件或机械往往在大气、海水、土壤中使用，如桥梁、船舶、地下管道等，因此要求钢材能够抵抗这些介质的腐蚀能力。在低合金高强度结构钢中加入合金元素，可使耐蚀性明显提高。尤其是铜和磷复合加入时效果更好。

在我国的合金结构钢中，主加合金元素一般为锰、硅、铬、硼等，对提高淬透性和力学性能起主导作用。辅加合金元素主要有钨、钼、钒、铁、铌等，可形成稳定的合金碳化物，以阻碍奥氏体晶粒长大，起细化晶粒作用。合金结构钢按其用途及工艺特点可分为合金渗碳钢、合金调质钢和合金弹簧钢。

7.2.3.1　合金渗碳钢

许多机械零件如汽车和拖拉机齿轮、内燃机凸轮、活塞销等工作条件比较复杂，一方面零件表面承受强烈的摩擦和交变应力的作用，另一方面又经常承受较强烈的冲击载荷作用，这类零件要求钢表面具有高硬度，心部要有较高的韧性和足够的强度。为了满足这样的工作条件，常选用合金渗碳钢。对合金渗碳钢的基本性能要求是经渗碳、淬火和低温回火后，表面具有高的硬度和耐磨性，心部具有足够的强度和韧性。

常用的合金渗碳钢的牌号、成分、热处理、性能及用途见表 7-9。合金渗碳钢按淬透性大小分为三类。

表 7-9　常用低淬透性渗碳钢的热处理工艺及力学性能

牌号	热处理工艺						力学性能					硬度	
	渗碳温度 /℃	淬火/℃			回火/℃		$R_{r0.2}$ /MPa	R_m /MPa	A/%	Z/%	A_{KV} /J	心部	表面
		一次淬火	二次淬火	冷却	温度	冷却						HBW	HRC
20Mn2	910~930	850	—	水油	180~200	空气	820	600	26	47	—	229	58~64
20MnV	900~940	800~840	—	油	180~200	空气	1000		15	50	104	—	56~62
20Mn2B	910~930	800~830	—	油	180~200	空气	1450	1300	13	67	105	370	>60
15Cr	900~920	860~870	780~820	油	170~190	空气	915	609	17.8	50	120	300	58~63
20Cr	890~910	860~890	780~820	水油	160~200	空气	1240	1060	32	55	55	—	58~64
20CrV	920~940	880	800	水油	180~200	水油	850	600	12	45	70	—	—

（1）低淬透性合金渗碳钢：这类钢合金元素含量较少，淬透性较差，水淬时的临界淬透直径为 20~35 mm。用于制作受力不太大，不需要很高强度的耐磨零件。如凸轮、滑块等。属于这类钢的有 20Mn2、20Cr、20MnV 等。这类钢渗碳时心部晶粒易长大（特别是锰钢）。

（2）中淬透性合金渗碳钢：这类钢淬透性较好，油淬时的临界淬透直径为 25~60 mm，零件淬火后心部强度可达 1000~1200 MPa。多用于制作承受中等载荷、有足够冲击韧性和耐磨零件，如汽车、拖拉机齿轮等。属于这类钢的有 20CrMnTi、12CrNi3、20MnVB 等。20CrMnTi 钢是最常用的钢种，广泛用于汽车、拖拉机齿轮的制造。由于铬、锰的复合作用，使钢具有较高的淬透性，钛可细化奥氏体晶粒，渗碳后可直接淬火，工艺简单，淬火变形小。常用中淬透性渗碳钢的热处理工艺及力学性能见表 7-10。

表 7-10　常用中淬透性渗碳钢的热处理工艺及力学性能

牌号	热处理工艺					力学性能					硬度	
	渗碳温度 /℃	淬火（冷却：油）/℃		回火/℃		$R_{r0.2}$ /MPa	R_m /MPa	A /%	Z /%	A_{KV} /J	表面	心部
		一次淬火	二次淬火	温度	冷却						HBW	HRC
15CrMn	910~930	880	—	200	水	800	600	12	50	60	>58	—
20CrMn	910~930	880	—	200	水	950	750	10	45	60	>58	280
20CrMnTi	920~940	830~870	—	180~200	空气	1300	1060	11	50	160	56~63	370
20CrMnMo	880~950	830~860	—	180~220	空气	1500	1360	11.8	51.2	88	>58	323~370
20MnVB	900~930	860~880	780~800	160~200	空气	1470	1180	12	50	86	56~62	323~370
20Mn2TiB	930~950	860~880	780~820	180~200	空气	1390	1170	11.2	56	78	56~62	—

（3）高淬透性合金渗碳钢：这类钢含有较多的铬、镍等合金元素，在它们的复合作用下，钢的淬透性很好，甚至在空冷时也能够得到马氏体组织，心部强度可达 1300 MPa 以上。油淬时的临界淬透直径约为 100 mm。主要用于制造具有高的强韧性和耐磨性，能够承受很高载荷及强烈磨损的重要零件，如飞机和坦克的重要齿轮和轴等。属于这类钢的有 12Cr2Ni4、20Cr2Ni4、18Cr2Ni4WA 等。常用高淬透性渗碳钢的热处理规范、力学性能见表 7-11。

表 7-11　常用高淬透性渗碳钢的热处理规范、力学性能

牌号	热处理工艺				力学性能					硬度	
	渗碳温度 /℃	淬火（油冷）/℃		回火温度（空冷）/℃	$R_{r0.2}$ /MPa	R_m /MPa	A /%	Z /%	A_{KV} /J	表面 HBW	心部 HRC
		一次淬火	二次淬火								
12Cr2Ni4	900~930	840~860	780~790	150~200	1208	1094	15.3	67.2	143	>58	257~370
18Cr2Ni4WA	900~940	780~800	—	200	1250	1110	15	62	140	56	42
12SiMn2WVA	910~930	780~800	—	170~200	1480	1330	15	55.2	111	58	40
15CrMn2SiMoA	900~930	780~820	—	170~210	1180	1061	14.6	52.3	92	56	39

7.2.3.2　合金调质钢

合金调质钢通常是指经调质处理后使用的合金钢，主要用于制造承受很大变动载荷与冲击载荷或各种复合应力的零件（如机床主轴、连杆、螺栓以及各种轴类零件等），这类零件要求钢材具有较高的综合力学性能，即强度、硬度、塑性、韧性有良好的配合。为了保证零件整个截面力学性能的均匀性，还要求钢具有良好的淬透性。

常用的调质钢的牌号、热处理、力学性能与用途见表 7-12。

表 7-12　常用的调质钢的牌号、热处理、力学性能与用途（摘自 GB/T 3077—2015）

类别	牌号	力学性能					钢材退火或高温回火供应状态 HBW	用途举例
		R_m /MPa	$R_{r0.2}$ /MPa	A /%	Z /%	A_{KV} /J		
		不小于						
低淬透性	40Cr	980	785	9	45	47	≤207	制造承受中等载荷和中等速度工作下的零件，如汽车后半轴及机床上齿轮、轴、花键轴、顶尖套等
	40Mn2	885	735	12	45	55	≤217	轴、半轴、活塞杆，连杆，螺栓
	42SiMn	885	735	15	40	47	≤229	在高频淬火及中温回火状态下制造中速、中等载荷的齿轮；调质后高频淬火及低温回火状态下制造表面要求高硬度、较高耐磨性、较大截面的零件，如主轴、齿轮等
	40MnB	980	785	10	45	47	≤207	代替 40Cr 钢制造中、小截面重要调质件，如汽车半轴、转向轴、蜗杆以及机床主轴、齿轮等
	40MnVB	980	785	10	45	47	≤207	代替 40Cr 钢制造汽车、拖拉机和机床上的重要调质件，如轴、齿轮等

类别	牌号	力学性能					钢材退火或高温回火供应状态 HBW	用途举例
		R_m /MPa	$R_{r0.2}$ /MPa	A /%	Z /%	A_{KV} /J		
		不小于						
中淬透性	35CrMo	980	835	12	45	63	≤229	通常用作调质件，也可在高、中频感应淬火或淬火、低温回火后用于高载荷下工作的重要结构件，特别是受冲击、振动、弯曲、扭转载荷的机件，如主轴、大电机轴、曲轴、锤杆等
	40CrMn	980	835	9	45	47	≤229	在高速、高载荷下工作的齿轮轴、齿轮、离合器等
	30CrMnSi	1080	885	10	45	9	≤229	重要用途的调质件，如高速高载荷的砂轮轴、齿轮、轴、螺母、螺栓、轴套等
高淬透性	40CrMnMo	980	785	10	45	63	≤217	截面较大、要求高强度和高韧性的调质件，如 8 t 卡车的后桥半轴、齿轮轴、偏心轴、齿轮、连杆等
	40CrNiMoA	980	835	12	55	78	≤269	要求韧性好、强度高及大尺寸的重要调质件，如重型机械中高载荷的轴类、直径大于 250 mm 的汽轮机片、叶片、曲轴等
	25CrNi4W	1080	930	11	45	71	≤269	200 mm 以下要求淬透的大截面重要零件

合金调质钢按淬透性大小分为三类。

（1）低淬透性合金调质钢：这类钢合金元素总的质量分数小于 2.5%。淬透性较差，油淬时的临界直径为 20~40 mm，具有较好的力学性能和工艺性能，主要用于制作中等截面的零件。常用的钢有 40Cr、40MnB、35SiMn 等。

（2）中淬透性合金调质钢：这类钢合金元素含量较多，淬透性较高，油淬时的临界淬透直径为 40~60 mm，由于淬透性较好，故可用来制作截面较大、承受较重载荷的调质件，如曲轴、齿轮、连杆等。常用的钢有 35CrMo、38CrMoAlA、40CrMn、40CrNi 等。

（3）高淬透性合金调质钢：这类钢合金元素含量比前两类调质钢多，油淬时的临界直径大于 60~100 mm，淬透性高，主要用于大截面、承受更大载荷的重要的调质件，如汽轮机主轴、叶轮等。常用的钢有 40CrMnMo、37CrNi3、25Cr2Ni4A 等。

7.2.3.3 合金弹簧钢

弹簧钢是指用来制造各种弹簧的钢。弹簧是机器和仪表中的重要零件，工作时弹簧产生的弹性变形，在各种机械中起缓冲、吸振的作用，或储存能量以驱动机件，使机械完成规定的动作。因此，用作弹簧的材料要具有高的弹性极限和弹性比功，保证弹簧具有足够的弹性变形能力，当承受大载荷时不发生塑性变形；弹簧在工作时一般是承受变动载荷，故还要求具有高的疲劳强度；对于特殊条件下工作的弹簧，还有某些特殊要求，如耐热、耐腐蚀、无磁等。中碳钢和高碳钢由于性能较差，只用来制作截面及受力较小的弹簧。而合金弹簧钢，主要用以制造较大截面的重要弹簧件。

常用的弹簧钢的牌号、热处理、力学性能及用途见表 7-13。60Si2Mn 是合金弹簧钢中最常用的牌号，它具有较高的淬透性，油淬时的临界直径为 20~30 mm；弹性极限高，屈强比（R_e/R_m＝0.9）与疲劳强度也较高；工作温度一般在 230℃以下。主要用于铁路机车、汽车、拖拉机上的板弹簧、螺旋弹簧、气缸安全阀簧，以及其他承受高应力的重要弹簧。50CrVA 钢的力学性能与硅锰弹簧钢相近，但淬透性更高，油淬时的临界直径为 30~50 mm。因铬、钒元素能提高回火稳定性，故在 200 ℃时，屈服强度仍可大于 1000 MPa。常用作大截面的承受应力较高或工作温度低于 400 ℃ 的弹簧。

表 7-13　常用的弹簧钢的牌号、热处理、力学性能及用途

牌号	热处理		力学性能					用途举例
	淬火温度（油淬）/℃	回火温度/℃	$R_{r0.2}$/MPa	R_m/MPa	A_5/%	A_{10}/%	Z/%	
			不小于					
55Si2Mn	870	480	1177	1275		6	30	汽车、拖拉机、机车上的减振板簧，汽缸安全阀弹簧，电力机车用升弓钩弹簧，止回阀簧，还可用作 250 ℃以下使用的耐热弹簧
55SiMnVB	860	460	1226	1373		5	30	代替 60Si2Mn 钢制作重型、中型、小型汽车的板簧和其他中型截面的板簧和螺旋弹簧
60Si2CrA	870	420	1569	1765	6		20	用作承受高应力及工作温度在 350 ℃以下的弹簧，如调速器弹簧、汽轮机汽封弹簧、破碎机用弹簧等
55CrMnA	830~860	460	1079	1226	9		20	车辆、拖拉机工业上制作载荷较重、应力较大的板簧和直径较大的螺旋弹簧
50CrVA	850	500	1128	1275	10		45	用作较大截面的高载荷重要弹簧及工作温度低于 350 ℃的阀门弹簧、活塞弹簧、安全阀弹簧等
30W4Cr2VA	1050~1100	600	1324	1471	7		40	用作工作温度不高于 500 ℃的耐热弹簧，如锅炉主安全阀弹簧、汽轮机汽封弹簧等

7.2.3.4　其他合金结构钢

A　滚动轴承钢

滚动轴承钢是指制造各种滚动轴承内外套圈及滚动体的专用钢。滚动轴承工作时，滚动体与内外套圈之间呈点或线接触，接触应力很大，且受变动载荷作用，因此，要求轴承钢具有很高的接触疲劳强度和足够的弹性极限、高硬度、高耐磨性及一定的韧性，此外，还要求材料具有一定的抗腐蚀能力。

目前最常用的滚动轴承钢是高碳铬轴承钢，其 $w(C)$＝0.95%~1.10%，以保证轴承钢具有高强度、硬度，并形成足够的合金碳化物以提高耐磨性。主加合金元素是铬，用于提高钢的淬透性，并使钢在热处理后形成细小均匀分布的合金渗碳体，提高钢的接触疲劳抗力与耐磨性。常用的滚动轴承钢的牌号、成分、热处理及用途见表 7-14。

表 7-14　常用滚动轴承钢牌号、成分、热处理及用途

牌号	化学成分 w/%				热处理		回火后硬度（HRC）	用途举例
	C	Cr	Si	Mn	淬火温度/℃	回火温度/℃		
GCr9	1.00~1.10	0.90~1.20	0.15~0.35	0.25~0.45	810~830（水、油）	150~170	62~64	直径<20 mm 的滚珠、滚柱及滚针
GCr9SiMn	1.00~1.10	0.90~1.20	0.45~0.75	0.95~1.25	810~830（水、油）	150~160	62~64	直径为 25~50 mm 的钢球；直径<22 mm 的滚子
GCr15	0.95~1.05	1.40~1.65	0.15~0.35	0.25~0.45	820~846（油）	150~160	62~64	与 GCr9SiMn 同
GCr15SiMn	0.95~1.05	1.40~1.65	0.45~0.75	0.95~1.25	820~840（油）	150~170	62~64	直径>50 mm 的钢球；直径>22 mm 的滚子

B　易切削结构钢

钢的切削加工性一般是按刀具寿命、切削抗力大小、加工表面粗糙度和切屑排除难易程度来评定的。在钢中加入一种或几种易切削元素，使其成为切削加工性良好的钢，这种钢称为易切削结构钢。该类钢主要通过加入易切削元素，如硫、铅、磷及微量的钙等，利用其自身或与其他元素形成一种对切削加工有利的夹杂物，使切削抗力降低，切屑易脆断，从而改善钢的切削加工性。常用易切削结构钢的牌号、力学性能及用途见表 7-15。

表 7-15　常用易切削钢的牌号、力学性能（GB/T 8731—2008）及用途

牌号	力学性能（热轧）				用途举例
	R_m/MPa	A/%	Z/%	HBW	
Y12	390~540	≥22	≥36	≥170	在自动机床上加工的一般紧固标准件，如螺栓、螺母、销
Y12Pb	390~540	≥22	≥36	≥170	可制作表面粗糙度要求更小的一般机械零件，如轴、销、仪表精密小件等
Y15	390~540	≥22	≥36	≥170	同 Y12，但切削性更好
Y15Pb	390~540	≥22	≥36	≥170	同 Y12 Pb，切削性较 Y15 钢更好
Y20	450~600	≥20	≥30	≥175	强度要求稍高，形状复杂不易加工的零件，如纺织机、计算机上的零件及各种紧固标准件
Y30	510~655	≥15	≥25	≥187	
Y35	510~655	≥14	≥22	≥187	同 Y30 钢
Y40Mn	590~735	≥14	≥22	≥207	受较高应力、要求表面粗糙度值小的机床丝杠、光杠、螺栓及自行车、缝纫机零件
Y45Ca	600~745	≥12	≥26	≥241	经热处理的齿轮、轴等

C　冷冲压用钢

在冷态下成型的冲压零件用钢称为冷冲压用钢（冷冲压钢）。这类钢既要求具有较高

的塑性，成型性好，又要求冲压出来的零件具有平滑光洁的表面。

常用的冷冲压用钢是 08F 和 08Al 薄板。对形状简单、外观要求不高的冲压件，可选用价廉的 08F 钢；而冲压性能要求高，外观要求严的零件宜选用 08Al；变形不大的一般冲压件，可用 10、15、20 号等钢。

冷冲压件分为两类：一类是形状复杂但受力不大的，如汽车驾驶室覆盖件和一些机器外壳等，只要求钢板有良好的冲压性能和表面质量，多采用冷轧深冲低碳钢板；另一类不但形状较复杂，而且受力较大的，如汽车车架，要求钢板既有良好的冲压性，又有足够的强度，多选用冲压性能好的热轧低合金结构钢（或碳素钢）厚板。

7.2.4　了解合金工具模具钢

合金工具钢是在碳素工具钢的基础上，加入适量合金元素而获得的钢，按用途合金工具钢可分为合金刃具钢、合金模具钢和合金量具钢。

工具钢主要用于制造各种加工工具。工具钢分为碳素工具钢、合金工具钢和高速工具钢三类。根据合金元素的多少又可进一步分为低合金工具钢和高合金工具钢。工具钢在使用性能和工艺性能上也有许多共同的要求，如高硬度、高耐磨性。刃具若没有足够的硬度便不能进行切削加工；刃具、模具在应力的作用下，其形状和尺寸都会发生变化而使成型零件的形状和尺寸不符合设计要求；工具钢若没有良好的耐磨性会使其使用寿命大为下降，并且使加工或成型的零件精度的稳定性降低。当然，不同用途的工具钢也有各自的特殊性能要求。例如，刃具钢除要求高硬度、高耐磨性外，还要求红硬性及一定的强度和韧性；冷作模具钢在要求高硬度、高耐磨性的同时，还要求有较高的强度和一定的韧性；热作模具钢则要求高的韧性和耐热疲劳性及一定的硬度和耐磨性；对于量具钢，在要求高硬度、高耐磨性的基础上，还要求高的尺寸稳定性。

7.2.4.1　合金刃具钢

合金刃具钢主要是指用来制造车刀、铣刀、钻头、丝锥、板牙等切削刃具的钢。刃具在工作时受到零件的压力，刃部与切屑之间产生强烈摩擦，使刀刃磨损并发热，切削速度越大，刃部温度越高，会使刃部硬度降低，甚至丧失切削功能，此外刃具还承受一定的冲击和振动，因此，要求刃具应具有以下性能：一是高的硬度和耐磨性。一般刃具的硬度应高于 60HRC，切削某些高硬度材料时，刃具的硬度还要更高些。通常硬度越高，耐磨性越好。耐磨性直接影响刃具寿命，耐磨性不仅取决于硬度，而且与钢中碳化物的性质、数量、大小和分布状况有关。二是高的热硬性。热硬性是指钢在高温下保持高硬度的能力，切削速度很高时，刃部温度可达 800 ℃以上，所以热硬性是刃具钢的最主要的性能要求。三是足够高的塑性和韧性。足够高的塑性和韧性可以避免刃具在切削过程中因冲击振动造成刃具断裂和崩刃。

A　低合金刃具钢

低合金刃具钢是在碳素工具钢的基础上为改进其淬透性差、淬火易变形、开裂和热硬性不足等缺陷加入少量合金元素（一般不高于 5%）发展而来的。主要用于制造尺寸精度要求较高而形状、截面较复杂，但对热硬性要求不太高的刃具，如铰刀、丝锥、板牙、轻型模具等。

常用的低合金刃具钢的牌号、成分、热处理及用途见表 7-16。

表 7-16　常用的低合金刃具钢的牌号、成分、热处理及用途

牌号	化学成分 w/%					热处理				用途举例
						淬火（油淬）		回火		
	C	Mn	Si	Cr	P、S	淬火温度/℃	HRC	回火温度/℃	HRC	
9SiCr	0.85~0.95	0.30~0.60	1.20~1.60	0.95~1.25	≤0.03	820~860	≥62	180~200	60~62	板牙、丝锥、铰刀、搓丝板、冷冲模等
8MnSi	0.75~0.85	0.80~1.10	0.30~0.60		≤0.03	800~820	≥60			木工凿子、锯条、切削工具等
Cr06	1.30~1.45	≤0.40	≤0.40	0.50~0.70	≤0.03	780~810	≥64			外科手术刀、剃刀、刮刀、刻刀、锉刀等
Cr2	0.95~1.10	≤0.40	≤0.40	1.30~1.65	≤0.03	830~860	≥62			车刀、插刀、铰刀、钻套、量具、样板等
9Cr2	0.80~0.95	≤0.40	≤0.40	1.30~1.70	≤0.03	820~850	≥62			木工工具、冷冲模、钢印、冷轧辊等

在低合金刃具钢中 9SiCr 和 8MnSi 两个牌号应用最为广泛。9SiCr 钢是生产中应用最广泛的一种低合金刃具钢，它具有高的淬透性及回火稳定性，热硬性可达 250 ℃以上，适宜于制造要求变形小的各种薄刃刀具，如丝锥、板牙、搓丝板、滚丝模等；8MnSi 钢由于不含铬，故价格较低，其淬透性、韧性和耐磨性均优于碳素工具钢。一般多用于作木工凿子、锯条等。

B　高速工具钢

高速工具钢属于高合金钢，主要用来制作高速切削的刃具。高速工具钢与其他工具钢相比，其最突出的主要性能特点是高的热硬性，它可使刀具在高速切削时，当刃部温度上升到 600 ℃时，其硬度仍无明显下降。用它制作的刃具在使用时可以具有高的切削速度，因此称为高速工具钢。高速工具钢还具有高的硬度和耐磨性，使刀具的使用寿命成倍提高。目前，高速工具钢广泛应用于制造尺寸大、形状复杂、负荷重、工作温度高的各种高速切削的刀具。高速工具钢的第二个特点是淬透性高，这种钢在空气中冷却也可得到马氏体组织，因此也称"风钢"。

我国的高速工具钢有钨系、钨钼系、超硬系三大类。常用的高速工具钢的牌号、热处理及用途见表 7-17。

表 7-17　常用的高速工具钢的牌号、热处理及用途（摘自 GB 9943—2008）

牌号	热处理				用途举例
	淬火		回火		
	淬火温度（油淬）/℃	HRC	回火温度/℃	HRC	
W18Cr4V	1260~1280	≥63	550~570（三次）	63~66	制作中速切削用车刀、刨刀、钻头、铣刀等
9W18Cr4V	1260~1280	≥63	570~580（四次）	67.5	在切削不锈钢及其他硬或韧的材料时，可显著提高刀具寿命和降低被加工零件表面粗糙度值
W6Mo5Cr4V2	1210~1230	≥63	540~650（三次）	63~66	制作要求耐磨性和韧性配合的中速切削刀具，如丝锥、钻头等
W6Mo5Cr4V3	1200~1220	≥63	540~650（三次）	>65	制作要求有较高耐磨性和热硬性，且耐磨性和韧性较好配合的，形状稍微复杂的刀具，如拉刀、铣刀等

W18Cr4V 钢是我国发展最早、应用最广泛的高速工具钢，它具有较高的热硬性，过热和脱碳倾向小，但碳化物较粗大，韧性较差，适用于制造一般高速切削的刃具，如车刀、铣刀、刨刀、拉刀、丝锥、板牙等，但不适于作薄刃刃具，大型刃具及热加工成型刃具。W6Mo5Cr4V2(6-5-4-2) 钢是用钼代替了部分钨而形成的钨钼系高速工具钢。由于钼的碳化物细小，从而使钢具有较好的韧性。另外，W6Mo5Cr4V2 钢中碳及钒量较高，提高了耐磨性，但热硬性比 W18Cr4V 钢略差，过热与脱碳倾向较大。它适宜于制造耐磨性和韧性具有较好配合的刃具，尤其适宜于轧制等加工成型的薄刃刃具（如麻花钻等）。W18Cr4V2Co8、W18Cr4V2Al 是我国研制的含钴、铝类超硬系高速工具钢。这种钢硬度可达 68~70 HRC，红硬性达 670 ℃。但含钴高速工具钢脆性大，易脱碳，不适宜制造薄刃刃具，一般用作特殊刃具，用来加工难切削的金属材料，如高温合金、高强度钢、钛合金及奥氏体型不锈钢等。铝的作用与钴相似，但韧性优于含钴高速工具钢，且价格便宜。含铝的高速工具钢适用于加工合金钢，但加工高强度钢时，不如钴高速工具钢。

7.2.4.2　合金模具钢

模具钢是用于制造模具的钢种。根据工作条件的不同，模具钢分为冷作模具钢、热作模具钢等。

A　冷作模具钢

冷作模具钢是指用于制造在冷态下变形或分离的模具用钢，如冷冲模、冷镦模、冷挤压模、拉丝模和滚丝模等。由于冷作模具在工作时，刃口部位承受很大的压力、弯曲力和冲击力，模具与坯料之间有强烈的摩擦，因此，冷作模具钢的性能要求与刃具钢相似，要求具有高强度、高硬度、足够的韧性和良好的耐磨性。对于高精度的模具要求热处理变形小，以保证模具的加工精度，大型模具还要求具有良好的淬透性。

常用冷作模具钢的牌号、热处理及用途见表7-18。

表 7-18　常用冷作模具钢的牌号、热处理及用途（GB 1299—2014）

牌号	交货状态（正火）HBW	热处理		用途举例
		淬火温度（油淬）/℃	HRC（不小于）	
Cr12	217~269	950~1000	60	用于制作耐磨性高、尺寸较大的模具，如冷冲模、冲头、钻套、量规、螺纹滚丝模、拉丝模、冷切剪刀等
Cr12MoV	207~255	950~1000	58	用于制作截面较大、形状复杂、工作条件繁重的各种冷作模具及螺纹搓丝板、量具等
Cr4W2MoV	退火≤269	960~980，1020~1040	60	可代替 Cr12Mo 钢、Cr12 钢，用于制作冷冲模、冷挤压模、搓丝板等
Cr4WMn	207~255	800~830	62	用于制作淬火要求变形很小、长而形状复杂的切削刀具，如拉刀、长丝锥及形状复杂、高精度的冷冲模
6W6Mo5Cr4V	退火≤269	1180~1200	60	用于制作冲头、冷作凹模等

（1）低合金冷作模具钢：这类钢的优点是价格便宜，加工性能好，能基本上满足模具的工作要求。其中，应用较广泛的钢号有 9Mn2V、9SiCr、CrWMn 和 GCr15 等，与碳素工具钢相比，低合金模具钢具有较高的淬透性、较好的耐磨性和较小的淬火变形，因其回火稳定性较好而可在稍高的温度下回火，故综合力学性能较佳。常用来制造尺寸较大、形状较复杂、精度较高的模具。

（2）Cr12 型冷作模具钢：Cr12 型模具钢是目前较常用的冷作模具钢，相对于碳素工具钢和低合金工具钢来说，这类钢具有更高的淬透性、耐磨性和强度，且淬火变形小，广泛用于尺寸大、形状复杂、精度高的重载冷作模具。常用的牌号是 Cr12 和 Cr12MoV。Cr12钢中碳的质量分数高达 2.0%~2.3%，属莱氏体钢，具有优良的淬透性和耐磨性（比低合金冷作模具钢高 3~4 倍），因碳的质量分数高，故韧性较差；Cr12MoV 钢中碳的质量分数较 Cr12 低，$w(C)=1.45\%~1.7\%$，并加入合金元素钼、钒，除进一步提高回火稳定性外，还起到细化组织、提高韧性的作用。

（3）高碳中铬型冷作模具钢：高碳中铬型冷作模具钢是针对 Cr12 型高铬模具钢的碳化物多而粗大且分布不均匀的缺点发展起来的，典型的钢种有 Cr4W2MoV、Cr6WV、Cr5MoV。此类钢的碳的质量分数进一步降至 1.00%~1.25%，突出的优点是韧性明显提高，且具有淬火变形小、淬透性好、耐磨性高等优点。用于代替 Cr12 型钢制造易崩刃、开裂与折断的冷作模具，其寿命大幅度提高，目前广泛用于制造负荷大、生产批量大、形状复杂、变形要求小的模具。

（4）其他冷作模具钢：为适应国民经济发展的需要，近十年来国内研制和引进了一些新的冷作模具钢种，如降碳高速工具钢、基体钢等。这些钢除抗压性及耐磨性稍逊于高速工具钢或高碳高铬钢外，其强度、韧性和疲劳强度等均优于高速工具钢或高碳高铬钢。6W6Mo5Cr4V 属降碳减钒型钨钼系高速工具钢，与 W6Mo5Cr4V2 相比，其碳量降低了50%，钒量减少了 1% 左右，是一种高强韧性高承载能力的冷作模具钢。它可以替代高碳高铬型冷作模具钢，主要用于制造易脆断或劈裂的冷挤压冲头或冷镦冲头。

65Cr4W3Mo2VNb 钢的化学成分与相应高速工具钢的正常淬火后基体组织的成分相当，因此称为基体钢。该基体钢中的碳化物数量少，颗粒细小，分布均匀。它既具有高速工具钢的高强度、高硬度，又有结构钢的高韧性，且淬火变形小。常用于制造重载的冷镦模、冷挤压模。由于合金元素含量低，所以成本低于相应的高速工具钢。

　　B　热作模具钢

热作模具钢是指热态（指热态下固体或液体）下对金属或合金进行变形加工的模具用钢，如热锻模、热挤压模、压铸模等。

热作模具工作时通过挤、冲、压等迫使热金属迅速变形，模具工作时承受强烈的摩擦，并承受较高温度和大的冲击力，另外模腔还受到炽热金属和冷却介质的交替反复作用而产生的热应力，模腔表面容易产生热疲劳裂纹。因此，要求热作模具钢在 400~600 ℃应具有较高的强度、韧性，足够的硬度和耐磨性，以及良好的淬透性、抗热疲劳性和抗氧化性，同时还要求导热性好，以避免型腔表面温度过高。

常用的热作模具钢的牌号、热处理及用途见表 7-19。

表 7-19　常用的热作模具钢的牌号、热处理及用途（GB 1299—2014）

牌号	交货状态（正火）HBW	热处理	用途举例
		淬火温度/℃	
5CrMnMo	197~241	820~850（油）	制作中型热锻模（边长≤300~400 mm）
5CrNiMo	197~241	830~860（油）	制作形状复杂、冲击载荷大的各种大中型热锻模（边长>400 mm）
3Cr2W8V	207~255	1075~1125（油）	制作压铸模，平锻机上的凸模和凹模、镶块，铜合金挤压模等
4Cr5W2VSi	≤229	1030~1050（油或空气）	可用于高速锤用模具与冲头、热挤压用模具及芯棒、有色金属压铸模等
4Cr5MoSiV	≤223	790 ℃预热，1000 ℃盐浴或 1010 ℃（炉控气氛）加热，保温 5~15 min，空冷，550 ℃回火	使用性能和寿命高于 3Cr2W8V 钢。用于制作铝合金压铸模、热挤压模、锻模和耐 500 ℃以下的飞机、火箭零件
5Cr4W5M02V	≤269	1100~1150（油）	热挤压、精密锻造模具钢。常用于制造中小型精锻模，或代替 3Cr2W8V 钢作热挤压模具

5CrNiMo、5CrMnMo 钢是最常用的热作模具钢，它们具有较高的强度、韧性和耐磨性，优良的淬透性及良好的抗热疲劳性能。对于强度和耐磨性要求较高，而韧性要求不太高的各种中小型热锻模尽量选用 5CrMnMo 钢；而对制造形状复杂、承受较大冲击载荷的大型或特大型热锻模可选用 5CrNiMo 钢。对于在静压下使金属变形的挤压模和压铸模，由于变形速度小，模具与炽热金属接触时间长，故对高温性能要求较热锻模高，可采用 3Cr2W8V

钢（用作挤压钢、铜合金的模具）或 4Cr5W2VSi 钢（用作挤压铝、镁合金的模具）制作。

7.2.4.3　合金量具钢

合金量具钢是用于制造测量工件尺寸的工具（如卡尺、块规、千分尺、卡规、塞规、样板等）所使用的合金钢。量具在使用过程中主要受磨损，因而要求量具有高的硬度和耐磨性，同时还必须有高的尺寸稳定性和良好的磨削加工性能，使量具能达到较小的表面粗糙度值，形状复杂的量具还要求热处理变形小。

通常合金工具钢如 8MnSi、9SiCr、Cr2 、W 钢等都可用来制造各种量具；对高精度、形状复杂的量具，可采用微变形合金工具钢（如 CrWMn、CrMn 钢）和滚动轴承钢 GCr15 制造；对形状简单、尺寸较小、精度要求不高的量具也可用碳素工具钢 T10A、T12A 制造，或用渗碳钢（15、20 或 15Cr 钢）制造，并经渗碳淬火与低温回火处理；对要求耐蚀的量具可用马氏体型不锈钢 7Cr17、8Cr17 等制造；对直尺、钢皮尺、样板及卡规等量具也可采用中碳钢如 55、65、60Mn、65Mn 等制造，并经高频表面淬火处理。

量具钢的热处理与刃具钢基本一样，需进行球化退火及淬火、低温回火处理。为使量具获得高的硬度与耐磨性，其回火温度还可以更低些。量具热处理的主要问题是要保证量具在使用过程中的尺寸稳定性。量具尺寸不稳定的主要原因是：（1）残余奥氏体继续转变引起的尺寸增大；（2）马氏体在室温下继续分解引起的尺寸收缩；（3）淬火及加工过程中产生的残余应力未彻底消除引起的尺寸变形。

为了提高量具尺寸的稳定性，可在淬火后立即进行低温回火（150～160 ℃）。高精度量具如块规等，在淬火后及时进行 -60～-80 ℃ 的冰冷处理，以减少残余奥氏体量，然后再进行低温回火，并在精磨后再进行一次 120 ℃、12～16 h 的人工时效处理，以消除磨削应力，保证量具的尺寸稳定性。

课后思考题

7-1　简述常存杂质元素对非合金钢性能的影响。

7-2　按照炼钢时的脱氧程度，可以把非合金钢分为哪几类？

7-3　指出下列各种钢的类别、符号、数字的含义，主要特点及用途：Q235、Q195-B、40、08、T8。

7-4　普通低合金钢结构钢具有何种性能特点？

7-5　什么是合金工具钢？

项目 8　非铁金属材料

思政案例

后母戊鼎：中国商代青铜铸造技术的巅峰之作

后母戊鼎，这一被誉为"镇国之宝"的青铜器，自1939年在河南省安阳市武官村出土以来，便引起了国内外学术界和文物爱好者的广泛关注。它不仅是商代晚期青铜器的杰出代表，更以其精湛的铸造工艺和深厚的文化内涵，展现了商代青铜铸造技术的辉煌成就和中国古代文明的独特魅力。

后母戊鼎，又称"司母戊鼎"，鼎腹内铸有铭文"司母戊"三字（或释"后母戊"），意为商王为祭祀其母戊而铸造的器物。这一铭文不仅揭示了鼎的用途和背后的文化内涵，更体现了商代社会的宗教信仰和家族制度。

作为商代青铜器的代表作，后母戊鼎的铸造工艺堪称一绝。整个器物由器身和四足整体铸造而成，鼎耳则是在鼎身铸成之后再装范浇铸而成。这种复杂的铸造工艺要求极高的技术水平和组织能力，充分体现了商代后期青铜铸造业的发展水平和规模。

在制作如此大型器物的过程中，从塑造泥模、翻制陶范到合范灌注等各个环节，都需要解决一系列复杂的技术问题。后母戊鼎的制造过程充分展示了商代青铜铸造技术的精湛和成熟，体现了商代工匠们的智慧和创造力。

后母戊鼎的出土和保存，对于研究中国殷代青铜器和商代文化具有重要意义。它不仅是商代青铜文化的代表性器物，更是中国古代青铜器制造技术和艺术水平的重要体现。通过对后母戊鼎的研究和分析，可以更加深入地了解商代社会的政治、经济、文化等方面的发展状况。

值得一提的是，后母戊鼎于2002年1月18日被国家文物局作为国家一级文物列入《首批禁止出境展览文物目录》中，至今一直保存在中国国家博物馆中。这一举措不仅体现了国家对文物保护的高度重视和严格管理，更让后母戊鼎成为了中国文化的瑰宝和骄傲。

后母戊鼎作为中国殷代青铜器的代表作，不仅展示了商代青铜铸造技术的辉煌成就和中国古代文明的独特魅力，更成为了中华民族文化的重要象征和传承。它的出土和保存不仅为我们提供了宝贵的历史资料和文化遗产，更让我们对祖先的智慧和创造力感到无比自豪和钦佩。

任务 8.1　认识铝及其合金

铝及其合金在工业上的重要性仅次于钢，在航空、航天、电力及日常生活用品中得到广泛应用。

8.1.1 纯铝

纯铝是具有银白色金属光泽的轻金属，密度为 2.72 g/cm^3，熔点为 660 ℃，具有面心立方晶格，无同素异构转变。纯铝具有良好的导电性和导热性，仅次于银、铜、金。纯铝化学性质活泼，在大气中极易与氧作用，在表面形成一层能阻止内层金属继续被氧化的牢固致密的氧化膜，从而使它在大气和淡水中具有良好的抗蚀性。纯铝具有极好的塑性和较低的强度，良好的低温性能（到−235 ℃时塑性和冲击韧度也不降低）。

纯铝具有一系列优良的工艺性能，易于铸造，切削和冷、热压力加工，还具有良好的焊接性能。纯铝的强度很低，其抗拉强度仅有 90~120 MPa/m^2，因此一般不宜直接作为结构材料和制造机械零件。工业纯铝的主要用途是：代替贵重的铜合金，制作导线；配制各种铝合金以及制作要求质轻、导热或耐大气腐蚀但强度要求不高的器具。

工业纯铝分为冶炼产品（铝锭）和压力加工产品（铝材）两种。铝锭一般用于冶炼铝合金，配制合金钢成分或作为炼钢的脱氧剂，或作为加工铝材的坯料。按杂质含量区分，工业纯铝的牌号（按 GB/T 3190—2008 规定）有 1070A、1060、1050A、1035、1200 等。

8.1.2 铝合金

纯铝的强度和硬度很低，不适宜作为工程结构材料使用。铝与硅、铜、镁、锰等合金元素所组成的铝合金具有较高的强度，若再经过冷变形加工硬化和时效硬化，其抗拉强度可达 500 MPa 以上，可制造一些承受一定载荷的零件。

8.1.2.1 铝合金相图及分类

根据铝合金的成分和生产工艺特点，可将铝合金分为变形铝合金和铸造铝合金两类。变形铝合金是将合金熔融铸成锭子后，再通过压力加工（轧制、挤压、模锻等）制成半成品或模锻件，故要求合金应有良好的塑性变形能力。铸造铝合金则是将熔融的合金直接铸成形状复杂的甚至是薄壁的成型体，故要求合金应具有良好的铸造流动性。

上述内容可用铝合金相图来说明。在此图上可直接划分变形铝合金和铸造铝合金的成分范围。图 8-1 中成分在 D 点左边的合金，加热至固溶线（DF 线）以上温度可以得到具有均匀的单相固溶体组织的变形铝合金。成分在 D 点右边的合金，是具有共晶组织的铸造铝合金。

在变形铝合金中，成分在 F 点左边的合金，固溶体成分不随温度而变化，不能通过热处理方法进行强化，称为不可热处理强化的铝合金；成分在 F 和 D 之间的合金，固溶体成分可随温度而变化，能通过热处理方法进行强化，称为可热处理强化的铝合金。

A 变形铝合金

按性能特点和用途可将变形铝合金分为防锈铝、硬铝、超硬铝和锻造铝四种。

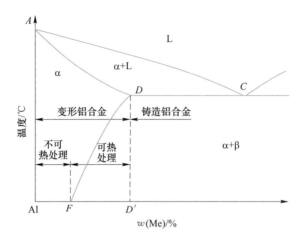

图 8-1 铝合金的分类示意图

变形铝合金的牌号采用四位字符体系的表示方法，即：$\boxed{数字1}$ $\boxed{数字或字母}$ $\boxed{数字2}$ $\boxed{数字3}$，例如 1035、2A04、2B50、5A02 等。

（1）$\boxed{数字1}$ 表示铝及铝合金的组别；1—纯铝，2—主加铜元素铝合金，3—主加锰元素铝合金，4—主加硅元素铝合金，5—主加镁元素铝合金，6—主加镁和硅元素铝合金，7—主加锌元素铝合金，8—主加其他元素铝合金等。

（2）$\boxed{数字或字母}$，对于纯铝（1×××），0—对杂质极限含量无特殊限制，1~9—对杂质极限含量有特殊限制；对于铝合金（2×××~8×××），A（或 0）—表示原始合金，B~Y（或 1~9）—表示改型合金。

（3）$\boxed{数字2}$ $\boxed{数字3}$，对于纯铝（1×××），表示铝含量的百分数；对于铝合金（2×××~8×××）没有特殊的含义，只是用来区分同一组中的不同铝合金。

常用变形铝合金的牌号、成分及力学性能见表 8-1，并附有 GB/T 3190—2020《变形铝及铝合金化学成分》规定的对应新牌号。

表 8-1 常用变形铝合金的牌号、成分及力学性能（摘自 GB/T 3190—2020）

类别	牌号	w(Me)/%					半成品状态[①]	力学性能			旧牌号
		Cu	Mg	Mn	Zn	其他		R_m/MPa	A/%	HBW	
防锈铝合金	5A05	0.1	4.8~5.5	0.3~0.6	0.20	Fe：0.50，Si：0.50	O	270	23	70	LF5
	5A06	0.1	5.8~6.8	0.5~0.8	0.20	Fe：0.40，Si：0.40	O	270	23	70	LF6
	3A21	0.2	0.05	1.0~1.6	0.1	Si：0.60，Ti：0.15	O Y	130 160	20 10	30 40	LF21

续表 8-1

类别	牌号	w(Me)/%					半成品状态[1]	力学性能			旧牌号
		Cu	Mg	Mn	Zn	其他		R_m /MPa	A/%	HBW	
硬铝合金	2A01	2.2~3.0	0.20~0.5	0.20	0.10	Si：0.50，Ti：0.15	O T4	160 300	24	38 70	LY1
	2A11	3.8~4.8	0.4~0.8	0.4~0.8	0.30	Fe：0.70，Ni：0.10，Si：0.70，Ti：0.15	O T4	180 380	18	45 100	LY11
	2A12	3.8~4.9	1.2~1.8	0.3~0.9	0.30	Fe：0.50，Ni：0.10，Si：0.50，Ti：0.15	O T4	180 430	18	42 105	LY12
超硬铝合金	7A03	1.8~2.4	1.2~1.6	0.10	6.0~6.7	Fe：0.50，Cr：0.05，Si：0.20，Ti：0.02~0.08	T4	（抗剪）290	—	—	LC3
	7A04	1.4~2.0	1.8~2.8	0.2~0.6	5.0~7.0	Fe：0.50，Si：0.50，Cr：0.10~0.25	O T6	220 600	18 12	— 150	LC4
锻造铝合金	6A02	0.2~0.6	0.45~0.9	Cr0.15~0.35	0.20	Si：0.5~1.2，Fe：0.50，Ti：0.15	O T6	130 330	24 12	30 95	LD2
	2B50	1.8~2.6	0.4~0.8	0.4~0.8	0.30	Cr：10.10~0.20，Ti：0.02~0.1，Si：0.7~1.2，Fe：0.70，Ni：0.10	T6	390（模锻）	10（模锻）	100（模锻）	LD6
	2A14	3.9~4.8	0.4~0.8	0.4~1.0	0.30	Fe：0.70，Si：0.6~1.2	T6	40（模锻）	10（模锻）	120（模锻）	LD10

①半成品状态：O—退火状态；Y—硬化；T4—固溶+自然失效；T6—固溶+人工失效。

B　铸造铝合金

铸造铝合金要求除具备一定的使用性能外，还应具有优良的铸造工艺性能。成分处于共晶点的合金具有最好的铸造性能，但由于这时合金组织中出现大量硬而脆的化合物，会使合金变得很脆。因此，实际使用的铸造铝合金并不都是共晶合金，它与变形铝合金相比较只是合金元素含量高一些。

铸造铝合金的代号，按 GB/T 1173—1995 规定用"铸铝"二字的汉语拼音首字母"ZL"后加三位数字表示。第一位数字表示合金系别：1 为铝硅系合金，2 为铝铜系合金，3 为铝镁系合金，4 为铝锌系合金；第二、三位数表示合金的顺序号，例如，ZL102 表示 2 号铝硅系合金。铸铝牌号用 ZAl+合金元素及其含量表示。

与变形铝合金比较，铸造铝合金的组织粗大，而且铸件的形状一般都比较复杂。因此，铸造铝合金的热处理与一般变形铝合金的热处理还有不同之处。首先，为了使强化相充分溶解、消除枝晶偏析和使针状化合物"团化"，淬火加热温度比较高，保温时间比较长（一般为 15~20 h）。其次，为了防止淬火变形和开裂，一般在 60~100 ℃的水中冷却。另外，为了保证铸件的耐蚀性以及组织性能和尺寸稳定，铸件一般都采用人工时效。

表 8-2 中列出了部分铸造铝合金的代号（牌号）、成分、铸造方法、力学性能和用途。

表 8-2　铸造铝合金的代号（牌号）、铸造方法、力学性能和用途

类别	代号（牌号）	铸造方法与合金状态	力学性能（不低于）			用　　途
			R_m /MPa	A /%	HBW	
铝硅合金	ZL101 (ZAlSi7Mg)	J，T5	210	2	60	形状复杂的砂型、金属型和压力铸造零件，如飞机、仪表的零件，抽水机壳体，工作温度不超过 185 ℃的化油器等
		S，T5	200	2	60	
	ZL102 (ZAlSil2)	JSB	160	2	50	形状复杂的砂型、金属型和压力铸造零件，如仪表的零件，工作温度不超过 200 ℃、要求气密性、承受低载荷的零件
		JB	150	4	50	
		SB	140	4	50	
	ZL105 (ZAlSi5-CulMg)	J，T5	240	0.5	70	砂型、金属型和压力铸造的形状复杂，在 225 ℃以下工作的零件，如风冷发动机的气缸头、机匣、液压泵壳体等
		S，T5	200	1.0	70	
		S，T6	230	0.5	70	
	ZL108 (ZAlSi2Cu2-Mgl)	J，T1	200	—	85	砂型、金属型铸造的形状复杂，要求高温强度及低膨胀系数的高速内燃机活塞及其他耐热零件
		J，T6	260	—	90	
铝铜合金	ZL201 (ZAlCu5Mn)	S，T4	300	8	70	砂型铸造在 175 ℃以下工作的零件，如支臂、挂架梁、内燃机缸盖、活塞等
		S，T5	340	4	90	
	ZL202 (ZAlCu10)	S，J	110	—	50	形状简单、对表面粗糙度要求较高的中等承载零件
		S，J，T6	170	—	100	
铝镁合金	ZL301 (ZAlMg10)	S，T4	280	9	60	砂型铸造的在大气或海水中工作的零件，承受大振动载荷，工作温度不超过 150 ℃的零件

注：铸造方法与合金状态的符号：J—金属型铸造；S—砂型铸造；B—变质处理。

8.1.2.2　铝合金的强化

铝合金的强化方式主要有以下几种。

（1）固溶强化：纯铝中加入合金元素，形成铝基固溶体，造成了晶格畸变，阻碍位错的运动，可起到固溶强化的作用，使其强度提高。Al-Cu、Al-Mg、Al-Si、Al-Zn、Al-Mn 等二元合金一般都能形成有限固溶体，且有较大的极限溶解度（见表 8-3），因此具有较好的固溶强化效果。

表8-3 常用元素在铝中的溶解度

元素名称	锌	镁	铜	锰	硅
极限溶解度/%	32.8	14.9	5.65	1.82	1.65
室温时的溶解度/%	0.05	0.34	0.20	0.06	0.05

（2）时效强化：通过热处理可实现合金元素对铝的另一种强化作用。由于铝没有同素异构转变，所以其热处理相变与钢不同。铝合金的热处理强化，主要原理在于合金元素在铝合金中有较大的固溶度，且随温度的降低而急剧减小。因此，铝合金加热到某一温度淬火后，可以得到过饱和的铝基固溶体。这种过饱和铝基固溶体在室温下或加热到某一温度时，其强度和硬度随时间的延长而增高，塑性、韧性则降低，这个过程称为时效。在室温下进行的时效称为自然时效，在加热条件下进行的时效称为人工时效。时效过程中使铝合金的强度、硬度增高的现象称为时效强化。强化效果是依靠时效过程中产生的时效硬化现象来实现的。

（3）铝合金的回归处理：将已经时效强化的铝合金，重新加热到200~270℃，经短时间保温，然后在水中急冷，使合金恢复到淬火状态的处理称为回归处理。经回归处理后合金与新淬火的合金一样，仍能进行正常的自然时效。但每次回归处理后，其再时效后强度逐次下降。

（4）过剩相强化：当铝中加入合金元素的数量超过了极限溶解度，则在固溶处理加热时，有一部分不能溶入固溶体的第二相出现，这部分称为过剩相。在铝合金中，这些过剩相通常是硬而脆的金属间化合物。它们在合金中阻碍位错运动，使合金强化，称为过剩相强化。生产中常常采用这种方式来强化耐热铝合金和铸造铝合金。过剩相数量越多，分布越弥散，则强化效果越大。但过剩相太多，就会使强度和塑性都降低。过剩相成分结构越复杂，熔点越高，高温热稳定性越好。

（5）细化组织强化：很多铝合金组织都是由α固溶体和过剩相组成的。如果能细化铝合金的组织，包括细化α固溶体或细化过剩相，则可使合金得到强化。实际生产中常常利用变质处理的方法来细化合金组织。

任务8.2 认识铜及其合金

铜及其合金具有以下性能特点：纯铜导电性、导热性极佳，多数铜合金的导电、导热性也很好；铜及其合金对大气和水的抗腐蚀能力也很高；铜是抗磁性物质；铜及某些铜合金塑性好，易冷、热成型；铸造铜合金有很好的铸造性能。青铜及部分黄铜有优良的减摩性和耐磨性；铍青铜等有高的弹性极限及疲劳极限，色泽美观。

由于有上述优良性能，铜及其合金在诸多部门中获得了广泛的应用。但铜的储藏量较小，价格较贵，属于应该节约使用的材料之一，只有在特殊需要的情况下，如要求有特殊的磁性、耐蚀性、加工性能、力学性能以及特殊的外观等条件下，才考虑使用。

8.2.1 工业纯铜

纯铜呈玫瑰色，当表面形成氧化膜后呈紫红色，因此称为紫铜。紫铜属于重非铁金属材料。其纯度 $w(Cu) = 99.5\% \sim 99.9\%$，相对密度为 8.96，熔点为 1083 ℃，固态下具有面心立方晶格，无同素异构转变，具有抗磁性。纯铜最突出的特点是具有良好的导电和导热性，仅次于银。因此，铜在电器工业和动力机械中得到广泛的应用，如用来制造电导线、散热器、冷凝器等。

纯铜具有很高的化学稳定性，在大气、淡水及蒸汽中基本上不被腐蚀，在含有硫酸和 SO_2 气体中或海洋性气体中铜能生成一层结实的保护膜，腐蚀速度也不太大。但铜在氨、氨盐以及氧化性的硝酸和浓硫酸中的抗蚀性很差，在海水中会受腐蚀。纯铜具有面心立方晶格，其强度虽不高，但塑性高，可以承受各种形式的冷热压力加工。在冷变形过程中，铜有明显加工硬化现象，因此必须在冷变形过程中进行中间退火，利用这一现象可大大提高铜制品的强度。

工业纯铜中常有 0.1% ~ 0.5% 的杂质（铝、铋、氧、硫、磷等），杂质对纯铜的各种性能有很大影响，它们使铜的导电能力降低。另外，铅、铋杂质能与铜形成熔点很低的共晶体（Cu+Pb）和（Cu+Bi），共晶温度分别为 326 ℃ 和 270 ℃。当铜进行热加工时，这些共晶体发生熔化，破坏了晶界的结合，造成脆性破裂，这种现象称为热脆。并且，硫、氧也能与铜形成（Cu+Cu$_2$S）和（Cu+Cu$_2$O）共晶体，它们的共晶温度分别为 1067 ℃ 和 1065 ℃，虽不会引起热脆性。但由于 Cu_2S 和 Cu_2O 均为脆性化合物，冷加工时易产生破裂，这种现象称为冷脆。

根据杂质的含量，工业纯铜可分为四种：T1、T2、T3、T4。"T" 为铜的汉语拼音字头，编号越大，纯度越低。工业纯铜的牌号、成分及用途见表 8-4。

表 8-4　工业纯铜的牌号、成分及用途

类别	牌号	含铜量 /%	杂质含量/%		杂质总量 /%	用　　途
			Bi	Pb		
一号铜	T1	99.85	0.002	0.005	0.05	导电材料和配制高纯度合金
二号铜	T2	99.90	0.002	0.005	0.1	导电材料、制作电线等
三号铜	T3	99.70	0.002	0.01	0.3	一般用铜材，电气开关、垫圈、铆钉油管等
四号铜	T4	99.50	0.003	0.05	0.5	同 T3

8.2.2 铜合金

纯铜主要用于导电、导热及兼有耐蚀性的器材，如电线、电缆、电刷、防磁器械、化工用传热或深冷设备等。工业纯铜的力学性能较低。为满足结构件的要求，需加入适量合金元素制成铜合金。铜合金具有比纯铜好的强度及耐蚀性，是电气仪表、化工、造船、航空、机械等工业部门中的重要材料。按照化学成分，铜合金可分为黄铜、青铜及白铜三大类。

8.2.2.1　黄铜

黄铜是以锌为主加元素的铜合金，因含锌而呈金黄色，故称黄铜。黄铜具有良好的力学性能、导热性、导电性和加工成型性。色泽美丽，价格较低，是重有色金属中应用最广的金属材料。按化学成分不同，分为普通黄铜、特殊黄铜两种。

普通黄铜的牌号以"H"+数字表示。"H"是"黄"字汉语拼音字头，数字表示铜的百分含量，如 H80 即表示含 80% 铜和 20% 锌的普通黄铜。

在普通黄铜中加入铅、铝、锰、锡、铁、镍、硅等合金元素所组成的多元合金称特殊黄铜。牌号用"H"+主加元素符号+铜的质量分数+主加元素质量分数表示。如 HPb59-1 表示含 59% 铜，1% 铅，其余为锌。

铸造用黄铜在牌号"H"前加"Z"（"铸"字汉语拼音字首），如 ZHAl67-2.5 表示含 67% 铜，2.5% 铝的铸造铝黄铜。

A　普通黄铜

普通黄铜也称作二元黄铜，是铜-锌二元合金。图 8-2 为 Cu-Zn 二元相图。

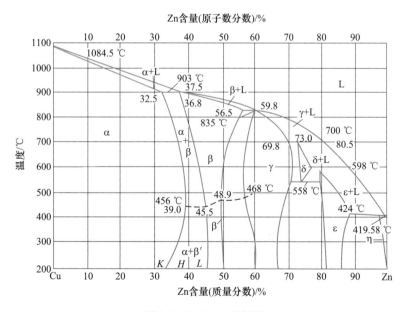

图 8-2　Cu-Zn 二元相图

锌加入铜中，首先形成 Zn 在 Cu 中的固溶体 α 相。α 相是锌溶于铜中的固溶体，溶解度随温度下降而增大。α 相具有面心立方晶格，能使合金强度、塑性增高，适于进行冷、热加工，并有优良的铸造、焊接和镀锡的能力。当 Zn 增加时，产生以化合物 CuZn 为基的有序固溶体（β′相），β′相具有体心立方晶格，性能硬而脆。塑性下降而强度最高。黄铜的力学性能与锌的质量分数有极大的关系，如图8-3所示。当$w(Zn) \leqslant 30\% \sim 32\%$时，随着含锌量的增加，强度和伸长率都升高；当$w(Zn) > 32\%$后，因组织中出现β′相，塑性开始下降，而强度在$w(Zn) = 45\%$附近达到最大值。Zn含量更高时，黄铜的组织全部为β′相，强度与塑性急剧下降。因此，工业用黄铜锌的质量分数均在46%以下。其组织为α或α+β′，分别称为α黄铜和α+β′黄铜。

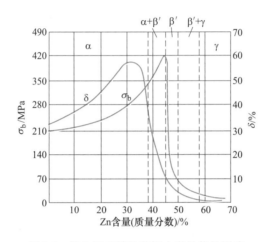

图8-3　锌含量对铸造黄铜力学性能的影响

α黄铜又称单相黄铜（见图8-4），用于常温下压力加工形状复杂的零件，具有较高的强度和优良的冷变形性能。常用代号有H90、H80、H70、H68，其中H70、H68又称三七黄铜，由于它强度较高，塑性特别好，大量用作枪弹壳及炮弹筒，故有"弹壳黄铜"之称。

α+β′黄铜又称两相黄铜（见图8-5），具有较高的强度和耐蚀性，适宜热压力加工，常用代号有H62、H59，用于制造散热器、水管、油管、弹簧等。

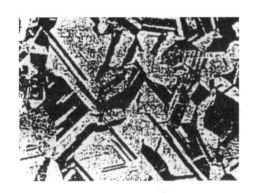

图8-4　单相黄铜显微组织

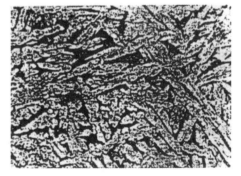

图8-5　双相黄铜显微组织

普通黄铜力学性能、工艺性较好，应用比较广泛。黄铜具有很好的流动性，且易形成集中缩孔,因此铸件组织致密,偏析倾向很小。

黄铜的耐蚀性比较好,与纯铜接近,超过铁、碳钢及许多合金钢。但锌含量大于 7%特别是 20%后的冷加工黄铜,在潮湿大气或海水中,由于有残余应力存在,容易产生应力腐蚀,使黄铜开裂,所以冷加工后的黄铜应进行低温退火以消除内应力,减少应力腐蚀倾向。

B 特殊黄铜

为了提高普通黄铜的耐蚀性、切削加工性、力学性能,在铜锌二元合金的基础上加入锡、铅、铝、硅、锰、铁、镍等其他合金元素所组成的多元合金称为特殊黄铜。

(1) 锡黄铜:锡可显著提高黄铜在海洋大气和海水中的抗蚀性,并可使黄铜的强度提高。压力加工锡黄铜广泛应用于制造海船零件。

(2) 铅黄铜:铅能改善切削加工性能,并能提高耐磨性。铅对黄铜的强度影响不大,但使其塑性略为降低。压力加工铅黄铜主要用于要求有良好切削加工性能及耐磨的零件(如钟表零件),铸造铅黄铜可以制作轴瓦和衬套。

(3) 铝黄铜:铝能提高黄铜的强度和硬度,但使其塑性降低。铝使黄铜表面形成保护性的氧化膜,改善黄铜在大气中的抗蚀性。

(4) 硅黄铜:硅能显著提高黄铜的力学性能、耐磨性和耐蚀性。硅黄铜具有良好的铸造性能,并能进行焊接和切削加工。主要用于制造船舶及化工机械零件。

(5) 锰黄铜:锰能提高黄铜的强度,不降低其塑性,还能提高其在海水中及过热蒸汽中的抗蚀性。锰黄铜常用于制造海船零件及轴承等耐磨部件。

(6) 铁黄铜:黄铜中加入铁,同时加入少量的锰,可起到提高黄铜再结晶温度和细化晶粒的作用,使力学性能提高,同时使黄铜具有高的韧性、耐磨性及在大气和海水中优良的抗蚀性,因此铁黄铜可以用于制造受摩擦及受海水腐蚀的零件。

(7) 镍黄铜:镍能提高黄铜的再结晶温度和细化其晶粒,提高其力学性能和抗蚀性,降低其应力腐蚀开裂倾向。镍黄铜的热加工性能良好,广泛应用在造船工业、电机制造工业中。

8.2.2.2 青铜

青铜原指铜锡合金,因其外观呈青黑色,故称为锡青铜。近代工业中广泛应用了含 Al、Be、Pb、Si 等的铜基合金,统称为无锡青铜。因此,青铜实际上包含锡青铜、铝青铜、铍青铜和硅青铜等。青铜的编号规则是:Q+主加元素符号+主加元素含量(+其他元素含量),"Q"表示青的汉语拼音字头。如 QSn4-Zn 3 表示成分为 4%Sn、3%Zn,其余为铜的锡青铜。铸造青铜的编号前加"Z"。

青铜一般都具有高的耐蚀性、较高的导电导热性及良好的切削加工性。青铜分压力加工青铜和铸造青铜两大类。常用青铜的代号(牌号)、化学成分、力学性能及用途,见表 8-5。

表 8-5 常用青铜的代号（牌号）、成分、力学性能及用途

类型	牌号	主要成分 $w(Me)$ /%		力学性能		主要用途
		Sn	其他	R_m/MPa	A/%	
压力加工锡青铜	QSn4~3	3.5~4.5	Zn2.7~3.3	350	40	弹性元件、管配件和化工机械等
	QSn6.5~0.1	6.0~7.0	P0.1~0.25	300	38	耐磨件、弹性零件
				500	5	
				600	1	
	QSn4.4~2.5	3.0~5.0	Zn3.0~5.0 Pb1.5~3.5	300~350	35 45	轴承、轴套、衬套等
铸造锡青铜	ZCuSn10Zn2	9.0~11.0	Zn1.0~3.0 P0.5~1.0	245	6	中等或较高负荷下工作的重要管配件，泵、阀、齿轮等
				240	12	
	ZCuSn10P1	9.0~11.5	P0.5~1.0	310	2	重要的轴瓦、齿轮、连杆和轴套等
				220	3	
特殊青铜（无锡青铜）	ZCuAl10Fe3	A18.5~11.0	Fe2.0~4.0	540	15	重要用途的耐磨、耐蚀重型铸件，如轴套、螺母、涡轮
				490	13	
	QBe2	Be1.9~2.2	Ni0.2~0.5	500	3	重要仪表的弹簧、齿轮等
	ZCuPb30	Pb27~33	—	—	—	高速双金属轴瓦、减摩零件等

A 锡青铜

以锡为主要添加元素的铜基合金称为锡青铜。其主要特点是耐蚀、耐磨、强度高、弹性好等。锡在铜中可形成固溶体，也可以形成金属化合物。因此，锡的质量分数不同，锡青铜的组织和性能也不同。

锡青铜具有良好的耐蚀性、减摩性、抗磁性和低温韧性，在大气、海水、蒸汽、淡水及无机盐溶液中的耐蚀性比纯铜和黄铜好，这是由于锡青铜表面生成由 Cu_2O 及 $2CuCO_3 \cdot Cu(OH)_2$ 构成的致密膜。但在亚硫酸钠、酸和氨水中的耐蚀性较差；为了消除铸造内应力，减轻铸造偏析，改善组织，提高力学性能，铸造锡青铜采用扩散退火，退火温度一般为 600~700 ℃，保温 4~5 h。为防止脆性相的析出，退火后采用水冷。

锡青铜的铸造流动性差，易形成分散缩孔，铸件致密度低。但合金体积收缩率小，热裂倾向小，适于铸造外形及尺寸要求精确且致密性要求不高的铸件。为改善锡青铜的铸造性能、力学性能、耐磨性能、弹性性能和切削加工性能，常加入锌、磷、镍等元素形成多元锡青铜。

B 铝青铜

以铝为主要合金元素的铜基合金称为铝青铜，一般铝的质量分数为 8.5%~10.5%。铝

青铜具有可与钢相比的强度，它有高的冲击韧性与疲劳强度、耐蚀、耐磨、受冲击时不产生火化等优点。铝青铜具有良好的铸造性能，在大气、海水、碳酸及大多数有机酸中具有比黄铜和锡青铜更高的抗蚀性。含 Al 量较高（大于 10%）的铝青铜，还能通过热处理方法（淬火与回火）强化。常用牌号有 QAl5、QAl9-4、ZQAl9-2 等。铝青铜常用来制造机械、化工、造船及汽车工业中的轴套、齿轮、涡轮、管路配件等零件。

C　铍青铜

铍青铜是含 1.7%～2.5%Be 的铜合金。由于 Be 在铜中的固溶度随温度下降而急剧降低，室温时仅能溶解 0.16%Be，因此铍青铜可以通过淬火和时效的方法进行强化，而且强化的效果很好。铍青铜的弹性极限、疲劳极限都很高，耐磨性、抗蚀性、导热性、导电性和低温性能也非常好。此外，还具有无磁性、冲击时不产生火花等特性。在工艺方面，它承受冷热压力加工的能力很好，铸造性能也好。但铍青铜价格昂贵，限制了它的使用。

铍青铜在工业上用来制造重要的耐磨零件、弹性元件和其他重要零件，如仪表齿轮、弹簧、航海罗盘、电焊机电极、防爆工具等。

8.2.2.3　白铜

白铜是指以镍为主要合金元素的铜合金。白铜又分为简单白铜和特殊白铜。简单白铜仅含铜和镍，具有较高的耐蚀性和抗腐蚀疲劳性能，优良的冷、热加工性能。简单白铜主要用于制造蒸汽和海水环境中工作的精密仪器、仪表零件和冷凝器、蒸馏器等。特殊白铜是在简单白铜的基础上添加 Zn、Mn、Al 等元素形成的，被称为锌白铜、锰白铜、铝白铜等。它具有很高的耐蚀性、强度和塑性，成本也较低，适于制造精密仪器、精密机械零件、医疗器械等。

任务 8.3　认识钛及其合金

钛在地壳中的蕴藏量居金属元素中的第四位，仅次于铝、铁、镁。在我国，钛的资源十分丰富，它是一种很有发展前途的金属材料。

钛及其合金体积质量小，比强度高，在大多数腐蚀介质中，特别是在中性或氧化性介质（如硝酸、氯化物、湿氯气、有机药物等）和海水中均具有良好的耐蚀性。另外，钛及其合金的耐热性比铝合金和镁合金高，因而已成为航空、航天、机械工程、化工、冶金工业中不可缺少的材料。但由于钛在高温时异常活泼，熔点高，熔炼、浇铸工艺复杂且价格昂贵，成本较高，因此使用受到一定限制。

8.3.1　工业纯钛

纯钛是灰白色轻金属，熔点为 1668 ℃，密度为 4.5 g/cm^3，约相当于铁密度的一半。固态下有同素异构转变，低于 882.5 ℃ 为 α-Ti（密排六方晶格，$a = 0.295$ nm，$c = 0.468$ nm），高于 882.5 ℃ 为 β-Ti（体心立方晶格，$a = 0.332$ nm）。

纯钛的牌号为 TA0、TA1、TA2、TA3。TA0 为高纯钛，仅在科学研究中应用，其余三种均含有一定量的杂质，称为工业纯钛。工业纯钛的牌号用 TA+顺序号数字 1、2、3 表示，数字越大，纯度越低。杂质含量对钛的性能影响很大，少量杂质可显著提高钛的强度，故工业纯钛强度较高。

工业纯钛的力学性能与低碳钢相似，具有较高的强度和较好的塑性。钛在常温为密排六方晶格，塑性比其他六方晶格的金属要高，可以直接用于航空产品，常用来制造 350 ℃以下工作的飞机构件，如超声速飞机的蒙皮、构架等；又由于其强度接近高强铝合金水平，还可用于制造 350 ℃以下温度工作的石油化工用热交换器、反应器、船舰零件等。

8.3.2 钛合金

8.3.2.1 钛合金的分类及特点

为了进一步提高钛的性能，通常加入合金元素进行强化，主要元素有 Al、Sn、V、Cr、Mo、Mn 等。根据钛合金热处理的组织，可以把钛分为 α 钛合金（全部 α 相）、β 钛合金（全部 β 相）和 α+β 钛合金（α+β 相）三大类，符号分别以 TA、TB、TC 表示。

（1）α 钛合金（TA）：α 钛合金的主要合金元素是铝。这种合金具有很好的强度和韧性、热稳定性、焊接性和铸造性，抗氧化能力较好，热强性很好，可以在 500 ℃左右长期工作。α 钛合金的热处理一般是退火。

TA7 是常用的 α 钛合金，该合金有较高的室温强度、高温强度和优良的抗氧化性及耐蚀性，且具有很好的低温性能，适宜制作使用温度不超过 500 ℃的零件，如导弹的燃料缸、火箭、宇宙飞船的高压低温容器等。

（2）β 钛合金（TB）：这种合金一般加入 Mo、V、Cr、Al 等合金元素，强度较高、韧性好，经淬火和时效处理后，析出弥散的 α 相，强度进一步提高，主要用来制造高强度板材和复杂形状零件。

它的缺点是组织和性能不太稳定，耐热性差，抗氧化性能低。当温度超过 700 ℃时，合金易受大气中的杂质气体污染。它的生产工艺复杂，且性能不太稳定，因此限制了它的应用。β 钛合金可进行热处理强化，一般可用淬火和时效强化。TB1 是应用最广的 β 钛合金，该合金具有良好的冷成型性，多用于制造飞机构件和紧固件。

（3）α+β 钛合金（TC）：主要加入 Al，也加入 Mn、Cr、V 等，同时具有上述两类合金的优点，即塑性好、热强性好（可在 400 ℃长期工作）、耐海水腐蚀能力很强，生产工艺简单，并且可以通过淬火和时效处理进行强化，主要用于飞机压气机盘和叶片、舰艇耐压壳体、大尺寸锻件、模锻件等。

TC4 是用途最广的合金，退火状态具有较高的强度和良好的塑性，经过淬火和时效处理后其强度可提高至 1190 MPa，常用于制造 400 ℃以下和低温下工作的零件，如飞机发动机压气机盘和叶片、化工用泵部件等。工业上常用钛合金的牌号、化学成分、性能见表8-6。

表 8-6　常用钛合金的牌号、化学成分、性能（棒材）

类型	合金牌号	化学成分	状态	室温力学性（不小于）				高温力学性能（不小于）		
				R_m /MPa	A /%	Z /%	a_k /J·cm⁻²	试验温度 /℃	瞬时强度 R_m/MPa	持久强度 σ_{100h}·/MPa
α钛合金	TA4	Ti-3Al	退火	450	25	50	80	—	—	—
	TA5	Ti-4Al-0.005B		700	15	40	60	—	—	—
	TA6	Ti-5Al		700	10	27	30	350	430	400
	TA7	Ti-5Al-2.5Sn		800	10	27	30	350	500	450
	TA8	Ti-5Al-2.5Sn-3Cu-1.5Zr		1000	10	25	20~30	500	700	500
β钛合金	TB1	Ti-3Al-8Mo-11Cr	淬火+时效	1300	—	—	15			
	TB2	Ti-5Mo-5V-3Cr-3Al		1400	10	10	15			
α+β钛合金	TC1	Ti-2Al-1.5Mn	退火	600	30	30	45	350	350	350
	TC2	Ti-3Al-1.5Mn		700	30	30	40	350	430	400
	TC4	Ti-6Al-4V		950	30	30	40	400	530	580
	TC6	Ti-6Al-1.5Cr-2.5Mo-0.5Fe-0.3Si		950	23	23	30	450	600	550
	TC9	Ti-6.5Al-3.5Mo-2.5Sn-0.3Si		1140	25	25	30	500	850	620
	TC10	Ti-6Al-6V-2Sn-0.5Cu-0.5Fe		1150	30	30	40	400	850	800

8.3.2.2　钛合金的性能

（1）压力加工性能：钛及钛合金可以采用锻造、轧制、挤压、冲压等多种形式的压力加工成型，但其压力加工性能一般不如低合金钢。

（2）超塑性：大多数钛合金具有一定的超塑性性能。超塑性指具有合适的组成相比例、较细晶粒及较细亚结构的合金，在一定温度及较慢的应变速率下，能表现出极高塑性的现象。

（3）焊接性能：钛合金焊接一般在惰性气体保护下或真空中进行，以防止因氢、氧、氮等气体元素进入焊缝，造成污染及脆化，或者形成气孔。

（4）铸造性能：由于钛合金难熔且化学活性高，在熔融状态下能与几乎所有的耐火材料和气体起反应，因此钛合金在铸造过程中，其熔化和浇注都必须在惰性气体保护下或真空中进行。

（5）切削性能：钛合金导热性差，摩擦系数大，切削时温升很高，易粘刀，使刀具磨损快，故切削加工比较困难。

8.3.2.3　钛及钛合金的应用领域

钛及钛合金的应用领域极广，具体可见表 8-7。

表 8-7 钛及钛合金的应用领域

应用领域		材料的使用特性	应用部位
航空工业	喷气发动机	在 500 ℃ 以下具有高的屈服强度/密度比和疲劳强度/密度比,良好的热稳定性,优异的抗大气腐蚀性能,可减轻结构质量	在 500 ℃ 以下的部位使用:压气盘、静叶片、中心体、喷气管等
	机身	在 300 ℃ 以下,比强度高	防火壁、蒙皮、大梁、舱门、拉杆等
火箭、导弹及宇宙飞船工业		在常温及超低温下,比强度高,并具有足够的韧性及塑性	飞船船舱蒙皮及结构骨架、主起落架、登月舱等
船舶、舰艇制造工业		比强度高,在海水及海洋气氛下具有优异的耐蚀性能	耐压艇体、结构件、浮力系统球体,水上船舶的泵体、管道和甲板配件等
化学工业、石油工业		在氧化性和中性介质中具有良好的耐蚀性,在还原性介质中也可通过合金化改善其耐蚀性	做热交换器、反应塔、蒸馏器、洗涤塔、合成器、高压釜等
其他工业	武器制造	耐蚀性好,密度小	火炮尾架、火炮套箍、坦克车轮及履带、战车驱动轴、装甲板等
	冶金工业	有高的化学活性和良好的耐蚀性	在镍、钴、钛等有色金属冶炼中做耐蚀材料
	医疗卫生	对人体体液有极好的耐蚀性,没有毒性,与肌肉组织亲和性能良好	做医疗器械及外科矫形材料
	超高真空	有高的化学活性,能吸附氧、氮、氢、CO、CO_2、甲烷等气体	钛离子泵
	电站	高的耐蚀性,密度小、质量轻,良好的综合力学性能和工艺性能,较高的热稳定性,线膨胀系数小	全钛凝汽器、蒸汽涡轮叶片等
	机械仪表		精密天平秤杆、表壳、光学仪器等
	纺织工业		亚漂机、亚漂罐中耐蚀零部件
	造纸工业		泵、阀、管道、风机、搅拌器等
	医药工业		加料机、搅拌器、出料管道等
	体育用品		航模、登山器械、全钛赛车等
	工艺美术		钛板画、笔筒、砚台、拐杖、胸针等

任务8.4 认识粉末冶金材料及硬质合金

粉末冶金法是一种不用熔炼和铸造,而用压制、烧结金属粉末来制造零件的新工艺。粉末冶金法既是制取具有特殊性能金属材料的方法,也是一种精密的无切屑或少切屑的加工方法。用粉末冶金法可使轧制品达到或极接近于零件要求的形状、尺寸精度与表面粗糙度,使生产率和材料利用率大为提高,节省加工工时和减少机械加工设备,降低成本,因此粉末冶金法在国内外都得到了很快的发展。

8.4.1　粉末冶金材料

8.4.1.1　粉末冶金工艺过程

粉末冶金工艺过程包括粉末制备、压制成型、烧结及后处理等几个工序。

（1）粉末制备：金属粉末的制取、粉料的混合等步骤。金属粉末的各种性能均与制粉方法有密切关系。粉末应按要求的粒度组成与配合进行混合。在各组成成分的密度相差较大且均匀程度要求较高的情况下，常采用湿混。

（2）压制成型：将混合均匀的混料，装入压模中压制成具有一定形状、尺寸和密度的型坯的过程。

（3）烧结：通过焙烧，使型坯颗粒间发生扩散、熔焊、再结晶等过程，使粉末颗粒牢固地焊合在一起，使孔隙减小，密度增大，最终得到"晶体结合体"，从而获得所需要的具有一定物理及力学性能的过程。

（4）后处理：经过烧结，使粉末压坯件获得所需要的各种性能。一般情况下，烧结好的制件即可使用。但有时还得再进行必要的后处理。常用的后处理方法有：

1）整形：即将烧结后的零件装入与压模结构相似的整形模内，在压力机上再进行一次压形，用来提高零件的尺寸精度和减少零件的表面粗糙度，用来消除在烧结过程中造成的微量变形。

2）浸油：将零件放入热油中或在真空下使油渗入粉末零件孔隙中的过程。经浸油后的零件可以提高耐磨性，并能防止零件生锈。

3）蒸汽处理：把铁基零件在 500~600 ℃水蒸气中进行处理，使零件内外表面形成一层硬而致密的氧化膜，从而提高零件的耐磨性并防止零件生锈。

4）硫化处理：将零件放置在 120 ℃的熔融硫槽内，经十几分钟后取出，并在氢气保护下再加热到 720 ℃，使零件表面孔隙形成硫化物的过程。硫化处理能大大提高零件的减磨性和改善其加工性能。

8.4.1.2　常用粉末冶金材料

粉末冶金材料牌号采用汉语拼音字母（F）和阿拉伯数字组成的符号体系来表示。"F"表示粉末冶金材料，后面数字与字母分别表示材料的类别和材料的状态或特性。

A　烧结减摩材料

在烧结减摩材料中最常用的是多孔轴承，它是将粉末压制成轴承后，再浸在润滑油中，由于材料的多孔性，在毛细现象作用下可吸附大量润滑油（一般含油率为 12%~30%），经浸油处理的轴承又称为含油轴承。工作时，由于轴承发热，使金属粉末膨胀，孔隙容积缩小。再加上轴旋转时带动轴承间隙中的空气层，降低摩擦表面的静压强，在粉末孔隙内外形成压力差，迫使润滑油被抽到工作表面。停止工作后，润滑油又渗入孔隙中。因此，含油轴承有自动润滑的作用。一般被用作中速、轻载荷的轴承，特别适宜不能经常加油的轴承，如纺织机械、食品机械、家用电器等轴承，在汽车、机床中也广泛应用。

常用的多孔轴承有以下两类。

(1)铁基多孔轴承:常用的有铁-石墨(w(C)为 0.5% ~ 3%)烧结合金和铁-硫(w(S)为 0.5% ~ 1%)-石墨(w(C)为 1% ~ 2%)烧结合金。前者硬度为 30 ~ 110HBW,组织是珠光体+铁素体+渗碳体+石墨+孔隙。后者硬度为 35~70HBW,除有与前者相同的几种组织外,还有硫化物组织。其中石墨或硫化物起固体润滑剂作用,可改善减摩性能,石墨还能吸附很多润滑油,形成胶体状高效能润滑剂,进一步改善摩擦条件。

(2)铜基多孔轴承:常由青铜粉末与石墨粉末制成。硬度为 20~40HBW,它的成分与 ZCuSn5Pb5Zn5 锡青铜相近,但其中 w(C)为 0.3% ~ 2%,组织是 α 固溶体+石墨+铅+孔隙。它有较好的导热性、耐蚀性、抗咬合性,但承压能力较铁基多孔轴承小,经常用于纺织机械、精密机械、仪表中。

近年来,出现了铝基多孔轴承。其摩擦系数比青铜小,工作时温升也低,而且铝粉价格比青铜粉低,因此在某些场合,铝基多孔轴承将逐渐代替铜基多孔轴承而得到广泛使用。

B 烧结铁基结构材料(烧结钢)

烧结铁基结构材料是以碳钢粉末或合金钢粉末为主要原料,采用粉末冶金方法制造而成的金属材料或直接制成烧结结构零件。

此类材料制造结构零件的优点是:制品精度较高、表面光洁,不需或只需少量切削加工。制品可通过热处理强化来提高耐磨性。制品多孔,可浸渍润滑油,改善摩擦条件,并有减振、消声的作用。

用碳钢粉末制造的合金,含碳量低的,可制造受力小的零件或渗碳件、焊接件;含碳量较高的,淬火后可制造要求有一定强度或耐磨的零件。用合金钢粉末制的合金,其中常有 Cu、Mo、B、Mn、P 等合金元素。它们可强化基体,提高淬透性,加入铜还可提高耐蚀性,可制造受力较大的烧结结构件,如液压泵齿轮、电钻齿轮等。

C 烧结摩擦材料

机器上的制动器与离合器需要大量使用摩擦材料。它们是利用材料相互间的摩擦力传递能量的,尤其是在制动时,制动器要吸收大量的动能,摩擦表面温度急剧上升(可达到 1000 ℃),故摩擦材料极易磨损。因此,对摩擦材料的性能有如下要求:(1)较大的摩擦系数;(2)较好的耐磨性;(3)良好的磨合性;(4)足够的强度,以能承受较高的工作压力及速度。

摩擦材料通常由强度高、导热性好、熔点高的金属(如用铁、铜)作为基体,并加入可以提高摩擦系数的摩擦组分(如 Al_2O_3、SiO_2 及石棉等),以及能够抗咬合、提高减摩性的润滑组分(如铅、锡、石墨、二硫化钼等)的粉末冶金材料。铜基烧结摩擦材料常用于汽车、拖拉机、锻压机床的离合器与制动器。铁基烧结摩擦材料常用于各种高速重载机器的制动器。那些与烧结摩擦材料相互摩擦的对偶件,一般用淬火钢或铸铁制作。

8.4.1.3 粉末冶金的应用

粉末冶金用得最多、历史最长的是用来制造各种衬套和轴套，后来又逐渐发展到制造一些其他的机械零件，如齿轮、凸轮、含油轴承等。粉末冶金含油轴承的耐磨性能良好，而且材料的孔隙能储存润滑油，可以用这种轴承来代替滚珠轴承和青铜轴瓦。

粉末冶金的重要应用还在于，它可以制造一些具有特殊成分或具有特殊性能的制件，如硬质合金、难熔金属及其合金、金属陶瓷、无偏析高速工具钢、磁性材料、耐热材料、过滤器等。

8.4.2 硬质合金

硬质合金是以难熔的金属碳化物（WC、TiC、TaC 等）为基体加入适量金属或合金粉末（如 Co、Ni、高速工具钢等）作为黏结相而制成的具有金属性质的粉末冶金材料。

8.4.2.1 硬质合金的性能特点

硬质合金的性能特点主要有以下方面：

（1）硬度高、热硬性高、耐磨性好。常温下硬质合金硬度可达 86~96HRA，高于高速工具钢（63~70HRC）；热硬性可达 1000 ℃以上，远远高于高速工具钢（500~650 ℃）；耐磨性比高速工具钢要高 15~20 倍。由于这些特点，使得硬质合金作为切削刃具时能允许的最大切削速度比高速工具钢高 4~10 倍。

（2）抗压强度高、弹性模量高。硬质合金的抗压强度可达 6000 MPa，高于高速工具钢，但抗弯强度较低，只有高速工具钢的 1/3~1/2；弹性模量为高速工具钢的 2~3 倍；冲击韧度较低，为淬火钢的 30%~50%。

（3）硬质合金还具有良好的耐蚀性（抗大气、酸、碱等）与抗氧化性。由于硬质合金的性能特点，使其在很多领域得到应用。但是，硬质合金只能磨削，不能切削，更不能锻造，也不需进行热处理。硬质合金的热导率较低，韧性较差，高速切削时不能使用冷却液，以免崩裂。

8.4.2.2 硬质合金分类

硬质合金分为金属陶瓷硬质合金、碳化铬硬质合金、钢结硬质合金等。

（1）金属陶瓷硬质合金：以 WC、TiC、TaC 等为基体，以 Co 粉为黏结相形成的硬质合金称为金属陶瓷硬质合金。常温硬度为 83~93HRA，1000 ℃时硬度为 650~850HV。其具有高的抗压强度和弹性模量，抗弯强度较高，但冲击韧度低，脆性大，导热性差。

广泛应用的金属陶瓷硬质合金有以下三类。

1）钨钴类硬质合金：由 WC 和 Co 组成，有些牌号也加少量 TaC、VC 等。用 YG+钴的质量分数（以百分数计）表示。YG 表示钨钴类硬质合金，后边的数字表示钴的含量。常用代号有 YG3、YG6、YG8 等，如 YG6 表示含 $w(Co) = 6\%$、$w(C) = 94\%$ 的钨钴类硬质合金。这类合金具有较高的强度和韧性，主要用于制造刀具、模具、量具、耐磨零件等。

2）钨钴钛类硬质合金：由 WC、TiC 和 Co 组成，用 YT+TiC 的质量分数（以百分数计）表示，常用代号有 YT5、YT15、YT30 等。YT 表示钨钴钛类硬质合金，后边的数字表示 TiC 的含量，如 YT15 表示含 TiC15%，其余为 WC 和 Co 的钨钴钛类硬质合金。这类合金具有较高的硬度、耐磨性和热硬性，但强度和韧性低于钨钴类合金。

3）通用硬质合金：这类合金的主要化学成分是 WC、TiC、TaC（或 NbC）和 Co。它用 TaC 或 NbC 取代了钨钴钛类硬质合金中的部分 TiC，提高了合金的性能和使用寿命，是最近新发展的品种，称为万能硬质合金和通用硬质合金。用 YW+顺序号表示。YW 来源于"硬万"两字的汉语拼音字头，后面的数字是品种序号，如 YW1、YW2 等。这类合金热硬性高，性能介于 YG 类和 YT 类之间。其刀具可用来加工各种钢，还可加工铸铁和有色金属，故称为万能硬质合金。

以上硬质合金中，碳化物是合金的"骨架"，起坚硬耐磨的作用，Co 则起黏结作用。它们之间相对量的多少将直接影响合金的性能。一般说来，含钴量越高（或含碳化物量越低），则强度、韧性越高，而硬度、耐磨性越低。因此，含钴量多的牌号（如 YG8），一般都用于粗加工或加工表面比较粗糙的工件。另外，以上硬质合金的硬度高，脆性大，除磨削外，不能进行一般的切削加工，因此冶金厂将其制成一定规格的刀片供应。

（2）碳化铬硬质合金：碳化铬硬质合金是以 Cr_3C_2 为基体（或加入少量 WC），用 Ni 或 Ni 基合金作为黏结相而形成的硬质合金。它具有极高的抗高温氧化性，加热到 1100 ℃以上仅表面变色。其具有高的耐磨性和耐蚀性，但强度较低。如想提高其强度，需要添加磷和碳化钨。碳化铬硬质合金用 YLN 及 YLWN+Ni 的质量分数（以百分数计）表示，如 YLN15（P），YLWN15 等。碳化铬硬质合金可用于制作电真空玻璃器皿成型模、铜材热挤压模、燃油喷嘴、轴承、机械密封摩擦副等。

（3）钢结硬质合金：近年来，用粉末冶金法还生产了另一种新型工模具材料——钢结硬质合金。钢结硬质合金是以 WC 或 TiC 为硬质相，以合金钢粉为黏结相（质量分数占 50%以上）而形成的硬质合金。它与钢一样可进行锻造、热处理、焊接与切削加工。它在淬火低温回火后，硬度达 70HRC，具有高耐磨性、抗氧化及耐腐蚀等优点。以其制作刀具时，刀具的寿命与 YG 类合金差不多，大大超过合金工具钢。其牌号用 YE+WC 的质量分数表示（以百分数计）。常用代号有 YE65、YES0 等。由于它可切削加工，故适宜制造麻花钻、铣刀等各种形状复杂的刀具、模具以及镗杆、导轨等要求钢度大、耐磨性好的机械零件。

8.4.2.3　硬质合金的发展

近年来，通过调整合金成分、控制组织结构及表面涂层等方法，研制开发了许多新型硬质合金材料，如 YC12、YS30、YD15 等，主要用于制作淬火钢、不锈钢和高强度钢等的切削刀具。

与普通的硬质合金相比，其中由纳米硬质合金制作的刀具具有非常优异的使用性能，其磨损量大大降低，耐用度显著提高。近 10 年来，在硬质合金超细原料与超细硬质合金的研究方面已经取得了令人瞩目的进展。目前已能工业化生产 0.2 μm 的超细硬质合金，并且成功应用于集成电路微钻、打印针、难加工材料切削工具、高精度工模具等的制造上。

实践与训练 8.5 合金钢组织观察

8.5.1 任务说明

通过教师讲解、现场操作演示、阅读实践与训练指导工作页等学习，分析几种合金钢的显微组织及性质，掌握几种特殊用途钢的组织特点，规范操作，养成良好职业习惯。

8.5.2 任务要求

观察合金钢试样组织。

8.5.3 任务分析及步骤说明

观察下列合金钢试样的组织，具体情况见表 8-8。

表 8-8 常用合金钢试样的钢号、处理过程以及腐蚀剂

编号	钢号	处理过程	显微组织	腐蚀剂
1	40Cr	880 ℃油淬，600 ℃回火		4%硝酸酒精
2	GCr15	820 ℃油淬，180 ℃回火		4%硝酸酒精
3	3Cr3W8V	1050 ℃油淬，580 ℃三次回火		4%硝酸酒精
4	W18Cr4V	铸造		4%硝酸酒精
5	W18Cr4V	锻后退火		4%硝酸酒精
6	W18Cr4V	1280 ℃油淬		4%硝酸酒精
7	W18Cr4V	1280 ℃油淬，580 ℃三次回火		4%硝酸酒精
8	1Cr18Ni9Ti	1100 ℃固溶处理		王水[1]
9	1C18rNi9	1100 ℃固溶处理，500 ℃敏化处理		未浸蚀
10	Mn13	铸造		盐酸、硝酸
11	Mn13	1050 ℃水冷		甘油[2]

[1]用棉花沾浸蚀剂（王水），滴在样品上，需看到试样表面普通冒泡为止，此时表面呈灰色，有小的点状物出现，然后用水冲洗，用酒精擦拭。

[2]浸蚀前试样应保持清洁，浸蚀时必须用新配制的浸蚀剂，浸蚀时观察到表面有晶粒界似的花纹即用水冲洗，用酒精擦干。

几种合金钢组织概述：

（1）40Cr 钢为中碳低合金结构钢，最常用的状态为淬火+高温回火，用于一般的轴类齿轮、机床部件等。要求其有一定的强度和良好的韧性，并具有好的淬透性，第二类回火脆性倾向小等，最终热处理组织为回火索氏体。

（2）GCr15 为滚动轴承钢。轴承是转动机构部件中不可缺少的一种重要零件，它在高速运转时，承受着高而集中的周期性交变载荷，接触应力常可达 $150 \sim 500 \ kg/mm^2$，而 GCr15 又为最常用的轴承钢，它最常用的热处理工艺为球化退火，淬火+低温回火，其组

织为隐晶马氏体+碳化物。

（3）模具钢。3Cr3W8V 钢是目前普通用的压铸模用钢，它的含碳量较低，具有良好的导热性和高的韧性。较高的含钨量，可形成稳定的含钨碳化物，有利于提高钢的回火稳定性，并使回火中析出的碳化物起到二次强化的作用，使钢有良好的红硬性，它在 600～650 ℃ 的温度下抗拉强度可达 120 kg/mm^2 以上，硬度可达 250～300HB，并且直径在 100 mm 以下的工件均可完全淬透，3Cr3W8V 钢适用于制造浇铸较高熔点的有色金属及其合金的压铸模，以及工作负荷较重的热顶锻模和热挤压模。常用的热处理工艺为淬火、三次回火。

（4）高速钢 W18Cr4V。W18Cr4V 钢具有良好的红硬性，即使工作温度达到 600 ℃ 时，仍保持高的硬度和切削性能。经常用它来制造各种刀具。

高速钢 W18Cr4V 属于莱氏体类钢，因此铸造钢中出现莱氏体组织，在显微镜下观察到鱼骨状共晶莱氏体、马氏体、残余奥氏体以及共析体。显然，高速钢在铸态下的组织存在严重的成分和组织不均匀性，从而影响其性能，为此必须经过轧制和锻造，破碎莱氏体网络促使其碳化物均匀分布，锻造后高速钢组织通常为 M+T 的基体上分布比较均匀的碳化物，此时硬度较高，不利于切削加工，因此随后必须进行退火。

高速钢退火后的组织为索氏体+碳化物。其中粗大的亮色晶粒为初生共晶化合物，较小的为次生碳化物以及索氏体基体内的极细共析碳化物，退火后的硬度为 207～225HB。

对于高速钢来说，淬火加热不仅是为了形成奥氏体，更重要的是为了较多量的碳化物溶解于奥氏体，使淬火后马氏体中合金元素含量增高，从而得到更高的红硬性和耐磨性。这样就需要加热至较高的温度。一般为 1260～1280 ℃，油冷或空冷，淬火组织为马氏体+未熔碳化物+残余奥氏体（尚有 20%～30%）。马氏体呈隐针状，很难显出，但可看到明显的奥氏体晶界分布的未熔碳化物。淬火温度越低则晶粒越细，而未熔碳化物的量越多。淬火后的硬度为 61～62HRC。

W18Cr4V 钢淬火后需经 560 ℃ 三次回火，其组织为马氏体、过剩碳化物和少量残余奥氏体（2%～3%）。回火后硬度为 63～65HRC。

（5）不锈钢 1Cr18Ni9、1Cr18Ni9Ti。铬镍不锈钢中应用量广的为含 18%Cr、8%Ni、小于 0.14%C 的奥氏体不锈钢，这种钢缓冷到室温时，在奥氏体晶界处常会出现碳化物和铁素体晶间腐蚀现象，因此必须加热到 1100 ℃ 左右迅速水冷（固溶处理），使其组织上得到全奥氏体组织（内有孪晶），才具有良好的耐腐蚀性。但若使用温度较高（450～850 ℃）时，从奥氏体晶界处会有碳化铬（$Cr_{23}C_8$）析出，引起晶间腐蚀，为防止晶界腐蚀的产生，钢中的含碳量应降低到 0.06% 以下，或是加入少量的钛或铌，经加热到 1100～1150 ℃ 水冷，获得全奥氏体组织，才具有良好的抗腐蚀性能。

（6）耐磨钢 Mn13。含有 0.9%～1.3%C 与 11.0%Mn 的 Mn13 耐磨钢目前广泛应用于制造耐磨零件，如拖拉机履带、铁路道岔、碎石机颚板、掘土机铲斗等。

高锰钢由于有强烈的加工硬化现象，难以切屑加工，因此常以铸造形式进行使用。铸造高锰钢的组织为奥氏体与碳化物，由于碳化物沿晶界分布，使钢呈现相当大的脆性，为了得到单相奥氏体组织，需进行水韧处理，即 1000~1050 ℃ 水冷。此钢在承受塑性变形时，强化和硬化的倾向很大，因此能很好地抵抗磨损。

8.5.4 任务考核

实验操作（配分 100 分）。

实验前应仔细阅读实验指导书（包括实验和硬度计的原理及其使用）。明确实验目的、内容、任务。

全班分两大组，按内容进行退火、淬火、回火。

（1）按组每人领取已编好号码的试样一块，扎好铁丝，按表 8-8 中规定条件进行处理。

（2）各试样处理的加热炉已预先开好，注意选用合适的加热温度。试样加热时，应尽量靠近热电偶端点附近，以保证热电偶测出的温度尽量接近试样温度。开炉门放试样要停电。

当试样颜色一致时，开始计算保温时间，保温 10 min 后，立即取出正火或淬火。淬火槽应尽量靠近炉门，操作要迅速，并搅动试样，但千万注意此时试样不得露出淬火介质。否则有可能淬不硬。试样出炉开炉门时应停电。

（3）试样经处理后，必须用砂布磨去氧化皮，擦净，然后在洛氏硬度计上测量硬度值。

（4）进行回火操作的同学，将正常淬火的试样，测定其硬度值，再按表 8-8 中所指定的温度回火，保温 0.5 h，回火后再测硬度值。

（5）每位同学把自己测出的硬度数据填入预先画好的表格中（表格画在实验室黑板上），各钢的退火硬度由实验室告知。记下本次实验的全部数据。

课后思考题

8-1 简述铝合金的强化方式有几种，各有何特点。

8-2 简述铜及铜合金的性能特点。

8-3 简述钛及其合金的应用领域。

8-4 简述粉末冶金工艺过程。

项目 9 缺陷、夹杂物对钢性能的影响

 思政案例

材料分析技术论坛回顾与展望

在科技日新月异的今天，材料分析技术作为连接微观世界与宏观应用的桥梁，发挥着越来越重要的作用。一场关于材料分析技术的论坛在学术界引起了广泛关注。论坛探讨了固态核磁共振技术、新型分析设备等多个领域的最新进展和应用前景。

论坛首先介绍了核磁共振技术的基本原理和广泛的应用领域，包括材料学、生物学、医学等。在材料科学研究中，核磁共振技术以其独特的优势，从结构的角度深入探索反应机理、分子间相互作用等关键内容。特别是在新能源材料领域，如锂/钠电池的研究中，核磁共振技术发挥着不可替代的作用。通过该技术，科研人员可以深入了解电解质结构，进行离子液体和离子凝胶的动力学分析，实现对"死锂"形成和锂腐蚀的在线检测，以及SEI-金属界面的详细分析。这些研究不仅推动了新能源材料的发展，也为核磁共振技术在材料学领域的应用拓宽了道路。

论坛聚焦于新型分析设备的介绍。首先介绍了场发射自动矿物定量分析系统。该系统集成了先进的光学、电子学技术，可以对钢铁材料的形貌、夹杂物、颗粒度等进行全面分析。通过扫描电镜部分的高分辨率成像，科研人员可以清晰地观察到钢铁材料表面的缝隙、裂纹等形貌细节，为材料性能评估提供有力依据。随后介绍了聚焦离子束-电子束双束显微镜。这套设备以其高精度、可视化的特点，在微纳米尺度上对样品进行定点加工和切割，为材料科学研究提供了强大的技术支持。通过案例分享，详细介绍了三维X射线显微镜的应用背景。在冶金材料中，多孔材料、多孔滤膜/纤维材料、多相金属材料等领域，该设备都展现出了卓越的性能。其多功能性和先进性为科研人员提供了丰富的实验手段。最后，介绍了热/力学模拟试验机（GLEEBLE）。该设备能够模拟材料在热/力学环境下的性能表现，为轧制技术的改进和新钢种投产前的工艺摸索提供了有力支持。结合显微镜相组织分析，科研人员可以深入研究不同工艺参数对材料组织和性能的影响。

任务 9.1 认识钢铁材料的缺陷

9.1.1 材料缺陷影响

材料的微观晶体缺陷对材料的导热、电阻、光学和力学性能等方面影响很大。晶体的

生长、性能以及加工等无一不与缺陷紧密相关。正是这千分之一、万分之一的缺陷，对晶体的性能产生了不容小视的作用。这种影响无论在微观或宏观上都具有相当的重要性。

9.1.1.1 晶体缺陷的含义

在讨论晶体结构时，认为晶体的结构是三维空间内周期有序的，其内部质点按照一定的点阵结构排列。这是一种理想的完美晶体，它在现实中并不存在，只作为理论研究模型。相反，偏离理想状态的不完整晶体，即有某些缺陷的晶体，具有重要的理论研究意义和实际应用价值。把实际晶体中偏离理想完整点阵的部位或结构称为晶体缺陷。

9.1.1.2 晶体缺陷的类型

（1）按照破坏区域的几何形状，缺陷可以分为四类：点缺陷、线缺陷、面缺陷和体缺陷。

1）点缺陷：又称零维缺陷，缺陷尺寸处于原子大小的数量级上，在三维方向上尺寸都很小（远小于晶体或晶粒的线度），典型代表有空位、间隙原子等。点缺陷与材料的电学性质、光学性质、材料的高温动力学过程等有关。

2）线缺陷：又称一维缺陷，指在一维方向上偏离理想晶体中的周期性、规则性排列所产生的缺陷，即缺陷尺寸在一维方向较长，另外二维方向上很短。线缺陷包括螺型位错与刃型位错等各类位错，线缺陷的产生及运动与材料的韧性、脆性密切相关。

3）面缺陷：又称为二维缺陷，是指在二维方向上偏离理想晶体中的周期性、规则性排列而产生的缺陷，即缺陷尺寸在二维方向上延伸，在第三维方向上很小，包括晶界、相界、表面、堆积层错、镶嵌结构等。面缺陷的取向及分布与材料的断裂韧性有关。

4）体缺陷：又称为三维缺陷，指晶体中在三维方向上相对尺度比较大的缺陷，和基质晶体已经不属于同一物相，是异相缺陷。固体材料中最基本和最重要的晶体缺陷是点缺陷，包括本征缺陷和杂质缺陷等。

（2）按缺陷产生的原因分类，又可以分为热缺陷、杂质缺陷、非化学计量缺陷、其他原因（如电荷缺陷，辐照缺陷等）。

1）热缺陷：又称为本征缺陷，是指由热起伏的原因所产生的空位或间隙质点（原子或离子）。晶体中热缺陷有两种形态，分别是弗仑克尔缺陷（Frenkel defect）和肖脱基缺陷（Schottky defect）。热缺陷浓度与温度的关系：温度升高时，热缺陷浓度增加。

2）杂质缺陷：又称为组成缺陷，是由外加杂质的引入所产生的缺陷。特征：如果杂质的含量在固溶体的溶解度范围内，则杂质缺陷的浓度与温度无关。

3）非化学计量缺陷：指组成上偏离化学中的定比定律所形成的缺陷。它是由基质晶体与介质中的某些组分发生交换而产生的。其特点是：化学组成随周围气氛的性质及其分压大小而变化。

9.1.1.3 表面缺陷对材料性能的影响

以下将按照破坏区域的几何形状对晶体缺陷的分类来具体介绍晶体的缺陷对材料性质的影响。

A　点缺陷对材料性能的影响

晶体中点缺陷的不断无规则运动和空位与间隙原子不断产生和复合是晶体中许多物理过程（如扩散、相变等过程）的基础，空位是金属晶体结构中固有的点缺陷，空位会与原子交换位置造成原子的热激活运输，空位的迁移直接影响原子的热运输，从而影响材料的电、热、磁等工程性能。在一般情形下，点缺陷主要影响晶体的物理性质，如比容、比热容、电阻率等。

（1）比容：为了在晶体内部产生一个空位，需将该处的原子移到晶体表面上的新原子位置，导致晶体体积增大。

（2）比热容：由于形成点缺陷需向晶体提供附加的能量（空位生成焓），因而引起附加比热容。

（3）电阻率：金属的电阻来源于离子对传导电子的散射，在完整晶体中，电子基本上是在均匀电场中运动，而在有缺陷的晶体中，在缺陷区点阵的周期性被破坏，电场急剧变化，因而对电子产生强烈散射，导致晶体的电阻率增大。

（4）密度：对一般金属，辐照引起体积膨胀，但是效应不明显，一般变化很少超过0.1%~0.2%，这种现象可以用弗仑克尔缺陷来描述。

（5）电阻：增加电阻，晶体点阵的有序结构被破坏，使原子对自由电子的散射效果提升。一般可以通过电阻分析法来追踪缺陷浓度的变化。

（6）晶体结构：辐照很显著地破坏了合金的有序度，而且一些高温才稳定的相结构可以保持到室温。

（7）力学性能：辐照引起金属的强化和变脆（注：空位是晶格畸变类似置换原子引起的）。此外，点缺陷还影响其他物理性质，如扩散系数、内耗、介电常数等，在碱金属的卤化物晶体中，由于杂质或过多的金属离子等点缺陷对可见光的选择性吸收，会使晶体呈现色彩，这种点缺陷称为色心。

B　线缺陷对材料性能的影响

位错是一种重要的晶体缺陷，它对金属的塑性变形、强度与断裂有很重要的作用，塑性变形究其原因就是位错的运动，而强化金属材料的基本途径之一就是阻碍位错的运动，另外，位错对金属的扩散、相变等过程也有重要影响。因此，深入了解位错的基本性质与行为对建立金属强化机制将具有重要的理论和实际意义，金属材料的强度与位错在材料受到外力的情况下如何运动有很大的关系，如果位错运动受到的阻碍较小，则材料强度就会较高，实际材料在发生塑性变形时，位错的运动是比较复杂的，位错之间相互反应、位错受到阻碍不断塞积、材料中的溶质原子、第二相等都会阻碍位错运动，从而使材料出现加工硬化。因此，要想增加材料的强度，就要通过诸如细化晶粒（晶粒越细小晶界就越多，晶界对位错的运动具有很强的阻碍作用）、有序化合金、第二相强化、固溶强化等手段使金属的强度增加。以上增加金属强度的根本原理就是想办法阻碍位错的运动。

C　面缺陷对材料性能的影响

（1）面缺陷的晶界处点阵畸变大，存在晶界能，晶粒长大与晶界平直化使晶界面积减小，晶界总能量降低。这两个过程通过原子扩散进行。温度升高与保温时间增长有利于这两过程的进行。

（2）面缺陷原子排列不规则，常温下晶界对位错运动起阻碍作用，塑性变形抗力提高，晶界有较高的强度和硬度，晶粒越细，材料的强度越高，这就是细晶强化，而高温下刚好相反，高温下晶界有黏滞性，使相邻晶粒产生相对滑动。

（3）面缺陷处原子偏离平衡位置，具有较高的动能，晶界处也有较多缺陷，故晶界处原子的扩散速度比晶内快。

（4）固态相变中，晶界能量较高，且原子活动能力较大，新相易于在晶界处优先形核。原始晶粒越细，晶界越多，新相形核率越大。

（5）由于成分偏析和内吸附现象，在晶界富集杂质原子情况下，晶界熔点低，加热过程中，温度过高引起晶界熔化与氧化，导致过热现象。

9.1.2　材料缺陷

钢材在生产、运输、装卸、保管过程中，由于某种原因，可能产生外观缺陷。外观缺陷包括外形缺陷和表面质量缺陷，不仅影响钢材外观，而且容易引起锈蚀。应力集中降低钢材的使用性能。下面主要介绍一下型钢表面缺陷（见表9-1）、线材表面缺陷（表9-2）及热轧板的表面缺陷（见表9-3）。

表 9-1　型钢表面缺陷

缺陷名称	缺陷特征	产生原因
折叠	沿钢材长度方向表面有倾斜的近似裂纹的缺陷	钢材表面在前一道锻、轧中所产生的突出尖角或耳子，后面加工时压入钢材叠合形成的，可采用机械加工方法消除
结疤	钢材表面呈舌状、指甲状的片块	钢锭表面被污溅的金属壳皮、凸块经轧制后在钢材表面形成
麻点	钢材表面凹凸不平的粗糙面	板材中的麻点，可能成为腐蚀源，还会在冲压时产生裂纹。弹簧上有麻点，容易造成应力集中而疲劳断裂
表面裂纹	钢材表面出现的网状龟裂或裂口	钢中硫高锰低引起热脆，或因铜含量过高、钢中非金属夹杂物过多或聚集引起的
裂缝	在钢材表面一般呈直线状，方向多与轧制方向一致	钢坯中的皮下气泡和非金属夹杂物经轧制破裂后造成的
表面夹杂	一般呈点状、条状或块状，颜色有暗红、淡红、淡黄、灰白色等，具有一定的深度	（1）钢坯带来的表面夹杂物；（2）在加热和轧制过程中，加热炉的耐火材料或炉渣等附在钢坯表面，被轧制压入的夹杂物

续表 9-1

缺陷名称	缺陷特征	产生原因
分层	在型钢的锯切断面上呈黑色或黑带状，严重地分离成两层或多层，分离处伴随有夹杂物	（1）主要是镇静钢的锁孔或沸腾钢的气囊未切净；（2）钢坯的皮下气泡，严重疏松，在轧钢时未焊合；（3）钢坯的化学成分偏析，在轧制到较薄尺寸时，也会出现分层
气泡（凸包）	型钢表面呈现的一种无规律分布的圆形凸起称为凸包。凸起部分的外缘比较圆滑，凸包破裂后成鸡爪形裂口或舌形结疤，称为气泡	多产生于型钢的脚部或腿尖。钢坯有皮下气泡，在轧钢时未焊合

表 9-2　线材的表面缺陷

缺陷名称	缺陷特征	产生原因
耳子	线材表面沿轧制方向出现纵向凸起部分，有单边的，也有双边的	（1）轧槽刀位安装不正；（2）轧制温度波动或局部不均匀，影响轧件的宽展量，产生耳子；（3）坯料缩孔、疏松等缺陷，影响轧件的正常变形，形成耳子
折叠	线材表面顺轧制方向呈直线形倾斜的近似裂纹的缺陷	（1）前道次的耳子及局部有凸起物或凹陷物的轧件被折后或被压叠造成；（2）导卫板安装不到位，有棱角或粘有铁皮，再轧形成折叠
裂纹	盘条表面沿轧制方向有平直或弯曲、折曲的细线	（1）钢坯上未消除的裂纹，皮下气泡及非金属夹杂物都会在盘条上造成裂纹缺陷；（2）高碳钢盘条或合金含量高的盘条加热工艺不当，以及冷却速度快都会引起裂纹

表 9-3　热轧板的表面缺陷

缺陷名称	缺陷特征	产生原因
辊印	一组具有周期性、形状不规则且大小基本一致的凸口缺陷	（1）辊子疲劳或硬度不够；（2）轧辊表面粘有异物
表面夹杂	钢板表面破皮处，有不规则的点状、块状或长条状的非金属夹杂物	（1）板坯皮下夹杂轧后暴露；（2）加热炉耐火材料及泥沙等非金属物落在板坯表面，轧制时压入表面
氧化铁皮	根据外形不同有红铁皮、现状铁皮、木纹状铁皮、纺锤状铁皮等，一般黏附在钢板表面	（1）板坯加热制度不合理产生一次铁皮难以除净；（2）高压除鳞水管的水位低，水嘴堵塞等使钢板上的铁皮没有除净；（3）氧化铁皮在沸腾钢中发生较多，在含硅较高的钢中易产生红铁皮
气泡	钢板表面有无规律分布的圆形凸包，有时呈蚯蚓式的直线状，其外缘比较光滑，内有气体	（1）原板坯存在较多的气体气囊类缺陷，经多道轧制没有焊合，残留在钢板上；（2）板坯在炉时间较长，气体暴露

9.1.3　材料缺陷检测

宏观检验包括酸浸试验、断口检验、塔形车削发纹试验以及硫印试验等。

9.1.3.1　宏观组织缺陷

宏观组织缺陷包括一般疏松、中心疏松、锭型偏析、斑点状偏析、白亮带、中心偏析、帽口偏析、皮下气泡、残余缩孔、翻皮、白点、轴心晶间裂缝、内部气泡、非金属夹杂物（肉眼可见）及夹渣、异金属夹杂等。在生产过程中，还会出现过热（晶粒粗大）和过烧组织，以及边缘和中心增碳等缺陷。下面简要叙述常见组织和缺陷在酸蚀试样上的特征。

A　一般疏松

一般疏松（见图 9-1），在横向酸浸试样上表现为组织不致密，整个截面上出现分散的暗点和空隙。暗点之所以发暗是由于珠光体量明显增加，而暗点上的许多微孔则是因细小的非金属夹杂物和气体的聚集，经酸浸蚀后扩大而形成的。因此可以说，暗点是碳、非金属夹杂物和气体的聚集而产生的。至于孔隙，则是非金属夹杂物被酸溶解遗留下来的孔洞。

钢组织疏松对钢的横向力学性能（断面收缩率、断后伸长率和冲击吸收功）影响较大。钢材拉断时，断裂多出现在空隙处。评级时应考虑分散在试样整个横截面上的暗点和孔隙的数量、大小及其分布状态，并考虑树枝状晶的粗细程度而定。当暗点、空隙的数量多，尺寸大，分布集中时，则级别较高。

B　中心疏松

中心疏松（见图 9-2），在横向酸浸试样上表现为孔源和暗点都集中分布在中心部位。它是钢锭最后结晶收缩的产物。由于气体、低熔点杂质、偏析组元都在中心部位最后凝固，所以该部位易被腐蚀，酸浸后出现一些空隙和较暗的小点。轻微中心疏松对钢的力学性能影响不大。但是，严重的中心疏松影响钢的横向塑性指标，且有时在加工过程中出现内裂，因此严重中心疏松是不允许存在的，通常根据中心部位出现的暗点及空隙的多少、大小和密集程度来评定中心疏松的级别。

C　锭型偏析

锭型偏析是钢锭结晶的产物，如图 9-3 所示。在钢锭结晶过程中，柱状晶生长时把低熔点组元、气体和杂质元素推向尚未冷凝的中心液相区，便在柱状晶区与中心等轴晶区交界处形成偏析和杂质集聚框。锭型偏析在横向酸浸试样上表现为腐蚀较深、由暗点和孔隙组成、与原锭型横截面形状相似的框带，由于其形状一般为方形，所以又称方形偏析。试验分析证明，锭型偏析框处的碳、硫、磷含量都比基体高，锭型偏析的级别应根据框形区的组织疏松程度和框带的宽度来评定。

D　斑点状偏析

在横向酸浸试样上出现的形状和大小均不同的各种暗色斑点，这些斑点无论与气泡同时存在或单独存在，均统称为斑点状偏析，如图9-4所示。当斑点分散分布在整个截面上时称为斑点状偏析；当斑点存在于试片边缘时称为边缘斑点状偏析。斑点状偏析是钢结晶过程中区域偏析的一种。斑点状偏析处的碳含量比基体高，硫等元素则比基体稍高。

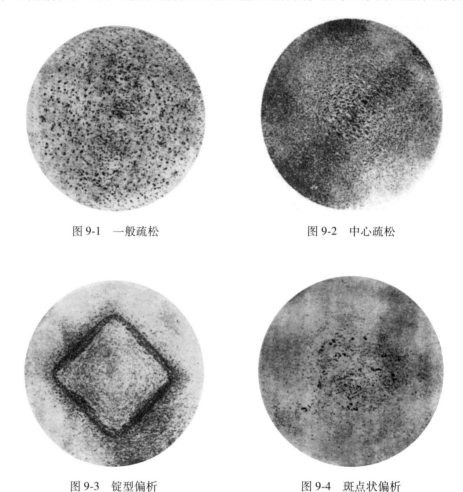

图9-1　一般疏松　　　　　　　　　　　图9-2　中心疏松

图9-3　锭型偏析　　　　　　　　　　　图9-4　斑点状偏析

斑点状偏析对钢的力学性能影响不大，但也应控制斑点状偏析的数量、大小以及不使其集中分布。评定斑点状偏析的级别时，如果斑点数量多、点子大、分布集中，应评为高级别；如果试样上既有点状偏析，又有气泡，则应分别评定。

E　白亮带

白亮带（见图9-5），在酸浸试片上呈现抗腐蚀能力较强、组织致密的亮白色或浅白色框带。连铸坯在凝固过程中由于电磁搅拌不当，钢液凝固前沿温度梯度减小，凝固前沿富集溶质的钢液流出而形成白亮带。它是一种负偏析框带，连铸坯成材后可能会保留。需要评定时，可记录白亮带框边距试片表面的最近距离及框带的宽度。

F　皮下气泡

皮下气泡（见图9-6），在横向酸浸试样上表现为试皮下有分散或皮簇分布的细长裂纹或椭圆形气孔，而细长裂纹又多数垂直于试样表面。皮下气泡是由于钢模内清理不良和保护膜不干燥等原因引起的，它造成钢材热加工时出现裂，因此，热加工用钢材不得有皮下气泡。

皮下气泡的级别应根据细裂纹和椭圆形气孔二者的数量来评定，同时应记载气泡距钢材表皮深度。

图 9-5　白亮带　　　　　　　　　　　　　　图 9-6　皮下气泡

G　残余缩孔

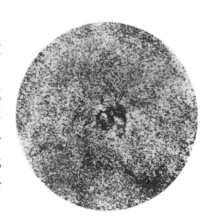

残余缩孔（见图 9-7），在横向酸浸试样上（多数情况）表现为中心区域有不规则的折皱裂缝或空洞，在其上或附近常伴有严重的疏松、夹条物（夹渣）或成分偏析等，残余缩孔是在冷凝收缩时产生的，主要是结晶时体积收缩得不到钢液补充，在最后冷凝部分便形成空洞或空腔，它严重破坏了钢的连续性，因此这种缺陷是绝对不允许存在的。如果发现钢材有残余缩孔，可以将其残余缩孔的部位切除，并重新取样，直至不出现残余缩孔为止。残余缩孔的级别可根据裂缝或空隙的大小来评定。

图 9-7　残余缩孔

H　翻皮

在横向酸蚀试样上看，翻皮（见图 9-8）一般表现为颜色和周围不同，且形状不规则的弯曲狭长条带。条带中间及其周围存在着氧化物和硅酸盐夹杂，以及气孔。翻皮的产生，是在浇注过程中钢液表面氧化膜翻入钢液中，凝固前未能浮出所致。

翻皮中的氧化物和硅酸盐夹杂物破坏了钢的连续性，使钢材局部受到严重污染。因此，不允许存在翻皮这种缺陷。翻皮的级别应根据其特征和出现部位来评定。此外，也要考虑翻皮的长度，通常距中心越近，级别越高。

I　白点

白点在酸浸试样上表现为锯齿形的细小发裂，呈放射状、同心圆形或不规则形状分散在中央部位, 如图9-9所示。而在纵向断口上则表现为圆形或椭圆形亮斑或细小裂缝。白点的形成机理是氢和组织应力共同作用的结果, 白点严重破坏了钢材连续性, 有白点的钢材不能使用。一旦发现钢材中有白点, 就不允许进行复验。白点级别可根据裂缝长短及其条数来评定。

 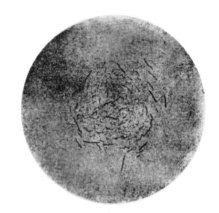

图9-8 翻皮   图9-9 白点

J 内部气泡

内部气泡在酸浸试样上呈长度不等的直线裂缝或弯曲的裂缝, 其内壁较为光滑, 有些裂缝还伴有微小的可见夹杂物。钢液中含有大量气体, 在浇注过程中大量析出, 随着结晶的进行, 在树枝状晶体之间形成的气泡不能很好上浮而留在钢的空位中。这种缺陷是不允许存在的, 一旦发现钢材中有内部气泡即将其报废。

9.1.3.2 酸浸试验

酸浸试验就是将制备好的试样用酸液腐蚀, 以显示其宏观组织和缺陷。酸浸试验是宏观检验中最常用的一种方法。在钢材质量检验中, 酸浸试验被列为按顺序检验项目的第一位。如果一批钢材在酸浸检验中显示出不允许有的或超过允许程序的缺陷时, 则其他检验可以不必进行。现在, 酸浸试验的方法及评定仍执行GB/T 226—2015《钢的低倍组织及缺陷酸蚀检验法》。

A 试样的制备

a 取样

为了有效地利用酸浸试验来评定钢的质量, 应选择具有代表性的试样。试样必须取自最易产生缺陷的部位, 这样才不至于漏检。

为了用一个或几个酸蚀试样的结果来说明一炉或一批钢的质量, 取样就成了一个必须慎重考虑的问题, 取样部位的选择对检验结果有重要的意义, 因此, 取样部位、试样大小和数量在有关标准中均有规定, 也可按技术条件、供需协议的规定取样。在通常的检验中, 最好从钢坯而不是从钢材上取样。这是因为在钢坯上酸蚀后更容易发现缺陷。如果钢坯上无严重缺陷出现, 则钢材可不必再作此项检验。取样方向应根据检验项目确定。一般检验多取横向试样，以便观察整个截面的质量情况；若检查钢中的流线、条带组织等，则可取纵向试样，可用锯、切、烧割、线切割等方法取样。取样时，不论采取何种方法都应保证检验面组织不因切取操作而产生变化。

b 检验面的制备

酸蚀试样检验面的光洁度应根据检验目的、技术要求以及所用浸蚀剂而定。一般，检查大型气孔、严重的内裂及疏松、缩孔、大的外来非金属夹杂物等缺陷可使用锯切面；检验气孔、疏松、夹杂物、枝状组织、偏析、流线等可用粗车、细车削面；细加工的车、铣、刨、磨光及抛光面一般用于检验钢的脱碳深度、带状组织、磷的偏析和应变线等宏观组织细节，一般用较弱的浸蚀剂在冷状态下浸蚀。钢的热酸浸蚀试验应在退火、正火或热轧状态下进行，因为这样既可以更好地显示试样的组织和缺陷，又可以避免热酸浸蚀时的开裂。

B 试验方法

酸蚀检验的腐蚀属于电化学腐蚀。钢的缺陷之所以能用浸蚀来显示，是因为它们与浸蚀剂的反应速度不同，导致表面浸蚀程度不同。面缺陷、夹杂物、偏析区等被浸蚀剂有选择性地浸蚀，表现出可看得见的浸蚀特征。一般用热酸浸试验法，成功的酸蚀试验取决于四个重要因素，即浸蚀剂成分、浸蚀的温度、浸蚀时间及浸蚀面的光洁度。

具体操作方法是将已经制好的试样先清除油污，擦洗干净，放入装有浸蚀剂的酸槽内保温。经查能清晰地显示出宏观组织后，取出试样迅速地浸没在热碱水中，同时用毛刷将试样检验面上的腐蚀产物全部刷掉，但要注意不要划伤和沾污浸蚀面，接着在热水中洗，最后用热风迅速吹干。

浸蚀温度对酸蚀结果有重要影响，各类钢的浸蚀时间见表 9-4。温度过高，浸蚀过于激烈，试样将被腐蚀，因而降低甚至丧失其对不同组织和缺陷的鉴别能力；温度过低，则反应迟缓，使浸蚀时间过长。经验证明，最适宜的热酸浸蚀温度为 60～80 ℃。浸蚀时间要根据钢种、检验目的和被腐蚀面的光洁度等来确定。通常，碳素钢需要时间较短，合金钢则需较长时间，而高合金钢需要的时间更长。较粗糙的浸蚀面浸蚀时间较长，反之较短。最好在浸蚀接近终了时，经常将试样取出冲洗，观察其是否达到要求的程度。对浸蚀

表 9-4 各类钢的浸蚀时间

序号	钢　种	浸蚀时间/min	浸蚀液
1	碳素结构钢、碳素工具钢、弹簧钢、铁素体型不锈钢、马氏体型不锈钢、耐热钢	5～20	1∶1（容积比）盐酸水溶液
2	合金结构钢、合金工具钢、轴承钢、高速工具钢	15～50	1∶1（容积比）盐酸水溶液
3	奥氏体型不锈钢	20～40	1∶1（容积比）盐酸水溶液
		5～25	盐酸∶硝酸∶水＝10∶1∶10（容积比）
4	碳素结构钢、合金钢、高速工具钢	5～25	酸∶硝酸∶水＝38∶12∶50（容积比）

过浅的试样可以继续浸蚀，若浸蚀过度，则必须将试样面加工掉 1 mm 以上，再重新进行浸蚀。

对于不使用热酸浸蚀的钢材或工件（如工件已加工好），以及组织缺陷用热酸浸蚀不易显示，还可用冷酸浸蚀法进行试验。冷酸浸蚀是采用室温下的酸溶液浸蚀和擦蚀样面，以显示试样的缺陷。进行冷酸浸蚀试验时，对试样浸蚀面的粗糙度要求较高，最好经过研磨和抛光。

9.1.3.3 断口检验

断口检验是检查钢材宏观缺陷的重要方法之一。断口检验就是在断口试样上刻槽，后借外力使之折断，检验断面的情况，以判定断口的缺陷。断口检验方法标准即 GB/T 1814—1979《钢材断口检验法》，简称钢材断口标准。GB/T 2971—1982《碳素钢和低合金钢断口检验方法》，简称碳素断口标准。

钢材断口标准适用于优质碳素结构、合金结构钢、铬滚珠轴承钢、合金工具钢、高速钢以及弹簧等，断口在淬火或调质状态下折断。碳素钢断口标准适用于碳素结构钢和低合金结构钢轧制的钢板、条钢、型钢，断口在轧制状态下折断。

A 取样和试样制备

对于在使用过程中破损的工件和生产制造过程中因某种原因而导致破损的工件的断口以及作拉力、冲击等试验的试样破断后的断口，不再需任何制备加工就可直接进行观察和检验。对于专为进行断口检验的钢坯和钢材，取样的部位、方法和要求基本上和酸蚀试样相同，有时甚至可以用酸蚀后的试样来做。钢材断口试样，以 40 mm 圆或方为界，大于 40 mm 的圆钢或方钢，检验纵向断口，取横向试样小于或等于 40 mm 的圆钢或方钢，检验横向断口取纵向试样。纵向断口试样长为 100~140 mm，在试样一边或两边刻槽。横向试样厚度为 15~25 mm，沿横截面的中心线刻槽，一般采用 V 形槽。为了真实地显示缺陷，应使试样脆断，尽可能用冲击方式一次折断，严禁反复冲压。

试样折断后，首先应采取妥善措施防止断口表面损伤和沾污，然后用肉眼或借助 10 倍以下放大镜将断口分类，判断断口缺陷。

B 钢材断口组织及断口评定

按断口形貌和材料，冶金缺陷性质分类有纤维状、结晶状、瓷状（干纤维）、台状、撕痕状、层状、缩孔残余、白点、气泡、内裂、非金属夹杂物（肉眼可见）和夹渣、异金属夹杂物、黑脆、石状等萘断口。

（1）纤维状断口，如图 9-10 所示。断口表面呈暗灰色绒毯状，无光泽，无结晶颗粒。断口边缘常有显著的塑性变形。这种断口常出现在调质后的钢材（坯）上，属于钢材的正常断口，它表示钢材有良好的韧性。

（2）结晶状断口，如图 9-11 所示。结晶状断口齐平，呈亮灰色，有强烈的金属光泽和明显的结晶颗粒。这种断口常出现在热轧或退火的钢材（坯）上，这是一种正常断口。

图 9-10 纤维状断口

图 9-11 结晶状断口

（3）瓷状断口。这是一种具有绸缎光泽、很致密、类似细瓷碎片的亮灰色断口，常出现在用过共析和某些合金轧制、淬火及低温回火后的钢材上，是一种正常断口。

（4）台状断口。台状断口的宏观特征是宽窄不同的平台状组织，颜色比金属基体稍浅，多分在偏折区内，一般出现在树枝晶发达的钢坯头部和中部，属允许缺陷。

（5）撕痕状断口。这是一种在纵向断口上呈现出比基体颜色较浅，灰白色而致密的光滑条带，分布无一定规律，可在柱状晶区存在，也可在等轴晶区存在。出现撕痕状断口主要是钢中残余铝过多，造成氢化铝沿铸造晶界析出而形成脆性薄膜，此薄膜断裂便产生痕状缺陷。

轻微的撕痕状缺陷对纵向、横向力学性能的影响均不明显，但严重时，纵向韧性指标会降低，更主要的是横向塑性与韧性指标显著下降。因此，除了严重的撕痕状缺陷之外，一般的或较重的缺陷均不影响钢材的使用，也属于允许缺陷。

（6）层状断口如图 9-12 所示。其宏观特征是在纵向断口的热加工方向出现无金属光泽、凹凸不平、层次起伏的条带，条带中有白亮的或灰色的线条，这种断口缺陷显著影响钢材的横向塑性和冲击吸收功指标。

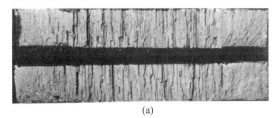
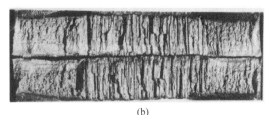

(a)   (b)

图 9-12 层状断口

（a）淬火状态的层状断口；（b）调质状态的层状断口

（7）缩孔残余断口如图 9-13 所示。缩孔残余断口的特征是在纵向断口的轴心区出现非结晶的条带或在疏松区以非金属夹杂物或夹渣形态出现，沿条带往往出现氧化色。

缩孔残余断口一般都出现在钢锭头部的轴心区，主要是补缩不足或切头不够等原因造成的。这种缺陷破坏金属的连续性，属于不允许存在的缺陷。

图 9-13   缩孔残余断口

（8）白点断口如图 9-14 所示。在断口上白点多呈圆形或椭圆形银灰色斑点，斑点内的组织为粒状，个别斑点呈鸭嘴形裂口，一般多分布在偏析区内，淬火断口最为敏感。白点主要是钢中含氢量过多和内应力共同作用造成的。这种缺陷破坏金属的连续性，属于不允许存在的缺陷。

图 9-14   白点断口

（9）气泡断口如图 9-15 所示。气泡断口的特征是在纵向断口上沿热加工方向出现内壁光滑的非结晶细长条带，多分布在皮下，有时也出现在内部。气泡主要是钢液气体过多、浇注系统潮湿、钢锭模有锈等原因造成的。这种缺陷破坏钢的连续性，属于不允许存在的缺陷。

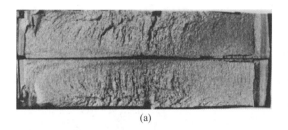
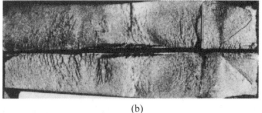

(a)   (b)

图 9-15   气泡断口

（a）皮下气泡断口；（b）内部气泡断口

（10）内裂断口。内裂分为"锻裂"和"冷裂"两种。锻裂的特征是出现光滑的平面或裂缝，这是热加工过程中滑动摩擦造成的。冷裂的特征是出现与基体有明显分界的、颜色稍浅的平面与裂缝。经过热处理或酸洗的试样可能有氧化色。

锻裂是热加工温度过低、内外温差和热加工压力过大、变形不合理等原因造成的。冷裂是锻轧冷却太快、组织应力与热应力叠加造成的。内裂严重破坏金属的连续性，属于不允许存在的缺陷。

（11）非金属夹杂物（肉眼可见）断口如图 9-16 所示。夹渣断口如图 9-17 所示。这类断口在纵向断口上呈颜色不同的（灰白、浅黄、黄绿色等）、非结晶的细条带或块状。其分布无一定规律，整个断口均可见到。如果夹杂物很细小，难以辨别，可将断口在空气炉中加热到 300 ℃ 左右，冷却后再检查，若是非金属夹杂，其颜色不变，而基体金属则变为蓝色或其他颜色，借此加以分辨。这种缺陷是在浇注过程中随钢液带入的渣子、耐火材料和夹杂物等造成的，属于破坏金属连续性的缺陷。

图 9-16　非金属夹杂物（肉眼可见）断口

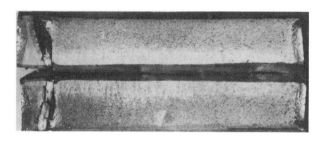

图 9-17　夹渣断口

9.1.3.4　硫印试验

硫印试验是用来直接检验硫并间接检验其他元素在钢中偏析或分布的一种方法，根据检验目的来确定所用试样的取样部位和方向。试样的截取、制备和要求等都与酸蚀试样基本相同。试样表面应尽可能大些，并在试验前仔细地清理，不应有油污及锈迹。

硫印法的过程大致如下：试样经车削磨光后，先用四氯化碳、汽油或酒精将硫印面擦拭干净，不得留有油污、锈斑和脏物等。将尺寸合适、反差较大的相纸药面向下泡在硫酸水溶液（100 mL 水中加 2~5 mL 浓硫酸，还可以用 5%~15% 的硫酸水溶液）中，浸泡约 3 min，并且不断摇动，以防止气泡附着在相纸上，而使酸液浸渍不均匀。相纸取出后，垂直抖几下，使纸上多余液体滴掉，以使相纸上液膜均匀。然后将药面对准试样面，从一边缓慢地敷盖在试样面上。为了保证不让气体残留在相纸与试面之间，可用橡皮辊在相纸上滚压几次，或用棉花轻轻擦拭几次，将气泡赶出。但需特别注意，不要使相纸发生滑动，否则会使所得结果模糊不清。经过1~3 min后，取下相纸于清水中清洗3~5 min，同时检查其结果是否符合要求，然后放入定影液中定影大约15 min，使未作用的溴化银溶掉，再于流动的清水中冲洗30 min，最后上光干燥。如果所得硫印照片不够理想，可将原试样面重新制备（去除0.5 mm以上），再进行硫印试验。硫印试验不需要在暗室中操作，一般在光线不强的室内即可进行。

硫印纸上有深褐色斑点的地方，即是钢中硫化物存在的部位。斑点越大，色越深，则表示硫化物颗粒越大，含硫量也越高。若斑点既小又稀少，色泽较浅，则表示硫的偏析较轻。评级时，一般根据印相纸上的深褐色斑点的颜色深浅、大小、多少及分布情况，参照《结构钢低倍组织缺陷评级图》（GB/T 1979—2001）中一般疏松级别图进行评定。

硫印试验执行国家标准GB/T 4236—2016的硫印检验方法。该标准适用于含碳量低于0.1%的合金钢和非合金钢；对含碳量高于0.1%的也可进行试验，但需采用非常稀的硫酸溶液，仅以硫印试验结果来估计钢的硫含量是不恰当的。

任务9.2　夹杂物对钢性能的影响

夹杂物是指在炼钢或铸造过程中，少量炉渣、耐火材料及冶炼中反应产物进入钢液而形成的非金属夹杂，如氧化物、硫化物、氮化物以及硅酸盐等，它们大都以独立相形式存在，一般简称为夹杂或夹渣。

钢中存在的非金属夹杂物主要来自钢的冶炼及浇注凝固过程，因此是不可避免的。其含量一般都很少，但是，它们对钢的性能危害作用不可忽视。这种危害作用与非金属夹杂物的类型、大小、数量、形态及分布有关。

9.2.1　夹杂物来源

钢中非金属夹杂物按其形成原因可分为两类：内生夹杂物和外来夹杂物。

（1）内生夹杂物。内生夹杂物主要来源于冶炼脱氧脱硫产物和浇注凝固过程中物理化学反应的生成物，大多是氧、硫、氮的化合物、硅酸盐等。其具体来源主要有以下几个方面：

1）脱氧剂及合金添加剂和钢中元素化学反应的产物，在钢液凝固前未浮出而残留在钢中；

2）出钢、浇注过程中钢水与大气接触，钢水中易氧化、氮化元素的二次氧化、氮化产物；

3）出钢至铸锭过程中，随钢水温度的下降，造成氧、硫、氮等元素及化合物溶解度的降低，因而产生或析出各种夹杂物。

一般来讲，内生夹杂物尺寸较为细小，比较均匀，在钢中的含量一般占总夹杂物含量的40%~60%，通过合理工艺措施、正确操作可以减少其含量和控制其成分、大小和分布情况，但一般来说是不可避免的，不可能完全消除。

（2）外来夹杂物。外来夹杂物的主要来源有以下两个途径：

1）冶炼、出钢及浇注过程中，钢水、炉渣及耐火材料相互作用而被卷入的耐火材料或炉渣等；

2）与原材料同时进入炉中的非金属夹杂物。

这类夹杂物一般外形不规则，尺寸较大，数量小，分布集中。外来夹杂物在钢中的含量通常只占夹杂物总含量的很小一部分，有时候甚至难以测定。只要工艺、操作适当是可以减少和避免的。

钢中常规检验遇到的夹杂物多数是内生夹杂物。

钢中夹杂物还可按夹杂物的化学组成和热加工变形后夹杂物的形态两种情况来分类。

（1）按夹杂物的化学组成分类，有氧化物系夹杂、硫化物系夹杂、氮化物系夹杂、磷化物系夹杂。

1）氧化物系夹杂又分为简单氧化物夹杂、复杂氧化物夹杂与硅酸盐类夹杂，它们的化学组成都与钢中的氧含量有关。简单氧化物夹杂有 FeO、Fe_2O_3、MnO、SiO_2、Al_2O_3、Cr_2O_3 以及 TiO 等。复杂氧化物夹杂中包含尖晶石类夹杂和各种钙的铝酸盐类夹杂等，其中尖晶石类夹杂常用化学式 $MO \cdot N_2O_3$ 表示，M 代表二价金属，N 代表三价金属，常见的有 $FeO \cdot Fe_2O_3$、$FeO \cdot Al_2O_3$、$MnO \cdot Al_2O_3$、$MgO \cdot Al_2O_3$、$FeO \cdot Cr_2O_3$、$MnO \cdot Cr_2O_3$ 等。硅酸盐类夹杂常见的有硅酸铁（$2FeO \cdot SiO_2$）和硅酸锰（$2MnO \cdot SiO_2$）。

2）硫化物系夹杂主要是指硫化铁（FeS）、硫化锰（MnS）以及它们的固溶体 $[(Mn, Fe)S]$；此外，还有硫化钙（CaS）等。当钢中加入稀土元素 La 或 Ce 等时，可能生成相应的稀土硫化物 La_2S_3 或 CeS 等。

3）氮化物系夹杂是指向钢中加入与氮亲和力较大的 Al、Ti、Nb、V、Zr、Th 等元素时，在钢中有相应的氮化物生成，它们对钢的组织及性能均有不同程度的影响。钢中的氮化物和碳化物之间也可以相互溶解，形成碳氮化物，如 $Ti(NC)$ 等。通常人们将不溶于奥氏体并在钢中形成自己固定的氮化物视为氮化物系夹杂，其中 TiN 最为常见，而 AlN 细小弥散，且在钢中具有许多良好的作用，一般不视为夹杂物。

4）磷在钢中的溶解度很大，室温 α-Fe 可溶解 1.2% 的磷，但电炉中的磷含量很低，一般很难看到含磷夹杂物，只有在高锰钢中才偶尔出现。磷化物系夹杂主要是指（Fe，P）。

（2）按热加工变形后夹杂物的形态分类，有塑性夹杂、脆性夹杂、不变形夹杂。

1）塑性夹杂：塑性夹杂在热加工时具有良好塑性，沿加工方向延伸成带状，如 FeS 或 MnS 以及 SiO_2 含量较少的低熔点硅酸盐等。

2）脆性夹杂：脆性夹杂在热加工时不变形，但能沿加工方向破裂成链状分布，如 Al_2O_3 或尖晶石类的复合氧化物，以及 Al、V、Zr 的氮化物等高熔点、高硬度的夹杂。

3）不变形夹杂：在热加工时保持原来球点状的夹杂物属于不变形的夹杂物，如钢中的 SiO_2 或含有 SiO_2 质量分数大于 70% 的硅酸盐，含钙的铝酸盐或含铝、钙、锰的硅酸盐。

9.2.2　夹杂物的显微评定方法

非金属夹杂物的数量和分布被认为是评定钢材质量的一个重要指标，并且被列为优质钢和高级优质钢出厂的常规检验项目之一，非金属夹杂物的金相评定是用金相法对非金属夹杂物的性质、形状、大小及分布等进行评定。采用金相法评定夹杂物通常按照 GB/T 10561—2023《钢中非金属夹杂物含量测定 标准评级图显微检验法》检验。

非金属夹杂物含量的测定（标准评级图显微检验法）指的是利用金相显微镜进行对比或计算的方法，测定钢中夹杂物的含量。首先根据夹杂物在显微镜下不同的光学特征，可以定性鉴定钢中非金属夹杂物；在夹杂物类型已知的条件下，采用标准等级比较法，再结合有关标准和相关微区成分分析可以定量评定夹杂物的级别，综合来判定钢材质量的优劣或是否合格，进而找出规律，改进工艺，尽可能减少有害夹杂物的含量，提高产品质量。

非金属夹杂物定量评级的标准级别图对比评级方法现在采用的有：根据 GB/T 10561—2023/ISO 4967：2013(E) 标准进行，瑞典 Jernkontoret（简称 JK）夹杂物评级图，美国试验及材料学会（ASTM）夹杂物评级标准亦采用 JK 评级图，此外还有 SAE（美国汽车工程师学会）夹杂物评级图等。

为了定量研究夹杂物对性能的影响，需要测定夹杂物的大小及间距的统计分布，在夹杂物较细小时，要在电镜下进行。定量测定要求测定较多的视场以求得统计分布。自动图像分析仪的应用可以大大加速测定工作的进程，并获得较为准确的结果。

9.2.2.1　国标评级

定量测定是优质钢以及高级优质钢的常规检测项目之一。在夹杂物类型已知的条件下，采用标准等级比较法，以判定钢材质量的优劣或是否合格。夹杂物的评级可以根据 GB/T 10561—2023 标准进行。试样经过仔细抛光，夹杂物应保存完好，不经浸蚀，在放大 100 倍显微镜下观察。把试样上夹杂物最严重的现场与标准级别图片比较来评定其等级。

（1）GB/T 10561—2023/ISO 4967：2013(E) 标准规定，根据夹杂物的形态和分布，将观察到的夹杂物分为五种类型。

1）A 类（硫化物类）：具有高的延展性，有较宽范围形态比的单个灰色夹杂物，一般端部呈圆角；

2）B 类（氧化铝类）：大多数没有变形，带角的，形态比小（一般小于 3），黑色或带蓝色的颗粒，沿轧制方向排成一行（至少有 3 个颗粒）；

3）C 类（硅酸盐类）：具有高的延展性，边界光滑，有较宽范围形态比（一般不低于 3）的单个呈黑色或深灰色夹杂物，一般端部呈锐角；

4）D 类（球状氧化物类）：不变形，带角或圆形的，形态比小（一般小于 3），黑色或带蓝色的，无规则分布的颗粒；

5）DS 类（大颗粒球状氧化物类）：直径不低于 13 μm 的单颗粒 D 类夹杂物。

GB/T 10561—2023 更新了直径的定义。

相比 GB/T 10561—2005，GB/T 10561—2023，直径的定义引入费雷特直径的概念，用于表征实际上形状并不规则的球状夹杂物颗粒，并给出了示意图，如图 9-18 所示，有助于对夹杂物颗粒直径的理解。

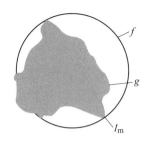

图 9-18 示意图

f—最大费雷特圆；g—球状颗粒；

I_m—最大费雷特直径

每种类型夹杂物按照总长度（或数量或直径）的评级界限（最小值），见表 9-5，每个系列由 0.5~5.0 级组成，A 类、B 类、C 类、D 类夹杂物又根据其颗粒宽度的不同分成细系和粗系两个系列，具体宽度划分界限见表 9-6。级别越高，表示夹杂物含量越多。

表 9-5 评级界限（最小值）

评级图级别	夹杂物类别				
	A	B	C	D	DS
	总长度	总长度	总长度	数量	直径
	/μm	/μm	/μm	/个	/μm
0.5	≥37	≥17	≥18	≥1	≥13
1.0	≥127	≥77	≥76	≥4	≥19
1.5	≥261	≥184	≥176	≥9	≥27
2.0	≥436	≥343	≥320	≥16	≥38
2.5	≥649	≥555	≥510	≥25	≥53
3.0	≥898	≥822	≥746	≥36	≥76
3.5	≥1181	≥1147	≥1029	≥49	≥107
4.0	≥1498	≥1530	≥1359	≥64	≥151
4.5	≥1848	≥1973	≥1737	≥81	≥214
5.0	≥2230	≥2476	≥2163	≥100	≥303

表 9-6 夹杂物宽度 　　　　　　　　　　　　　　　　　　（μm）

类别	细系		粗系	
	最小宽度	最大宽度	最小宽度	最大宽度
A	≥2	≤4	>4	≤12
B	≥2	≤9	>9	≤15
C	≥2	≤5	>5	≤12
D	≥2	≤8	>8	≤13

（2）非金属夹杂物评级原则：

1）评级图为下限图片，如若出现两级之间（长度或点数）的夹杂物，按照相邻较小级别评定；

2）对于同类夹杂物，当出现在粗系或者细系两系之间时，其形状或厚度/直径接近哪个系列级别就按哪个相应系列图片进行评级，若恰在中间则按照粗系评定；

3）在同一视场中同时出现最严重的粗大或细小夹杂物（呈同一母线分布或不呈同一母线分布），不能分开评定，其级别按照长度或数量相加后并按占优势的夹杂物进行评级（评定时不必测量，直接对照图片）；

4）在同一视场中出现同一母线分布而断续的同类同系的 B、C 类夹杂物时，若两条夹杂物断开间距大于 0.04 mm（在 100×下，4 mm），应按照两条计算（将间距除去），若小于 0.04 mm 则算作一条夹杂物；

5）当出现大于 2 级的夹杂物时，可参照 ASTM E45 的图（JK 图）进行评级。

（3）非金属夹杂物评级结果表示。夹杂物检验结果通常采用夹杂物类别代号（A、B、C、D、DS）、系列代号（细系 T 或粗系 H）以及级别（0.5、1.0、…、5.0）表示。如果某视场出现夹杂物或串（条）状夹杂物的长度超过视场的边长（0.710 mm）或宽度大于粗系最大值（见表 9-6）应在试验报告中单独记录，并用字母 s 表示出现超尺寸（长度或宽度）夹杂物。

试验报告结果应包括：标准号、钢种、炉号、样品号；取样方法及检验部位；选用的方法（标准评级图、观察方法、检验方法和结果表示方法）；检验结果（夹杂物尺寸超过标准评级图时应予以指明）；试验报告及日期。

9.2.2.2　JK 标准评级

JK 标准中将夹杂物分为 A、B、C 和 D 四个基本类型，它们分别是硫化物、氧化铝、硅酸盐和球状氧化物。每类夹杂物按照厚度和直径的不同又可分为细系和粗系两个系列，每个夹杂物由表示夹杂物数量递增的五级图片（1~5）组成。

评定夹杂物级别时，允许评半级。结果是用每个试样每类夹杂物最恶劣视场的级别数表示。钢中非金属夹杂物的评定方法可以参照 GB/T 10561—2023 标准。

9.2.2.3　ASTM 评级标准

美国 ASTM E45-97 标准评级《钢中非金属夹杂物含量测定方法》，ASTM 标准评级图又称修改的 JK 图，评级图中夹杂物的分类、系列划分均与 JK 评级标准图相同，仍将夹杂物按形态和分布分为四类，即 A（硫化物类）、B（氧化铝类）、C（硅酸盐类）和 D（球状氧化物类）；但评级图由 0.5~5.0 组成，它适用于评定高纯度钢的夹杂物，常用于承受较大压延量的产品中，如板材、管材和线材等。结果是用每类夹杂物不同级别的视场总数来表示。

9.2.3　夹杂物分析

非金属夹杂物作为独立相存在于钢中，破坏钢基体连续性，使钢的组织和性能不均匀性增加，易引起应力集中，质量降低。这种危害作用与非金属夹杂物的类型、大小、数量、形态及分布有关。如何正确判断和鉴定非金属夹杂物，即对夹杂物进行定性分析，是十分重要的。

检验、研究钢中非金属夹杂物的定性分析主要利用夹杂物的光学性能、化学性质进行鉴别，定性分析方法很多，主要有金相法、化学法、岩相法、X 射线粉末衍射法、电子探针法、透射电镜法、扫描电镜法、离子探针法、光谱法等。

9.2.3.1 金相定性分析法

金相法是借助金相显微镜的明场、暗场及偏振光来观察夹杂物的形状、分布、色彩及各种特征，从而对夹杂物做出定性或半定性的结论，但不能获得夹杂物的晶体结构及精确成分的数据。

（1）夹杂物的形状、大小和分布。鉴定夹杂物首先注意的是它们的形状，从它们的形状特点上，有时可以估计出它们属于哪类夹杂物，这有利于考虑下一步应采取的鉴定方法。例如，有的由表面张力作用而形成球状，有的由结晶学因素而形成多边形或树枝状，还有的夹杂物呈连续或断续的形式沿晶界分布形成条带状，如 FeS 及 FeS-FeO 共晶夹杂物等，因其熔点低，所以钢凝固时，这类夹杂物多沿晶界分布。

（2）夹杂物的分布情况也有一定的特点，有的夹杂物成群，有的分散。成群的夹杂物经锻轧后，即沿锻轧方向连续成串，Al_2O_3 夹杂就属此类。夹杂物的形状、大小和分布一般在明场下进行观测判断。

（3）夹杂物的色彩和透明度。观察夹杂物的色彩及透明度一般应在暗场或偏振光下进行，可分为透明和不透明两大类。透明的还可分为透明和半透明两种。透明的夹杂物在暗场下显得十分明亮。如果夹杂物是透明的并有色彩，则在暗场下将呈现它们的固有色彩。

各种夹杂物都有其固有的色彩和透明度，再结合其他特征来进行判断。如某种夹杂物，它们的分布及外形呈有棱的细小颗粒并沿轧制方向连续成群，在明场下这些夹杂物多呈深灰略带紫色，而在暗场下则为透明发亮的黄色。那么这种夹杂物大致可以判断为 Al_2O_3。

（4）夹杂物的各向同性及各向异性效应。利用偏振光照相研究夹杂物，可以把它们分为各向同性和各向异性两大类。

（5）夹杂物的黑十字现象。凡呈球形而且透明的夹杂物，在正交尼科耳偏振光下都产生黑十字现象。玻璃质 SiO_2 即属于这类夹杂物。这类球状而透明的夹杂物若稍被锻轧变形，黑十字现象就将消失。

（6）夹杂物的硬度及塑性。夹杂物具有不同硬度及塑性的特点，因此测定或观察它们的硬度及塑性有助于鉴定工作。夹杂物的硬度可用显微硬度计测定。

如 TiN 及 Al_2O_3 夹杂物，因为它们很硬，所以经锻轧后只能改变它们的情况，却不能改变它们的外形。MnS 及硅酸盐夹杂有好的塑性，可以沿轧制方向变成长条形。若锻轧的变形量过大，也可能被拉断成不连续的条状。

（7）夹杂物的化学性能。不同类型的夹杂物在被化学试剂浸蚀后将发生不同的变化：

如完全被浸蚀掉，在夹杂物原来所在处留下坑洞；染上不同颜色或色彩发生变化；不被浸蚀，不发生变化。因此，在金相显微镜下观察被浸蚀前后的变化，也有利于对夹杂物进行鉴定工作。

9.2.3.2　钢中夹杂物鉴定的其他方法

对钢中非金属夹杂物的分析鉴定技术随着显微分析仪器的进步也在不断发展，除上述金相法外，尚有多种分析法可以得到比光学显微镜观察所得到的更清晰的夹杂物形貌图像及其化学成分的信息。

（1）X 射线微区域分析法。根据每种元素各具有一定的标识 X 射线的原理，把经过电子光学系统调节和聚焦很细的电子束在金相试样抛光面上扫描，则试样受照射的微小体积内将发射出该体积内所含元素特有的标识 X 射线。测定此标识 X 射线谱中各线的波长和强度，就可对该体积内所含元素进行定性和定量分析。

（2）岩相分析法。此法是把钢中夹杂物分离出来，在岩相显微镜下进行检验，测定其物理光学性能，如折射率、反射本领等，从而对夹杂物的组成做出定性的岩相鉴定，此法可以得到其他方法所得不到的数据。其缺点是需要把夹杂物分离出来。对较大的夹杂物颗粒尚可用机械方法将其取下；对细小的颗粒，则只有用化学熔解或电解分离的方法。这对夹杂物的真正组成，难保不起变化，分离手续也较麻烦。

（3）X 射线晶体结构分析法。把从钢中分离出来的夹杂物，用 X 射线对晶体结构分析，可以对夹杂物的颗粒大小及晶体结构等做出准确鉴定，但不能做定量分析。

（4）化学分析法。把钢中分离出来的夹杂物，用微量或半微量化学分析方法进行分析。此法可较准确地测定夹杂物的含量及组成成分，但不能鉴定其形状及分布情况。分离方法也存在不少问题。

9.2.4　夹杂物控制

随着现代工程技术的发展，对钢的综合性能要求也日趋严格，相应地对钢的材质要求也越来越高。非金属夹杂物作为独立相存在于钢中，破坏了钢基体的连续性，加大了钢中组织的不均匀性，严重影响了钢的各种性能，主要表现在对钢的使用性能和工艺性能的影响。根据已有的研究表明，非金属夹杂物对钢的强度影响较小，但对疲劳性能、冲击韧性和材料的面缩率降低比较明显。例如，非金属夹杂物导致应力集中，引起疲劳断裂；数量多且分布不均匀的夹杂物会明显降低钢的塑性、韧性、焊接性以及耐腐蚀性；钢中呈网状存在的硫化物会造成热脆性。因此，夹杂物的数量和分布被认定是评定钢材质量的一个重要指标，并且被列为优质钢和高级优质钢出厂的常规检测项目。

非金属夹杂物的性质、形态、分布、尺寸及含量不同，对钢性能的影响也不同。因此，提高金属材料的质量，生产出洁净钢，或控制非金属夹杂物性质和要求的形态，是冶炼和铸锭过程中的一个艰巨任务。

实际生产中不可能去除钢中非金属夹杂物，只能通过控制钢中夹杂物的类型、数量、分布形态、尺寸的形式将其危害降至最低，最根本的途径，一是尽量减少外来夹杂物对钢水的污染，二是设法促使已存在于钢水中的夹杂物排出，以净化钢液。

课后思考题

9-1　简述点缺陷对材料性能有什么影响。

9-2　举例说出 5 种型钢表面缺陷、缺陷特征及产生的原因。

9-3　举例说出 5 种宏观组织缺陷。

9-4　什么是中心疏松？

9-5　简述如何控制夹杂物。

项目 10　典型钢材轧制过程热处理工艺

 **思政案例**

中国钢铁"狂卷"沙特阿拉伯

2023 年年底，山钢日照公司成功出口了 1.5 万吨 X70M 高级别管线钢至沙特阿拉伯，这一里程碑式的交易标志着山钢在国际市场上的又一次重要突破。这次出口不仅展示了山钢在高级别管线钢领域的强大生产能力，更彰显了其在国际市场上的竞争力。

沙特阿拉伯作为世界主要石油产地之一，对油气输送管线钢的需求量极大，对管线钢的性能要求也极高。X70M 高级别管线钢以其优异的力学性能和耐腐蚀性，在沙特阿拉伯天然气管道输送项目中发挥着关键作用。山钢能够成功批量供给沙特阿拉伯 X70M 管线钢，不仅证明了其产品的卓越品质，也体现了山钢在国际市场竞争中的强大实力。

回顾过去，南京钢铁在 2018 年 7 月成为中国首个获得沙特阿拉伯认可的管线钢供应商，此后沙钢、鞍钢、宝钢、武钢、邯郸钢铁等国内钢铁巨头也纷纷向沙特阿拉伯阿美公司提供过钢管。这些成功案例不仅展示了中国钢铁企业在国际市场上的竞争力，也为中国制造业的国际化进程注入了强大动力。

沙特阿拉伯作为国际钢铁企业相互竞争的重要市场，其对于管线钢的需求将持续增长。与此同时，沙特阿拉伯正积极吸引外资，推动制造业发展。从冶炼制造、光热硅料、无人机等领域，沙特阿拉伯正逐渐成为中国制造业企业新的投资热土。中国钢铁企业如山钢、沙钢等纷纷抢抓机遇，加大在沙特阿拉伯市场的投资布局，以期望在这一全球竞争激烈的市场中占据更有利的位置。

展望未来，随着全球能源结构的转型和清洁能源的普及，油气输送管线钢的需求将持续增长。山钢等中国钢铁企业需要继续加大研发投入，提升产品性能和质量，以满足国际市场日益严格的要求。同时，积极拓展海外市场，特别是在沙特阿拉伯等具有重要战略地位的国家，对于中国钢铁企业实现国际化发展和提升全球竞争力具有重要意义。

山钢日照公司成功出口 1.5 万吨 X70M 高级别管线钢至沙特阿拉伯，不仅是一次重要的商业交易，更是中国钢铁企业在国际市场上取得的一次重要胜利。面对未来，中国钢铁企业需要不断创新、积极进取，努力在全球竞争中取得更加辉煌的成就。

任务 10.1　中厚板轧制过程热处理工艺

10.1.1　中厚板的用途与分类

中厚板用途非常广泛，主要应用于大直径输送管、锅炉、桥梁、车辆、船舶、火车车厢、军工、石油化工、海洋平台等领域。其品种多，应用范围广，使用环境复杂，使用温度区域较广（-200~600 ℃），使用环境要求钢材具有一定的耐候性、耐腐蚀性等；使用要求高时，还要求钢材有一定的强韧性、焊接性能好等特点。同时它的使用还涉及我国的国防安全与能源安全。因此，提高中厚板的质量具有重大意义，中厚板质量的好坏也反映了一个国家钢铁工业水平的高低。

中厚板轧制过程热处理工艺

按形状和尺寸可将钢材产品分为扁平材和长材两种，一般将横截面为矩形，且其宽度远远大于厚度的产品称为扁平材，不符合扁平材定义的产品为长材。中厚板产品一般分为中板、厚板以及特厚板。我国通常把厚度不到 4 mm 的钢板称为薄板，厚度为 4~25 mm 的钢板称为中板，在中厚板中还有普碳板、低合金板、优碳板、桥梁板、船板等的分别。25~60 mm 厚度的称为厚板，厚板会被广泛用于制造容器、低合金钢钢板、桥梁用钢板、造船钢板、锅炉钢板等各类钢板。厚度大于 60 mm 的钢板称为特厚板，特厚板也属于厚板类，中板和厚板统称为中厚板。

桥梁用钢板使用环境一般为大型铁路桥梁，要有一定的抗冲击、抗振、耐腐蚀等特性，如 Q235q、Q345q 等。

造船钢板主要用来制作船舶的船身，在海水中浸泡，要求中厚板具有很高的耐腐蚀性，同时对于船舶用中厚板在塑性、韧性等方面都有严格的要求，如 A32、D32、A36、D36 等。

压力容器用中厚板经常被制作成运输石油、气体脂类的设备，因此要求压力容器中厚板必须具有良好的耐压能力、塑性和韧性，同时具有很好的冷弯和焊接性能，如 Q245R、Q345R、14Cr1MoR、15CrMoR 等。

国内中厚板不仅在产量上大幅度增加，同时在品种开发方面也取得了一定的进展。目前，我国已经开始生产高强韧耐磨钢 NM360、NM400、NM500、NM550，屈服强度可以达到 960 MPa 的高强工程机械用钢；已开发出中温抗氢钢 15CrMoR、14Cr1MoR、12Cr2Mo1VR，以及 -196 ℃ 低温韧性的 LNG 储罐用 9Ni 钢、低温压力容器钢。我国开发的中厚板已经成功用于大桥、水立方、鸟巢等重大工程项目。第三代核技术建造反应堆安全壳用钢板 SA738GRB 也已逐渐国产化。

中厚板技术要求主要有四大要素：一是尺寸精度要求高，尺寸精度包括中厚板的厚度精度、宽度精度及长度精度；二是中厚板的板形要好，四边平直不能有浪形和瓢曲等缺陷；三是中厚板的表面质量要好，表面缺陷不仅会损坏中厚板的外观，同时也会使中厚板产生破裂和腐蚀，会成为中厚板应力集中的薄弱环节；四是中厚板的性能要好，包括中厚板的力学性能、工艺性能，以及特殊物理或化学性能。

中厚板的轧制过程一般可以分成三个阶段（见图 10-1）：成型轧制阶段、展宽轧制阶段和精轧阶段。

（1）成型轧制阶段：钢板坯沿长度方向进行 1~4 道次轧制。主要目的是为了消除钢板坯表面的凹凸和由于剪切不好引起的端部压扁，从而提高整个板坯的表面质量，提高板坯的均匀程度，减少板坯缺陷。

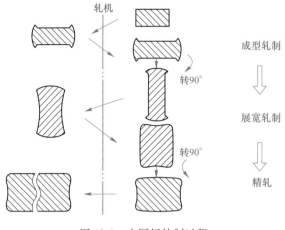

图 10-1　中厚板轧制过程

（2）展宽轧制阶段：将钢板坯成型轧制后进行旋转，旋转 90°进行展宽轧制。主要目的是使得钢板坯宽度达到钢板的毛宽，同时使板坯在纵、横两个方向性能均匀，改善钢板坯的各向异性。一般进行 4~8 道次的轧制。

（3）精轧阶段：展宽轧制后，再将钢板坯旋转 90°，沿板坯原长度进行轧制，将钢板坯延伸，最终满足成品要求的厚度、板形以及性能。

中厚板的板形控制（见图 10-2）一般包括三方面的内容：纵向的厚度控制、横向的凸度控制和平面的形状控制。

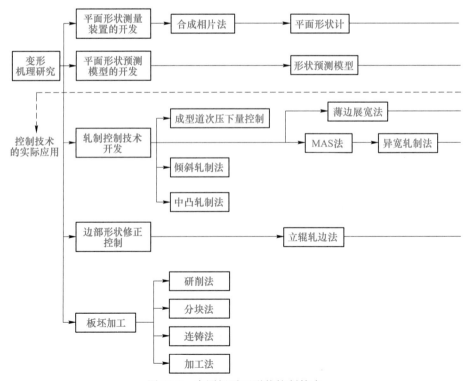

图 10-2　中厚板平面形状控制技术

纵向的厚度控制的目的是借助辊缝、张力、速度等可以调节的参数，把轧制过程中参数波动的影响消除，从而达到预定的目标厚度。辊缝、张力等参数的调节主要是以轧机的弹性曲线和轧件的塑形曲线及弹-塑性曲线为依据，利用弹-塑性曲线图定性、定量、直观地分析厚控的方法。

板凸度是描述中厚板横截面形状的主要指标之一，反映了中厚板在生产过程中的横向板厚差。同时对中厚板的形状和辊形调控目标，以及生产过程的稳定和产品质量的控制有决定性的作用。现在最为广泛的两种控制技术为：工作辊弯辊技术和工作辊横向移动技术。

平面的形状控制主要有两种：MAS 轧制和 DBR 轧制。

MAS 轧制法（Mizushima automatic plan view pattern control system，即水岛平面形状自动控制方法）是由原日本川崎制铁公司（现 JFE 公司）水岛厚板厂开发并于 1978 年开始用于生产的一种平面形状控制技术。MAS 轧制法是通过控制轧辊辊缝实现中间道次的变厚度轧制，来控制钢板的平面形状，提高钢材的成材率。

MAS 轧制法的原理（见图 10-3）是通过预测轧制终了时的钢板平面形状，将形状不良部分的体积，换算成对应板坯断面厚度的变化，使最终钢板平面形状矩形化。根据控制部位及进行变厚度轧制时间的不同，将 MAS 轧制法分为控制钢板边部形状的成型 MAS 轧制法和控制钢板端部形状的展宽 MAS 轧制法两种。

DBR 轧制法是日本钢管福山研究所开发的一种平面形状控制技术，DBR 轧制技术是将预测到的长度方向的平面形状变化量都补偿到宽度方向的厚度截面上，将轧件先轧成两边厚、中间薄的"狗骨"形状，然后再沿坯料的宽度方向一直进行延伸轧制，直到轧出成品钢板，如图 10-4 所示。该方法与 MAS 法的补偿原理基本相同。

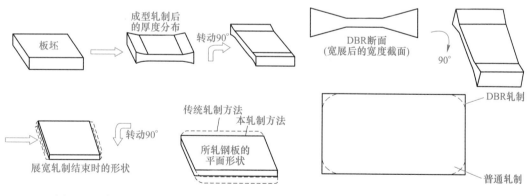

图 10-3　成型 MAS 轧制法原理示意图　　　　图 10-4　DBR 轧制法原理示意图

10.1.2　中厚板的生产工艺流程

10.1.2.1　中厚板轧制生产工艺流程

（1）原料准备与预处理。

根据所需生产的中厚板类型和性能要求，选择合适的钢种作为原材料。中厚板的原料通常是连铸板坯。

对原料进行表面清理，去除氧化皮、锈蚀等杂质，确保原料表面的清洁度和平整度，为后续工序做好准备。

（2）加热与轧制。

加热板坯在加热炉里通常加热到1150～1270 ℃。板坯通过运送设备送入加热炉，加热炉通常使用燃烧煤气加热板坯。加热温度和时间需根据钢种和所需厚度精确控制，以确保金属具有良好的塑性和可加工性。

加热后的原料进入轧机进行轧制。通过多道次的轧制，逐渐将原料压制成所需厚度的钢板。轧制过程中需严格控制轧制力、轧制速度和轧制温度等参数，以保证钢板的尺寸精度和表面质量。

（3）冷却与矫直。

轧制完成后的钢板需要进行快速冷却，以固定其组织和性能。冷却方式通常包括自然冷却、强制冷却（如水冷或风冷）等。

冷却后的钢板可能存在形状上的偏差，因此需要进行矫直处理。矫直设备能够消除钢板的弯曲、扭曲等缺陷，使其达到平直状态。

（4）切割与精整。

根据客户需求和订单要求，将矫直后的钢板切割成所需长度和宽度的板材。切割过程需保证尺寸精度和切口质量。

对切割后的钢板进行进一步的精整处理，包括去除毛刺、打磨边缘、检查表面质量等，以确保产品的外观和性能符合标准。

（5）检验与包装。

对完成的中厚板进行全面的质量检验，包括尺寸精度、表面质量、力学性能等方面的检测，确保产品符合相关标准和客户要求。

检验合格的中厚板进行适当的包装，以防止在运输和储存过程中受到损坏。包装方式可根据客户需求和运输条件进行选择。

一般中厚板生产的简单工艺流程图如图 10-5 所示。

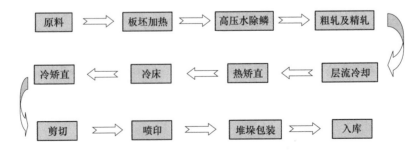

图 10-5　中厚板生产的简单工艺流程图

10.1.2.2 加热炉工艺

加热炉部分包含板坯上料、加热炉加热、板坯出炉。

板坯在炉前辊道上经过称量、测长、核对、测温，按布料图前进进行定位。在确定炉内有空位后，装料炉门打开，装钢机开始动作前移摆正板坯后，再上升将在装料辊道上已定位好的板坯托起，然后变速前进将板坯送入炉内待料位置的固定梁上方，下降放到固定梁上，在与前一块坯料间隔一定距离处停止。随后，装钢机继续下降，并快速退回原位，准备重复送钢动作，同时装料炉门关闭。装钢机运动轨迹为：推正、升、进、降、退。

炉内板坯通过步进梁的上升、前进运动，在加热炉分段充分加热，达到轧制要求温度，当加热坯料运行至出料端激光检测处并完成最后一次步进动作后停止，经激光检测器检测及步进梁行程控制系统和炉内坯料跟踪系统计算钢坯在炉内准确位置的信号后送往出钢机，当出钢机接到出钢指令后，开启出料炉门后，出钢机开始动作，由低位运行进炉内，根据钢坯位置定位，托起钢坯出炉，准确将钢坯放在炉外出料辊道上，同时出料炉门关闭，再由出炉辊道输送到轧机轧制，完成一次装、出钢动作。出钢机运动轨迹为：进、升、退、降。

在热轧中厚板前，必须将板坯加热到一定温度，使其具有一定的可塑性后再进行轧制。中厚板生产使用的加热炉按其结构分为连续式加热炉、室式加热炉和均热炉，主要炉型是连续式加热炉，连续式加热炉有推钢式和步进式两种形式。加热炉设备主要由装、出炉辊道及相关设备、炉底步进机械、加热炉本体、加热炉排烟系统、助燃空气系统、煤气系统、氮气吹扫和放散系统、水冷系统等组成。

10.1.2.3 轧制工艺

中厚板轧机区域：主轧机机组设备主要有机前、机后工作辊道，机前、机后推床以及主轧机机列等。而轧机机列主要有轧机本体、轧机主传动装置、工作辊换辊装置以及支撑辊换辊装置。轧机机架主要包括机架辊装置、导板、除鳞系统、冷却水系统、平衡及弯辊系统、除尘装置、压下系统、轧线标高调整装置、传动系统、窜辊系统、换辊装置等。

在粗轧前需要对中厚板进行除鳞处理，高压水除鳞装置设置在出炉辊道上，用于去除板坯在加热过程中表面所产生的一次氧化铁皮，初生的氧化铁皮易于去除，同时为了防止氧化铁皮在轧制过程中压入钢板表面，对钢板造成表面质量等缺陷。

高压水除鳞装置一般设有两组喷射集管，可单独使用也可以两组同时使用。上集管高度可以根据板坯的厚度进行调整，除鳞箱出入口还会设有可摆动的挡水板，防止除鳞水或氧化铁皮飞溅，造成伤害。

高压水除鳞，可以利用水的冲击力使氧化铁皮层破裂，使得钢板急冷收缩，使氧化铁皮从母材中分离。水汽化急剧膨胀，喷发爆裂开初生的氧化铁皮。倾斜的射流，冲洗掉板坯上被分离出来的氧化铁皮。

中厚板的精轧和粗轧阶段没有明显的界线，通常会把双机架轧机的第一架轧机称为粗轧机，第二架称为精轧机。粗轧的主要任务是成型、宽展和大延伸，将板坯或扁锭展宽到所需要的宽度并进行大压缩延伸。精轧则是延伸钢板的厚度、板形，同时控制钢板的性能及表面质量。

精轧的轧制节奏与粗轧要尽量相等，这样可以提高轧机的生产能力。

中厚板轧制过程分为以下四个阶段。

（1）除鳞阶段：除尽轧件表面上的氧化铁皮，以保证获得优良的钢板表面质量。

（2）宽展阶段：根据坯料的尺寸和对性能的要求，确定轧制方式，解决坯料与成品在宽度上的差异，确保钢板在宽度上达到规定的要求。

（3）轧长阶段：给予轧件大的压下量，使轧件迅速轧长，为下阶段轧制创造条件。

（4）精确度控制阶段：根据产品要求，对钢板进行厚度精度控制、板形控制、性能控制。

第（1）、（2）阶段在立辊轧机和粗轧机上完成，第（3）、（4）阶段在精轧机上完成。

中厚板轧制区域设备主要由高压水除鳞、四辊可逆粗轧机、四辊可逆精轧机及层流冷却系统等组成。

中厚板轧制的压下规程是中厚板轧制制度最基本的核心内容，直接关系到轧机的产量和产品的质量。在设计压下规程时一般应考虑到下列几方面的内容：（1）原料选择；（2）拟订轧制方案；（3）拟订温度制度及速度制度；（4）选择合理的道次压下量。

控制钢板的轧制过程能最终改善钢板的性能，在厚板生产中，控制轧制的措施有：

（1）确定轧制时的变形条件（总压下率、道次变形量、变形速度、轧制方式）；

（2）掌握好轧制时的温度（开轧温度、终轧温度）；

（3）控制好轧制的终轧条件（终轧压下率、终轧温度、轧后冷却速度）。

粗轧阶段主要任务，如图 10-6 所示，将加热后的板坯展宽到所需要的宽度并进行大压缩延伸，同时控制平面形状。

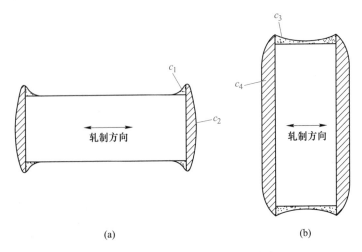

图 10-6 轧制过程中的平面形状改变

（a）成型轧制后；（b）展宽轧制后

粗轧阶段首先要调整板坯或扁锭尺寸，以保证轧制最终产品尺寸宽度满足要求，调整宽度是粗轧阶段一项重要任务。根据坯料尺寸和延伸方向不同，调整宽度—展宽的轧制方法主要有全纵轧法、全横轧法和综合轧制法（纵轧法—横轧法），实训中采用综合轧制法：粗轧过程中一般先沿板坯长度方向轧制 1~4 道次，平整板坯（成型轧制），为了除去板坯表面清理等凸凹不平的影响，得到正确的板坯厚度，提高后面展宽轧制的精度；得到一定厚度后转钢 90°再进行展宽轧制，将板坯展宽到需要的宽度。

中厚板生产使用的轧机设备主要有二辊可逆式、三辊劳特式、四辊可逆式和万能式轧机 4 种，仿真实训设备采用四辊可逆粗轧机。

轧制生产中首先要制定压下规程，合理的压下规程要在设备能力允许和平稳操作条件下，尽可能减少轧制道次，提高产量。轧制压下规程的制定主要是根据设备条件和生产的产品来确定原料尺寸、轧制道次、各道次压下量。其次要进行轧制速度、轧制温度设定。

轧机的弹跳的曲线不是一个完全线性的直线，在轧制力较小时，机械零件之间的间隙较大，轧机的弹跳曲线的非线性比较严重，只有在轧制力较大时，各种机械间隙被消除，轧机的弹跳曲线才基本成为一条直线。轧机调零就是为了确定一个比较可靠的相对零点，避开低轧制力段的非线性，提高设定精度，中厚板轧制粗轧阶段需要进行轧机调零。

精轧的主要任务是将钢板轧至成品尺寸，并对其进行质量控制。现代中厚板双机架轧制中精轧机设备一般采用四辊可逆式轧机，采用压下螺丝自动位置控制（电动 APC）和液压 AGC 联合压下装置，以实现空载时高速设定辊缝和在轧制过程中对钢板厚度的自动控制。

精轧阶段工艺要求通过厚度控制、板形控制、性能控制以及表面质量控制等控制手段生产厚度精度高、同板差小、平直度好及具有良好综合性能的钢板。轧制工艺制度包括变形制度、速度制度和温度制度。

（1）变形制度：其主要内容是确定总的变形量和道次压下量，压下规程就属于变形制度。

（2）速度制度：速度制度的主要内容是选择轧制速度，也就是确定各道次的轧制速度及每道次中不同阶段的速度。轧制速度高，轧机产量就高。但轧制速度受轧机和轧辊强度，电机能力等因素的限制。轧板厂粗轧轧机要求慢速咬钢低速抛钢，四辊轧机在轧件开轧阶段因温度高塑性好，可高温快轧，但是最后三道次因要进行厚度、性能、板形控制，轧制速度不宜太快，否则因轧件温度较低，轧件变形快，产生严重的不均匀变形，使板形变差。

（3）温度制度：温度制度规定了轧制时的温度区别，即开轧温度。温度制度按工艺要求标准执行，轧板厂粗轧轧机开轧温度 1150 ℃左右，终轧温度 1050 ℃左右，四辊精轧轧机开轧温度 1000 ℃左右，终轧温度 800~880 ℃。轧制过程中要时刻注意观察轧制温度，当轧制温度不满足时钢板待温过程需要在辊道上来回摆动，一是摆动可以使温度下降得更均匀，保证产品温度的均匀性；二是钢板在待温过程中的摆动可以避免与辊道接触部分产生黑印，这种黑印会影响产品的终轧厚度精度；此外，也可避免辊道局部受热而损坏辊道。

　　精整模块部分包含了层流冷却系统、矫直工序、切边剪、定尺剪及堆垛工序操作。

　　中厚板精整工序是中厚板轧钢生产工艺过程中最后一个也是比较复杂的工序，其作用是对轧制后带钢的力学性能进行调质，对产品质量起着最终保证作用；精整后能提高金属带材的质量，尤其是带材的板形、表面质量和表面要求，其主要作用为：

　　（1）把带钢加工成用户提出所需要的尺寸和单位质量的钢板材、钢带材、钢卷材。

　　（2）对质量分级材料进行捆扎包装，使之成为用户最终需要的交货状态下的钢质的板材、带材、卷材产品。

　　中厚板精整工序因产品品种不同，技术要求不同，其工艺流程也不一样。目前，中厚板精整工艺组成基本上是如下两种类型。

　　1）以生产碳素钢、低合金钢为一大类，其精整工艺通常由轧后冷却、热状态矫直、翻钢机、剪切、质量检查、修磨、标志、分类、堆垛等组成；

　　2）对于生产中级、高级合金钢的中厚板车间，除需具备上述必不可少的工艺外，还需设有热处理、酸碱洗、探伤等工艺处理。

　　层流冷却系统装置设置在精轧机后，用于钢板轧后控制冷却，通过控制相变过程以达到提高板材强度，保持韧性的目的，主要完成冷却系统参数设定和前后辊道的控制任务。

　　板带材轧后控制冷却是利用钢板热轧后的余热，进行在线控制冷却，实现轧后钢板在线加速冷却，在保证板材要求的板形和尺寸规格的同时，使钢板冷却过程的相变温度和相变组织得到控制，可控制和提高板材的综合力学性能。

　　中厚板水冷装置分为一般水冷装置和控制水冷装置，一般布置在轧机后、矫直机前。国内外中厚板轧机所采用的轧后在线控冷方式有以下 7 种：（1）高压喷嘴冷却；（2）管层流冷却；（3）层流冷却；（4）高密度管层流冷却；（5）喷零冷却（气-水喷雾）；（6）板湍流冷却；（7）喷淋冷却。目前使用广泛的主要有层流冷却技术和水幕冷却技术。层流冷却装置主要有柱状层流和幕状层流两种，关键在于喷管形式。

　　冷却装置设置在轧机输出辊道或矫直机输入辊道上，控制冷却的主要工艺参数有控冷区尺寸、冷却速度、上下喷水比、钢板终冷温度、冷却水温度、处理钢板尺寸、上下集管数、总用水量、钢板开冷温度和辊道运行速度。主要操作是根据钢板的钢种和尺寸规格、轧后温度及对终冷温度要求，通过设定集管工作组数、调节各组集管流量和上下集管流量比进行水量调整，以及控制钢板通过的线速度等方式来控制钢板冷却过程。

　　经过控制冷却后，钢板的温度一般低于 600 ℃，高牌号管线钢低于 500 ℃。中厚板厂控制冷却系统的控制模式有手动、半自动和自动三种。层流冷却系统在不同的现场情况下可以选择不同的控制模式，以提高生产效率。系统在正常状态下运行于半自动或者自动状态，在轧制环境经常变化时（如钢板换规格轧制、钢板终轧温度变化较大等），系统一般运行在自动状态。

10.1.2.4　矫直工艺

　　矫直的目的是保证钢板的平直度符合产品标准规定，中厚板矫直设备主要有辊式矫直机和压力矫直机两种，仿真实训中采用辊式矫直机。

钢板在生产或冷却过程中因运输发生碰撞或因断面冷却不均匀而产生弯曲缺陷（纵向波浪形弯曲、横向弯曲、边缘浪形和镰刀弯），需要通过矫直设备使钢板平直，矫直设备主要由矫直机及相关设备组成，中厚板矫直机按矫直温度分为热矫直机和冷矫直机；按结构可分为辊式矫直机和压力矫直机，主要使用辊式矫直机。

矫直机的工艺制度主要是根据矫直钢板的钢种、规格、性能以及钢板的外形质量的要求确定矫直工艺参数，如矫直温度、矫直道次、矫直压下量和矫直速度等。热矫直机一般矫直温度规定为 $600 \sim 700$ ℃，钢板温度过高，在冷床上又会产生新的瓢曲和波浪形。钢板温度过低，钢屈服强度上升，矫直效果不好，并且矫直后钢板的残余应力大，降低了钢板的性能。矫直道次取决于每一道次的矫直效果，道次太少钢板矫不平，道次太多影响轧制作业，操作者要根据钢板的外形情况、轧制周期、轧件长度和终轧温度等因素来确定矫直道次，一般为 $3 \sim 5$ 道，多者 7 道。矫直压下量也称过矫量，它的大小直接影响钢板矫直弯曲变形的曲率值，压下量过小，曲率值满足不了变形要求；压下量过大，易造成新的弯曲。

10.1.2.5　剪切工艺

切边的目的是保证钢板的边部平直度及宽度精度符合产品标准规定，中厚板生产中常用的剪切机形式有斜刀片式剪切机（铡刀剪）、圆盘式剪切机和滚切式剪切机，仿真实训中采用滚切式剪切机。

板带材轧制后都要切头尾、取样、切边并切成定尺长度，中厚板剪切机主要类型有铡刀剪、摆切剪、圆盘剪和滚切剪。切边剪主要用来剪切钢板侧边，切边剪剪切方式主要有三种布置形式：两台交错布置在辊道两侧面的铡刀剪，圆盘剪同时剪切两侧边，双边滚切剪同时剪切钢板两侧边。国外现代化的中厚板厂几乎都采用双边滚切剪切边，我国还有很多厂采用铡刀剪或圆盘剪切边。

剪切过程中要遵守剪切工艺要求，避免两块钢板重叠剪切；剪切钢板应避开蓝脆温度（$200 \sim 400$ ℃）；钢板两边的剪切量应尽量一致。需要带温剪切的钢板，应抢温剪切，以避免剪裂；用单侧铡刀剪剪切钢板的第一边时，应以剪直为主要要求，剪切第二边时，应以宽度精度为主要要求；正确设定剪刃间隙等以避免产生毛边、塌边、剪裂、压痕等缺陷。

定尺剪切是剪切线的最后一道工序，其主要作用是将钢板剪切成所需的定尺长度，中厚板生产中常用的剪切机形式有斜刀片式剪切机（铡刀剪）、圆盘式剪切机和滚切式剪切机，仿真实训中采用滚切式剪切机。

中厚板定尺剪切常用的滚切式定尺剪为弧形上刀刃沿着直线型下刀片滚动剪切，其主要作用是剪切钢板头尾、取样和钢板定尺剪切。

剪切机主要组成部件有机架、传动装置、压紧板、推尾装置、入口夹送辊、测长辊、摆动辊道、刀架及剪刃盒、剪刃间隙调整机构、剪刃更换装置等。

钢板切口的质量和钢板定尺的精确度是衡量定尺剪性能的两个核心因素。其剪切质量的好坏与否主要是受剪刃的锋利度、剪刃间隙和剪切温度三个因素的影响；剪切长度精度主要受定尺剪、定尺机和测长辊等多种因素的影响。

因此，在剪切过程中，要根据切口质量判断剪刃刀片更换时间；剪刃间隙不合适会出现分层、结疤等缺陷，要根据不同钢种、钢板厚度选择不同的剪刃间隙系数并调整剪刃间隙。剪切温度一般在 180 ℃ 以下达到最佳效果，钢板在 200~400 ℃ 时易出现蓝脆现象，因此严禁在 200 ℃ 以上剪切。

一般的定尺剪切动作如下：剪切开始首先进行头部剪切，一是将钢板头部剪齐，二是得到可靠的零点。头部剪切完成后，清零，此时开始使用测量辊精确定位，测量成品长度；当钢板离开光栅后，入口测量辊开始上升，同时出口测量辊代替入口测量辊，继续用于测量剪切钢板尾部长度。位置跟踪完成后，执行"开始剪切"动作。剪刃本体压下装置开始压下，摆动辊道摆到剪切位置，剪刃开始进行剪切。剪切周期结束时，压下装置抬起，随后摆动辊道摆到中间位置，也就是钢板前进位置，钢板继续前进。

经剪切机剪成各种长宽尺寸规格，并检查判定合格的钢板，进入垛板辊道后，观察板面标志，将按照钢质、炉罐号、批号、尺寸规格以及每吊钢板允许的最大质量等，进行分类收集，也就是最后的工序喷标、堆垛。

10.1.2.6　成品工艺

中厚板成品收集装置有滑坡式垛板机、推钢式垛板机、磁盘和真空吸盘式垛板机等多种形式，其中推钢式垛板机具有制造容易、维修简单、操作方便的特点，使用较广。该工序作业标准是分类正确、垛板整齐。

任务 10.2 　典型钢管轧制过程热处理工艺

热处理是提高钢管性能和质量的重要手段。钢管热处理主要是通过加热、保温及冷却过程使钢管获得一定金相组织和与之相对应的各种性能，满足产品标准及用户的要求。钢管热处理和其他钢材的热处理一样分为三类，即为了满足产品使用性能要求的最终热处理，按用户和标准要求的以热处理状态交货的热处理及钢管制造过程中的工序间的热处理。钢管热处理工艺的

钢管轧制过程
热处理工艺

制定不仅要参考铁-碳合金相图，依据钢的等温转变曲线图，还要根据钢管性能要求结合钢管轧制过程制定。

10.2.1　钢管的用途与分类

凡是两端开口并具有中空断面，而且其长度与断面周长之比较大的钢材，都可以称为钢管。钢管产品的钢种与品种规格极为繁多，其性能要求也是各种各样的。通常，钢管产品可按生产方式、是否有缝以及截面形状、制管材质、连接方式、镀涂特征与用途等方法进行分类。

（1）按生产方式分类，钢管可分为无缝管和焊管两大类。无缝管又可分为热轧管、冷轧管、冷拔管和挤压管等；冷拔、冷轧是钢管的二次加工；焊管分为直缝焊管和螺旋焊管。

（2）按钢管的断面形状分类，钢管可分为圆管和异形管。异形管有矩形管、菱形管、椭圆管、六方管、八方管以及各种断面不对称管等。按纵断面形状可分为等断面管和变断面管。变断面管有锥形管、阶梯形管和周期断面管等。

（3）按钢管的材质分类，钢管可分为普通碳素钢管、碳素结构钢管、合金结构管、合金钢钢管、轴承钢管、不锈钢管以及为节省贵重金属和满足特殊要求的双金属复合管、镀层和涂层管等。

（4）按管端状态分类，钢管可分为光管和车丝管（带螺纹钢管）。车丝管又可分为普通车丝管（输送水、煤气等低压用管，采用普通圆柱或圆锥管螺纹连接）和特殊螺纹管（石油、地质钻探用管，采用特殊螺纹连接），对一些特殊用管，为弥补螺纹对管端强度的影响，通常在车丝前先进行管端加厚（内加厚、外加厚或内外加厚）。

（5）按外径（D）和壁厚（S）之比（D/S）的不同分类，钢管可分为特厚管（$D/S \leq 10$）、厚壁管（$D/S = 10 \sim 20$）、薄壁管（$D/S = 20 \sim 40$）和极薄壁管（$D/S \geq 40$）。

（6）按用途分类，钢管可分为油井管（套管、油管及钻杆等）、管线管、锅炉管、机械结构管、液压支柱管、气瓶管、地质管、化工用管（高压化肥管、石油裂化管）、船舶用管等。

钢管的产品标准是现场组织钢管生产的技术依据，是钢管产品的考核标准，也是供需双方在现有生产水平下所能达成的一种技术协议。

一般国家和行业标准规定的内容如下：

（1）品种，即钢管产品的规格标准，规定了各种钢管产品应具有的断面形状、单重、几何尺寸及其允许偏差等；

（2）技术条件，即钢管产品的质量标准（或性能标准），规定了钢管产品的化学成分、力学性能、工艺性能、表面质量以及其他特殊要求；

（3）验收规则和试验方法，即钢管产品的检验标准，规定了检查验收的规则和做试验时的取样部位，同时还规定了试样的形状尺寸、试验条件及试验方法；

（4）包装、标志和质量证明书，即钢管产品的交货标准，规定了成品管交货验收时的包装要求、标志方法及填写质量证明书等。

有些专用钢管需要按照国际或国外先进标准组织生产，如石油专用管（如套管、油管、钻杆和管线管等）按照 API 标准，锅炉管按照 ASME 标准等。

通常，按照钢管的用途及其工作条件的不同，应对钢管尺寸的允许偏差、表面质量、化学成分、力学性能、工艺性能及其他特殊性能等提出不同的技术条件。

（1）一般无缝钢管用作输送水、气、油等各种流体管道和制造各种结构零件时，应对其力学性能（如抗拉强度、屈服强度和伸长率）做抽样试验。输送管一般在承压的条件下工作，还要求做水压试验和扩口、压扁、卷边等工艺性能试验。对于大型长输原油、成品油、天然气管线用钢管更是增加了碳当量、焊接性能、低温冲击韧性、苛刻腐蚀条件下应力腐蚀、腐蚀疲劳及腐蚀环境下强度等要求。

（2）普通锅炉管用于制造各种结构锅炉的过热蒸汽管和沸水管。高压锅炉管用于高压或超高压锅炉的过热蒸汽管、热交换器和高压设备的管道。上述热工设备用钢管都在不同的高温高压的条件下工作，应保证良好的表面状态、力学性能和工艺性能。一般均要检验其力学性能，做压扁和水压试验，高压锅炉管还要求做有关晶粒度的检验以及更严格的无损检测。

（3）机械用无缝钢管根据用途要求需有较高的尺寸精度、良好的力学性能和表面状态，如轴承管要求较高的耐磨性、组织均匀和严格的内、外径公差。除做一般的力学性能检验项目外，还要做低倍、断口、退火组织（球化、网状、带状组织）、非金属夹杂物（氧化物、硫化物、氮化系等）、脱碳层及其硬度指标等试验。

（4）化肥工业用高压无缝钢管常在压力为 2200~3200 MPa、工作温度为-40~400 ℃和腐蚀性的环境下输送化工介质（如合成氨、甲醇、尿素等）。化肥工业用高压无缝钢管应具有较强的抗腐蚀性能、良好的表面状态和力学性能。除做力学性能、压扁和水压试验外，应根据不同的钢种做相应的晶间腐蚀试验、晶粒度测定和更严格的无损检测。

（5）石油、地质钻探用钢管在高压、交变应力、腐蚀性的恶劣环境下工作，故应有高的强度级别，并具有抗磨、抗扭和耐腐蚀等性能。按照钢级的不同应做抗拉强度、屈服强度、伸长率、冲击韧性及硬度等试验。对于石油油井用的套管、油管和钻杆，更是详细划分了钢级、类别，以及适用于不同环境、地质情况由用户自己选择的较高要求的附加技术条件，满足不同的特殊需求。

（6）化工、石油裂化、航空和其他机械行业用的各种不锈耐热耐酸钢管除做力学性能与水压试验外，还要专门做晶间腐蚀试验，压扁、扩口及无损检测等试验。

10.2.2　钢管轧制过程热处理工艺

改善钢管性能主要有两个途径：一是通过调整钢的化学成分，即合金化的方法；二是将热处理和塑性变形相结合的方法。

钢管热处理主要是通过加热、保温及冷却过程使钢管获得一定金相组织和与之相对应的各种性能，满足产品标准及用户的要求。通过对钢管进行在线或离线热处理，改善内部组织结构（晶粒形态、大小、晶界结构、强化相与夹杂物形态和分布、缺陷、内应力大小等），发掘金属材料性能潜力，提高钢管使用寿命，改善钢管使用性能。

通过热处理过程，可以提高钢管质量，使钢管组织均匀化，消除生产中遗留缺陷，如冷加工硬化、热轧残余应力等缺陷；通过热处理可以获得所需综合力学性能，充分发挥钢材管的潜力，提高钢管的使用性能，减轻钢管质量，节约材料降低成本，延长使用寿命；采用控制热处理条件，可生产多种性能的产品，实现原料单一化而性能多样化，简化工艺；热处理工序还可以提高加工工艺性能，提高加工质量，减少刀具磨损。同时，一些理化指标必须经过热处理才能获得，诸如：高抗 H_2S 应力腐蚀性能、不锈钢钢管的强化等。生产厂家通过热处理工序能提高钢管的强韧性等理化指标，通过热处理来生产高附加值的钢管，特别是抗腐蚀、抗挤毁、既抗腐蚀又抗挤毁和超高强度的非 API 石油专用管，可满足用户要求，提高经济效益。

　　按照钢管产品标准的技术条件要求，钢管常用的热处理工艺主要有（见图 10-7）：退火（完全退火、恒温退火、球化退火、去应力退火与再结晶退火）、正火（又称常化）、正火后回火、淬火、淬火+回火（调质处理）、固溶处理等。

　　（1）退火是将钢管加热到退火温度（临界温度 A_{c_1} 或 A_{c_3} 以上或以下）并保温一定时间以后，随炉缓慢冷却到一定温度后再出炉冷却的一种热处理工艺。通过退火工艺可以降低钢管的硬度，提高其塑性，以方便后续的切削加工或冷变形加工；还可以细化晶粒，消除组织缺陷，均匀内部组织和成分，改善钢管的性能或为后续工序做准备；消除钢管的内应力，以防止变形或开裂。退火工艺适用于所有钢管特别是优质碳素钢管和低合金钢管。常用的钢管退火方法根据加热温度和冷却速度不同又可细分为临界温度以上的完全退火、恒温退火、球化退火和加热到临界温度以下的去应力退火与再结晶退火，不同退火方法适用的钢管品种也不同。完全退火和恒温退火，适用于锅炉、热交换器用合金钢钢管以及配管用的合金钢管；球化退火适用于轴承用钢管；去应力退火和再结晶退火适用于所有钢管，特别是冷加工钢管、机械构造用钢管。

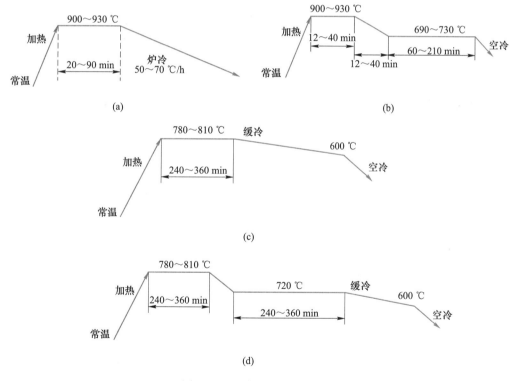

图 10-7　几种退火工艺示意图
（a）完全退火；（b）恒温退火；（c）球化退火（缓冷法）；（d）球化退火（恒温保持法）

　　（2）正火（又称常化）是将钢管加热到正火温度，使钢管内部组织完全转变为奥氏体组织之后，以空气为介质进行冷却的热处理工艺。正火后可得到不同的金属组织，如珠光体、贝氏体、马氏体或者它们的混合组织。该工艺不仅可以细化晶粒、均匀成分、消除应力，还可以提高钢管的硬度并改善其切削性能，常化适用实例主要有铁素体钢管。

（3）正火后回火是将钢管加热至正火温度，使钢管内部组织完全转变为奥氏体组织之后，在空气中冷却，再配合回火工艺。钢管组织为回火铁素体+珠光体，或铁素体+贝氏体，或回火贝氏体，或回火马氏体，或回火索氏体。该工艺可以稳定钢管内部组织，提高钢管塑性和韧性，适用实例主要有锅炉、热交换器用合金钢钢管。

（4）淬火+回火（调质处理）是将钢管加热至淬火温度，使钢管内部组织转变为奥氏体，再以大于临界淬火速度快速冷却，使钢管内部组织转变为马氏体，再配合高温回火，最终使钢管组织转变为均匀的回火索氏体组织。该工艺不仅可以提高钢管的强度和硬度，还可以将钢管的强度、塑性、韧性有机结合起来，适用实例主要有热轧石油管、输送管。

（5）固溶处理是将钢管加热到固溶温度，使碳化物和各种合金元素充分均匀地溶解于奥氏体中，再快速冷却，使碳和合金元素来不及析出，获得单一奥氏体组织的热处理工艺。通过该工艺可以均匀钢管的内部组织，均匀钢管的成分；消除加工过程中的硬化，以方便后续的冷变形加工；恢复不锈钢的耐腐蚀性能，适用实例主要是奥氏体不锈钢管。

10.2.2.1　无缝钢管在线控轧控冷新技术

以超快速冷却为核心的新一代 TMCP 技术是轧制生产中十分重要的组织性能控制新技术，该技术通过控制钢材热轧后的冷却速度和路径来改善钢材的组织，以获得良好的综合力学性能。目前，该技术应用在板带材、线棒材领域已经较为成熟，在无缝钢管控轧控冷生产工艺领域中，由于受到钢管几何形状、规格品种、轧制工艺和机组设备等因素制约，生产中可控因素相对较少，因此钢管控制冷却工艺应用相对较少。

随着控制冷却技术和工业自动化技术的发展，在线热处理技术已经得到一定应用，在线控制冷却技术在无缝钢管生产中的推广应用也越来越得到重视并不断发展。新一代的在线控轧控冷工艺在钢管生产中的应用主要有在线常化、在线加速冷却、在线淬火工艺。

10.2.2.2　钢管在线常化工艺

常化是指钢被加热到铁碳相图为 A_{c_3} 或 A_{cm} 以上温度后，保温一段时间，使钢的金相组织转变为奥氏体，然后空冷，有时根据需要还可以吹风或喷雾等，使过冷奥氏体组织转变为珠光体，或称正火，由于正火的冷却速度较常规退火的冷却速度要快些，因此得到珠光体组织也相应细小。

钢管在线常化工艺是将热处理过程与轧制变形过程有机地结合在热轧管线连续生产的环节中，将钢管从奥氏体相区进行空冷或控制冷却速度，得到符合要求的均匀的金相组织，从而获得具有较高强度和良好韧性的成品管材。其工艺特点既包含相变，又包含轧制变形，因而，其属于现代控制轧制新工艺的一种方案，能提高钢管的钢级水平，在同样材质的条件下，常化态较轧制态的强度指标将高出 $20\sim30\ \mathrm{kg/mm^2}$。

如图 10-8 所示，钢管在线常化工艺过程中，常化设备（一般使用常化冷床）设在连轧管机之后、定（减）径机之前，连轧后的管材温度约 1000 ℃，加热前通过常化设备将钢管冷却到相变点 A_{r_3} 以下（一般为 500~550 ℃），通过奥氏体向铁素体转变，使钢管进入再加热炉前进行一次相变，此次相变大大细化了奥氏体晶粒，而细化的奥氏体组织在冷却后转变为细的"铁素体+珠光体"组织；冷却后的钢管进入再加热炉再加热至奥氏体化温度（950 ℃左右）重新奥氏体化，钢中的"铁素体+珠光体"组织又转变成奥氏体组织，利用重结晶细化奥氏体晶粒，二次相变改变了最终"铁素体+珠光体"组织的分布形态，基本上消除了网状铁素体组织；再加热后立即出炉除鳞后送进定（减）径机轧制（变形量 12%~15%），随后上步进式冷床进行冷却。至此，在线常化工艺过程结束。

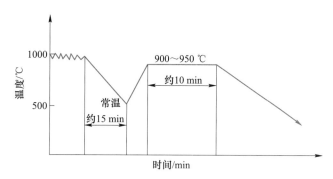

图 10-8　钢管在线常化工艺过程示意图

由于该工艺利用钢管轧后的余热，经一次再加热，然后定径。这样较线外热处理节约能耗，也可以节省线外的辅助设备。在线常化工艺适用于石油套管、高压锅炉管，目前成熟的在线常化工艺的品种主要是 N80 级的石油套管。

10.2.2.3　钢管在线加速冷却工艺

在线加速冷却是在奥氏体未再结晶温度以下，将控制所获得的形变奥氏体以 10~50 ℃/s 的典型冷速通过 750~500 ℃ 的相变区，显微组织得到细化，从而显著提高强度和韧性的过程。采取的主要现场工艺是将冷却设备多设在钢管定（减）径机之后，目前工艺尚不成熟。

目前在线加速冷却工艺在钢管生产中的应用有多种形式，形式之一是在冷床上设置加速冷却装置，该工艺适用于冷床上大面积滚动前进的钢管在线冷却，对冷床结构有一定要求，冷却存在冷却散热条件差、冷却均匀性不易控制、冷却设备庞大等缺点。应用的形式之二，在辊道上设置通过式的控制冷却装置，例如天津钢管集团的在线加速冷却系统，利用可变角度的辊道，实现轴向前进和周向旋转的螺旋形动作，以及合理设计布置冷却器，以实现对钢管表面的均匀冷却，该种形式的冷却均匀效果容易实现，不易发生弯管缺陷，冷却设备简单，冷却生产效率较高，如图 10-9 所示。形式之三，宝钢集团对张减机导向机架进行改造，在每个导向机架两侧安装冷却水气环，每个导向机架中间安装一套喷水套筒，加速冷却时对钢管外表面进行喷水和水雾冷却，实现了喷水雾在线冷却，如图 10-9 所示。

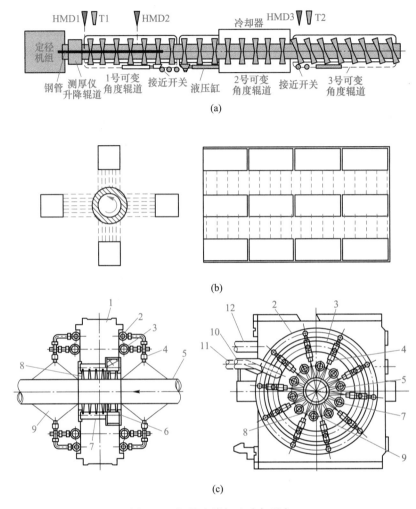

图 10-9　钢管在线加速冷却设备

（a）天津钢管 Assel 轧管线上加速冷却系统设备布置示意图；（b）组合式冷却器喷头布置图；

（c）宝钢加速冷却装置

HMD1 ~ HMD3—1 ~ 3 号金属检测仪；T1—冷前测温仪；T2—冷后测温仪

1—原导向机架本体；2—冷却气环；3—冷却水环；4—水气混合喷嘴；5—钢管；

6—连接喷水套筒水环；7—喷水套筒；8—冷却水；9—水气混合冷却水；10—冷却水环进水口；

11—冷却气环进气口　12—喷水套筒进水口

任务 10.3　典型棒、线材轧制过程热处理工艺

10.3.1　棒、线材性能用途与分类

棒、线材热
处理工艺

　　棒材是具有简单断面的一种型钢，一般成根供应，主要包括圆钢和螺纹钢筋。近年来，随着生产技术的发展，小型棒材也可成卷供应。棒材的品种

按断面形状可分为圆形、方形、六角形和建筑用螺纹钢筋等。线材是热轧生产中断面最小、长度最长而且成盘卷状交货的产品。线材的品种按断面形状分，有圆形、六角形、方形、螺纹圆形、扁形、梯形及 Z 字形等，主要是圆形和螺纹圆形。

国内外对棒线材的断面尺寸要求不同。国外在生产时通常认为，棒材的断面直径是 9~300 mm，线材的断面直径是 5~40 mm。国内在生产时认定为，棒材的断面直径为 10~50 mm，线材的断面直径为 5~10 mm。棒、线材的分类及用途见表 10-1。

表 10-1 棒、线的分类及其用途

钢　种	用　途
一般结构用钢材	一般机械零件、标准件
建筑用螺纹钢	钢筋混凝土建筑
优质碳素结构钢	汽车零件、机械零件、标准件
合金结构钢	重要的汽车零件、机械零件、标准件
弹簧钢	汽车、机械用弹簧
易切削钢	机械零件和标准件
工具钢	切削刀具、钻头、模具、手工工具
轴承钢	轴承
不锈钢	各种不锈钢制品
冷拔用软线材	冷拔各种丝材、钉子、金属网丝
冷拔轮胎用线材	汽车轮胎用帘线
焊条钢	焊条

棒、线材的用途非常广泛，除建筑螺纹钢筋和线材等可直接被应用的成品之外，一般都要经过深加工才能制成产品。深加工的方式有热锻、温锻、冷锻、拉拔、挤压、回转成型和切削等，为了便于进行这些深加工，加工之前需要进行退火、酸洗等处理。加工后为保证使用时的力学性能，还要对产品进行淬火、正火或渗碳等热处理。有些产品还要进行镀层、喷漆、涂层等表面处理。

由于棒、线材的用途广泛，因此市场对它们的质量要求也是多种多样的。根据不同的用途，对力学强度、冷加工性能、热加工性能、易切削性能和耐磨耗性能等也各有偏重。总的要求是：提高内部质量，根据深加工的种类，材料应具有适合的性能，以减少深加工工序，提高最终产品的使用性能。

用作建筑材料的螺纹钢筋和线材，主要是要保证化学成分并具有良好的可焊性，要求物理性能均匀、稳定，以利于冷弯，并要求具有一定的耐蚀性。作为拔丝原料的线材，为减少拉拔道次，要求直径较小，并保证化学成分和物理性能均匀、稳定，金相组织尽可能索氏体化，尺寸精确，表面光洁，对脱碳层深度、氧化铁皮等均有一定限制。脱碳不仅使线材的表面硬度下降，而且使其疲劳强度降低。减少热轧线材表面氧化不但可提高金属收得率，而且还可以减少二次加工前的酸洗时间和酸洗量。近年来，线材轧后冷却较普遍地采用了控制冷却法，使氧化铁皮厚度大大减小，降低了金属消耗，从而提高了成材率。市场对部分棒、线材的市场需求和生产对策见表 10-2。

表 10-2 市场对部分棒、线材产品的市场需求和生产对策

钢　种	市　场　需　求	发展动向对应生产措施
建筑用螺纹钢筋	高强度、低温韧性、耐盐蚀	严格控制成分
机械结构用钢	淬火时省去软化退火、调质可以提高强度	软化材料（控制成分、控轧控冷）减少偏析
弹簧钢	高强度、耐疲劳	严格控制成分，减少夹杂
易切削钢	提高车削效率和刀具寿命	控制夹杂物
冷加工材	减少冷锻开裂、减少拉拔道次、省略软化退火	消除表面缺陷、高精度轧制、软化材料
硬线、轮胎用线材	减少断线、提高强度	消除表面缺陷和内部偏析、控制冷却、严格控制成分

10.3.2　棒、线材轧制过程热处理工艺

10.3.2.1　棒、线材的生产特点和生产工艺

A　棒、线材的生产特点

棒、线材的断面形状简单，用量巨大，适于进行大规模的专业化生产。我国棒、线材的总产量在钢材总量中的比例超过 40%，在世界上也是最高的。预估随着我国经济现代化程度的逐渐提高，棒、线材在钢材总量中的比例将会逐步降低。

线材的断面尺寸是热轧材中最小的，所使用的轧机也应该是最小型的。从钢坯到成品，轧件的总延伸非常大，需要的轧制道次很多，线材的特点是断面小、长度大、要求尺寸精度和表面质量高。但增大盘重、减小线径提高尺寸精度之间是有矛盾的。因为盘重增加和线径减小会导致轧件长度增加，轧制时间延长，从而轧件终轧温度下降，头尾温差加大，结果造成轧件头、尾尺寸公差不一致，并且性能不均。正是由于上述矛盾，推动了线材生产技术的发展。

B　棒、线材的生产工艺

棒、线材生产一般工艺流程：原料准备→称量→装料→加热→轧制→控制冷却→检查→打捆→收集→称量→入库。棒、线材生产工艺流程如图 10-10 所示。

a　坯料

棒、线材的坯料国内外主要以连铸坯为主，对于某些特殊钢种也有使用初轧坯的情况。为兼顾连铸和轧制的生产，目前生产棒、线材的坯料断面形状一般为方形，边长为 120~150 mm。连铸时希望坯料断面大，而轧制工序为了适应小线径、大盘重，保证终轧温度，则希望坯料断面尺寸尽可能小。生产棒、线材的坯料一般较长，最长达 22 m。连铸可以明显节能、提高产品质量和收得率，有巨大的经济效益，这已经在普通钢种上得到了广泛应用，也正在向高档钢材和特殊钢种的生产迅速扩大。对硬线产品和机械结构用钢，由于中心偏析和延伸比等问题，连铸质量较难保证，由于电磁搅拌、低温铸造等技术的明显进步，使这些钢种也可以采用连铸坯进行生产。

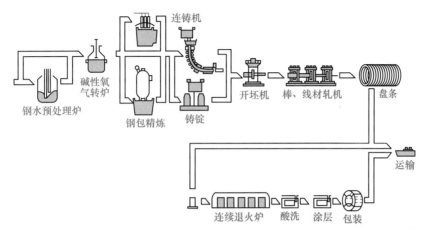

图 10-10　棒、线材生产工艺流程

采用连铸坯热装炉或直接轧制工艺时，必须保证无缺陷高温铸坯的生产。对于有缺陷的铸坯，可进行在线热检测和热清理，或通过检测将其剔除，形成落地冷坯，进行人工清理后，再进入常规工艺轧制生产。

b　加热和轧制

加热和轧制的工艺流程：

冷坯加热 → 粗轧 → 中轧 →（预精轧）→ 精轧 →冷却 →精整
连铸坯热装加热──┘

（1）加热。在现代化的轧制生产中，棒、线材的轧制速度很高，轧制中的温降较小甚至还出现升温，故一般棒、线轧制的加热温度较低。加热要严防过热和过烧，要尽量减少氧化铁皮产生。对易脱碳的钢种，要严格控制高温段的停留时间，采取低温、快热、快烧等措施。对于现代化的棒、线材生产，一般是用步进式加热炉加热，由于坯料较长，炉子较宽，为保证尾部温度，采用侧进侧出的方式。步进式加热炉相对于推钢式加热炉具有以下优点：

1）劳动强度低，不易发生拱钢、粘连的事故；

2）生产能力大，炉长不受推料比的限制；

3）加热质量好，坯料在炉内的运行速度可以精确控制，可以避免受热不均和过烧的出现，当轧机发生故障时，可以将坯料退出炉膛，同时也可以有效避免坯料表面划伤；

4）加热的品种多，生产灵活；

5）自动化程度高，与现代轧机配合好。

（2）轧制。为提高生产效率和经济效益，适合棒、线材的轧制方式是连轧。连轧时一根坯料同时在多机架中轧制，在孔型设计和轧制规程设定时要遵守各机架间金属秒流量相等的原则。在棒、线材轧制的过程中，前后孔型应该交替地压下轧件的高度和宽度，这样才能由大断面的坯料得到小断面的棒、线材。轧辊轴线全平布置的连轧机在轧制中将会出现前后机架间轧件扭转的问题，扭转将带来轧件表面易被扭转导卫划伤、轧制不稳定等问题。为避免轧件在前后机架间的扭转，较先进的棒材轧机，其轧辊轴线是平、立交替布置的，这种轧机由于需要上传动或者是下传动，故投资明显大于全平布置的轧机。生产轧制道次多，而且连轧，一架轧机只轧制一个道次，故棒、线材车间的轧机架数多。现代化的棒材车间机架数一般多于 18 架，线材车间的机架数为 21~28 架。

c　线材的盘重和直径加大

线材的一个重要用途是为深加工提供原料，为提高二次加工时材料的收得率和减少头、尾数量，线材的生产要求盘重越大越好，很多轧机生产的线材盘重达到了 3~4 t。由于这一原因，线材的直径也越来越粗，到 2000 年，国外已经出现了直径 6 mm 的盘卷线材。

d　控制轧制

为了细化晶粒，减少深加工时的退火和调质等工序，提高产品的力学性能，采用控制轧制和低温精轧等措施，还可以在精轧机组前设置水冷设备。

10.3.2.2　棒材的冷却和精整工艺流程

棒材的冷却和精整工艺流程：

精轧→飞剪→控制冷却→冷床→定尺切断→检查→包装
　　　　（余热淬火）　　　　　　　（探伤）

由于棒材轧制时轧件出精轧机的温度较高，对优质钢材，为保证产品质量，要进行控制冷却，冷却介质有风、水雾等。即使是一般建筑用钢材，冷床也需要较大的冷却能力。有一些棒材轧机在轧件进入冷床前对建筑用钢筋进行余热淬火。余热淬火轧件的外表面具有很高的强度，内部具有很好的塑性和韧性，建筑用钢筋的平均屈服强度可提高约 1/3。

A　棒材轧制的热处理工艺

在棒材终轧后的组织仍处于奥氏体状态时，利用其本身的余热在轧钢作业线上直接进行热处理，将热轧变形与热处理有机结合在一起，通过对工艺参数的控制，有效地挖掘出钢材性能的潜力，获得热强化的效果。

B　棒材轧制的热处理工艺特点

（1）可以在轧制作业线上，通过控制冷却工艺强化棒材，代替重新加热进行淬火、回火的调质棒材。

（2）选用碳素钢和低合金钢，采用轧后控制冷却工艺，可生产不同强度等级的钢。

（3）设备简单，不用改动轧制设备，只需在精轧机后安装一套水冷设备。

（4）在奥氏体未再结晶区终轧后快冷的余热强化钢筋在使用性能上存在一个缺点，即应力腐蚀开裂倾向较大，在奥氏体再结晶区要避免该缺陷。

C　棒材轧制的热处理工艺过程

棒材的热处理工艺是：首先在表面生成一定量的马氏体（要求不大于总面积的 33%，一般控制在 10%~20%），然后利用心部余热和相变热使轧材表面形成的马氏体进行自回火。根据冷却的速度和断面组织的转变过程，可以分为三个阶段：第一阶段为表面淬火阶段（急冷段），棒材离开精轧机在终轧温度下，尽快地进入高效冷却装置，进行快速冷却。心部温度很高，仍处于奥氏体状态。表层则为马氏体和残余奥氏体组织。第二阶段为空冷自回火阶段，棒材通过快速冷却装置后，在空气中冷却。此时棒材截面上的温度梯度很大，心部热量向外层扩散，传至表面的淬火层，使已形成的马氏体进行自回火，可以转变为回火马氏体或回火索氏体，表层的残余奥氏体转变为马氏体，同时邻近表层的奥氏体根据钢的成分和冷却条件不同而转变为贝氏体、屈氏体或索氏体组织，而心部仍处在奥氏体状态。第三阶段为心部组织转变阶段，心部奥氏体发生近似等温转变，转变产物根据冷却条件可分为铁素体和珠光体或铁素体、索氏体和贝氏体。

10.3.2.3　线材的精整工艺流程

线材的精整工艺流程：

精轧→吐丝机（线材）散卷控制冷却→集卷→检查→包装

线材精轧后的温度很高，为保证产品质量要进行散卷控制冷却，根据产品的用途有珠光体型控制冷却和马氏体型控制冷却。

A　线材的控制轧制

由于压下率、速度由孔型设计确定，线材的控制轧制主要是控制温度——控温轧制。线材的控制轧制优点：（1）减少脱碳及氧化铁皮；（2）控制晶粒度的尺寸、改善钢的冷变形性能；（3）控制抗拉强度及显微组织；（4）取消热处理。

B　线材的控制冷却

线材控制冷却的优点：（1）提高了线材的综合力学性能，并大大改善了其在长度方向上的均匀性；（2）改善了金相组织，使晶粒细化；（3）减少氧化损失，缩短酸洗时间；（4）降低线材轧后温度，改善劳动条件；（5）提高了产品质量，有利于线材二次加工。

线材控制冷却的类型有两个，分别是：（1）珠光体型控制冷却，通过连续冷却过程获得有利于拉拔的索氏体组织。（2）马氏体型控制冷却，通过轧后淬火、回火处理，得到中心是索氏体、表面是回火马氏体的组织，提高强度。

10.3.2.4　棒、线材轧机的布置形式

棒、线材适用于进行大规模的专业化生产。在现代化的钢材生产过程中，棒、线材大多是用连轧的方式生产的。棒、线材轧机布置经历了横列式轧机、半连续式轧机、传统连续式轧机、Y型三辊式线材精轧机和现代棒、线材轧机五个发展阶段。

（1）横列式轧机。最早的棒、线材轧机都是横列式轧机。横列式轧机有单列式和多列式之分（见图10-11），单列式轧机是最传统的轧制设备，单列式轧机由一台电机驱动，轧制速度不能随轧件直径的减小而增加，这种轧机轧制速度低，线材盘重小，尺寸精度差，产量低。为了克服单列式轧机速度不能调整的缺点，出现了多列式轧机，各列的若干架轧机分别由一台电机驱动，使精轧机列的轧制速度有所提高，盘重和产量相应增大，列数越多，情况越好。

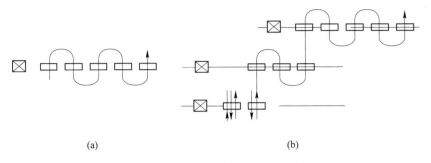

(a)　　　　　　　　　　　　(b)

图 10-11　单列式和多列式棒、线材轧机的布置图

（a）单列式；（b）多列式

（2）半连续式轧机。半连续轧机是由横列式机组和连续式机组组成，如图 10-12 所示。其初轧机组为连续式轧机，中、精轧机组为横列式轧机。粗轧机组是集体传动，粗轧对成品的尺寸精度影响很小，可以采用较大的张力进行拉钢轧制，以维持各机架间的秒流量，这种方式轧出的中间坯的头尾尺寸有明显差异。

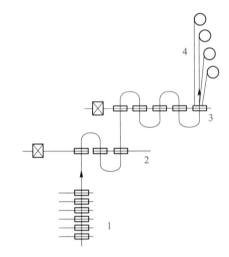

图 10-12　半连续式轧机

1—粗轧机组；2—中轧机组；3—精轧机组；4—卷线机

（3）传统连续式轧机。传统连续式轧机主要是集体传动的水平辊底座，对线材进行多线轧制，其形式如图 10-13 所示。由于这类轧机在轧制过程中存在着扭转翻钢，所以轧制速度一般不超过 20~30 m/s，年产量 20 万~30 万吨。现在棒材生产中还常见这种轧机，但在线材生产中已被淘汰。

（4）Y 型三辊式线材精轧机。Y 型轧机由于轧辊传动较为复杂，不应用于一般钢材轧制，大多用于难变形合金和有色金属的轧制。进入 Y 型轧机的坯料一般是圆形或六角形。轧件的变形均匀，孔型的断面面积准确。轧件各部分温度均匀，轧制精度高，产品质量好。

（5）现代化棒、线材轧机。

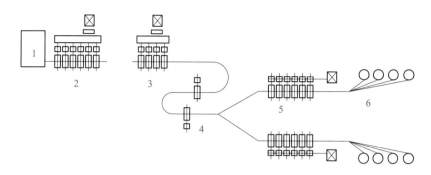

图 10-13　连续式线材轧机布置图

1—加热炉；2—粗轧机组；3—中轧机组；4—预精轧机组；5—精轧机组；6—卷线机

1）现代化棒材轧机。近年来，国内外新建棒材生产线大都采用平、立交替布置的全线无扭轧机。粗轧机组采用易于操作和换辊的机架，中、精轧机采用短应力线的高刚度轧机，电气采用直流的单独传动或者交流的变频传动。采用微张力和无张力控制，配合合理的孔型设计，使轧制速度提高，产品精度提高，表面质量提高。

2）现代化线材轧机。线材生产在不断地更新换代，总方向是提高轧速，增加盘重，提高尺寸精度及扩大规格范围，改善产品的性能。提高线材精轧机组的轧制速度可以得到很高的经济效益，如大幅度提高产量及产品质量，增大盘重且降低产品成本。

10.3.2.5　棒、线材轧制发展方向

（1）连铸坯热装、热送或连铸直接轧制。虽然对于高档钢材也可以使用连铸坯生产，但是连铸坯无法保证稳定地提供无缺陷坯料，需要在冷状态下对坯料进行表面和内部质量检查。随着精炼技术、连铸无缺陷坯技术、坯料热状态表面缺陷和内部质量检查技术的进步，连铸坯热装热送将很快用于实践并普及。对于一般材质以及高档钢材的棒、线材连铸坯直接轧制技术仍在研究之中。连铸坯热装热送可以节约大量的人力、物力，以连铸坯 650~800 ℃热装热送为例，可以提高加热炉能力 20%~30%，减少坯料氧化损失 0.2%~0.3%，节约热能耗 30%~45%，具有巨大的经济效益。

（2）柔性轧制技术。对于小批量、多品种的连铸坯生产，当改变其规格和品种后，会直接增加停机的时间。为了减少停机，人们开发了柔性轧制技术，此技术可改变轧制程序，进而改变产品规格。

（3）高精度轧制。棒、线材产品的尺寸精度目前可以控制在 ±0.1 mm。在轧制时，轧件高度是由孔型决定的。为了保证轧件的尺寸精度，常用的方法是运用真圆孔型和三辊孔型控制轧件的尺寸，或者在成品孔型后设置专门的定径机组自动控制系统。

（4）继续提高轧制速度。为了保证轧制产品的头、尾温差，线材的轧制速度一般都超过 100 m/s，棒材的轧制速度一般是 17~18 m/s，如此高的轧制速度，就要求对设备进行完善，如通过改变飞剪剪切技术，吐丝技术和控制冷却技术，这有望继续提高终轧速度。

（5）低温轧制。在生产实践中常会出现因终轧温度过高进而导致产品质量下降，所以棒、线材轧机需要采用低温轧制。低温轧制不仅能降低能耗，还能使产品质量得到提高。

（6）无头轧制。在棒、线材轧制方面，人们一直研究如何提高轧机生产率、金属收得率及生产自动化技术。近年来，基于连铸连轧技术的成熟，研究人员开发出了棒、线材无头轧制技术，使得产品收得率和经济效益大幅度提高。

（7）切分轧制。切分轧制的优点是可提高产品产量、扩大产品规格及降低热消耗。

课后思考题

10-1 中厚板轧制的技术要求都有哪些？

10-2 简述中厚板的轧制过程。

10-3 简述钢管的分类。

10-4 简述对棒、线材的质量要求。

10-5 简述棒、线材的生产工艺流程。

参 考 文 献

［1］王晓丽，张卫．金属材料及热处理［M］．北京：机械工业出版社，2020.

［2］刘天模，徐幸梓．工程材料［M］．北京：机械工业出版社，2001.

［3］齐民，于永泗．机械工程材料［M］．大连：大连理工大学出版社，2017.

［4］史美堂．金属材料及热处理［M］．上海：上海科学技术出版社，1991.

［5］郑明新．工程材料［M］．北京：清华大学出版社，1991.

［6］崔忠圻．金属学及热处理［M］．北京：机械工业出版社，1996.

［7］何世禹．机械工程材料［M］．哈尔滨：哈尔滨工业大学出版社，1990.

［8］丁仁亮．金属材料及热处理［M］．北京：机械工业出版社，2010.

［9］余嗣元，余承辉．金属工艺学［M］．合肥：合肥工业大学出版社，2006.

［10］马青．冶炼基础知识［M］．北京：冶金工业出版社，2004.

［11］机械工程手册编辑委员会．机械工程手册［M］．北京：机械工业出版社，1996.

［12］胡凤翔，于艳丽．工程材料及热处理［M］．北京：北京理工大学出版社，2012.

［13］热处理手册编委会．热处理手册［M］．北京：机械工业出版社，2002.

［14］余茂祚．常用金属材料新旧标准牌号对照［M］．北京：机械工业出版社，2010.